MG Concept
सबसे अलग

MATHS HACK BOOK

Calculation का गुरुमंत्र

Bilingual

for

All Govt. Competitive Exams

(SSC CGL/CHSL | CPO | MTS | GD | CAPF
CDS | Railway NTPC – Group D | UP-SI
DSSSB | CAT | MAT | Bank | CTET)

MOHIT GOYAL

M.Sc Physics PhD (I), Delhi University
Mathematics Talent Research Award Winner

5 Times Selected SSC CGL Inspector
[Ex-Group B Officer, Postal, Excise & CBI Inspector]

First Edition:-

Version 1.0: June 2024 Printed on :- 15 July 2024

Published by: Mohit Goyal

Reg off: Indirapuram, Ghaziabad-201010

I am always open to listen to your feedback and suggestion at my official email Id mentioned below. If you really love the Maths Hack Book do share your thought with your friends on Social Media. Also you can use the hashtag #mgmathshackbook while sharing your thought on Social Media.

I wish you all the best for your bright career!

Mohit Goyal

Author

mgconcept.works@gmail.com

Contact us/WhatsApp:- 9711113573

PREFACE

नमस्कार साथियों,

☞ बच्चों को तैयारी करते–करते सालों लग जाते हैं पर ये समझ नहीं आता कि आखिर सब कुछ आने के बाद भी Exam में Speed क्यों नही बन पा रही है।

☞ गणित की दुनिया रहस्यों से भरी है और जो इन रहस्यों को समझ गया वह गणित में Speed की वजह से कभी असफल नहीं होगा। मैंने अपने 5 Selection के दौरान ऐसे सभी रहस्यों को खुद निर्मित किया और इस किताब के माध्यम से अपनी जिन्दगी की सारी मेहनत आपको सौंपने जा रहा हूँ।

☞ ये भारत की एकमात्र ऐसी किताब होगी जिसमें Calculation के सारे Hacks एक साथ मिलेंगे, इस किताब के Methods को अगर आप Daily अपनी पढ़ाई में Use करेंगे तो आपकी गणित में Speed कई गुना बढ़ जाएगी।

☞ मैं दावे के साथ कह सकता हूँ Maths Hack Book पढ़ने के बाद आप इस बात का अनुभव जरूर करेंगे कि आज तक Speed क्यों नही बढ़ पाई और Pen का इस्तेमाल कम से कम क्यों नहीं कर पाते थे।

☞ इस किताब में Methods और Tricks को कई Example के साथ Explain किया गया हैं जिससे Students को समझने में किसी भी प्रकार की Problem न हो।

"ये किताब नहीं, Calculation की दुनिया में Revolution है"

जय हिन्द

INDEX

UNIQUE CONCEPTS

CALCULATION के गुरुमंत्र

UNIQUE CONCEPTS

1 SQUARE, SQUARE ROOT, CUBE & CUBE ROOT (वर्ग, वर्गमूल, घन एवं घनमूल) $a^2, \sqrt{a}, a^3, \sqrt[3]{a}$

[I] Square (वर्ग) of any Number (Universal Method):-

a^2 / b^2

2ab

☞ जब b की Value Single digit की हो, तो Right side (b^2) में 2 अंक आएंगे और 2ab वाली term को नीचे एक स्थान छोड़कर लिखते हैं।

Ex.1: $32^2 = ?$

Soln: 3 2^2 (↑ a, ↑ b)

9 | 04

1 2 _ ← 2ab

1024

Ex.2: $147^2 = ?$

Soln: 147^2 = 14 | 7

196 | 49

19 6 _ ← 2ab

21609

Ex.3: $1023^2 = ?$

Soln: 1023^2 = 10 | 23

= 100 | 0529 ← यहाँ 4 अंक आएंगे इसलिए zero लगाया है

4 60 _ _ ← 2ab

104 6529

☞ जब b की value दो Digits की हो, तो Right side (b^2) में 4 अंक आएंगे और 2ab वाली Term को नीचे दो स्थान छोड़कर लिखते हैं।

[II] Decimal Number का Square (दशमलव संख्या का वर्ग):-

Decimal में double का Relation रहता है means संख्या में जितने Number के पहले Decimal है तो Square में उससे double number के पहले Decimal होता है और Square Root में Half का Relation रहता है।

☞ **जैसे x . y में एक Digit पहले Decimal है तो $(x . y)^2$ में 2 Digit पहले Decimal होगा।**

Ex.1: $(7.04)^2$ = ?

Soln: 70 | 4 (assume)

4900 | 16
  56 0 _
495616

☞ Decimal 2 Digit पहले है तो square में Double का Relation means 4 Digit पहले Decimal होगा। **49.5616** Ans.

Ex.2: $(11.13)^2$ = ?

Soln: 11.13 = $\underbrace{11}_{a} \,|\, \underbrace{13}_{b}$ (assume)

121 | 0169
  2 86 _ _ ← 2ab
123 8769

123.8769 Ans

☞ 4 Digit पहले Decimal होगा।

[III] Base 100 के साथ Square (वर्ग):-

जब Number, 100 के पास हो तो यह method लगायें।

Step 1: Number, 100 से कितना ज्यादा या कम है उस no. का square कर दो और 2 digit में लिख दो।

Step 2: Number, 100 से कितना कम है वह उस Number में minus कर दो और यदि Number 100 से ज्यादा है तो जितना ज्यादा है उतना ही उस Number में add कर दो।

Ex.1: 92^2 = ?

Soln: $92^2 = (92 - 8)\big(92\big)8^2$ [8 कम है 100 से]

84 64

Ex.2: 96^2 = ?

Soln: $96^2 = (96 - 4)\big(96\big)4^2$ [4 कम है 100 से]

92 16

Ex.3: $107^2 = ?$

Soln: $107^2 = (107 + 7)$ 107 $+7^2$ [7 ज्यादा है 100 से]

114 49

Ex.4: $113^2 = ?$

Soln: $113^2 = (113 + 13)$ $(113)^2$ $+(13)^2$ [13 ज्यादा है 100 से]

(169) → carry

126 69

+1 → carry

127 69

☞ 113, 100 से 13 अधिक है। 13 का Square करेंगे और 2 digit लिखेंगे यहाँ पर 69 लिख दिया है और 1 carry हो गया जिसको last में (113 + 13) = 126 में Add कर दिया है।

Ex.5: $89^2 = ?$

Soln: $89^2 = (89 - 11)$ $(89)^2$ 11^2 [100 से 11 कम है 89]

(121) → carry

78 21

+1 → carry

79 21

[IV] Base 50 के साथ Square (वर्ग):-

जब Number, 50 के Nearest हो तो यहाँ Left side में 25 में add और minus करते हैं। 50 से ज्यादा है तो Add और यदि 50 से कम है तो minus करते हैं। बाकी सब base 100 की तरह होता है।

Ex.1: $49^2 = ?$

Soln: $49^2 = (25 - 1)$ 49 1^2 [1 कम है 50 से]

24 01

Ex.2: $53^2 = ?$

Soln: $53^2 = (25 + 3)$ 53 $+3^2$ [3 ज्यादा है 50 से]

28 09

☞ जिस Number का Square करते है उसको 2 Digit में लिखते हैं।

Ex.3: 62^2 = ?

Soln: 62^2 =

62

(25 + 12) ( ) $+12^2$ → (1)44 → carry   [12 ज्यादा है 50 से]

37 44

+1 → carry

3844 Ans

[V] $99^2, 999^2, 9999^2, ...$

☞ **$(99)^2 = (99 - 1)|01 = 9801$**

☞ **$(999)^2 = (999 - 1)|001 = 998001$**

☞ **$(9999)^2 = (9999 - 1)|0001 = 99980001$**

☞ **$(99999)^2 = (99999 - 1)|00001 = 9999800001$**

[VI] Cube (घन) of Any Number (Universal Method):-

$a^3 \mid 3a^2b \mid 3ab^2 \mid b^3$

Ex.: 34^3 = ?

Soln: $(34)^3$

a b

☞ **यहाँ Right side से formula use करेंगे। यदि 2 Digit आते हैं तो Unit digit रखेंगे और बाकी को हासिल (Carry forward) करेंगे।**

इसी प्रकार formula की help से solve करेंगे।

$(34)^3$

a^3	$3a^2b$	$3ab^2$	b^3
3^3	$3\times3^2\times4$	$3\times3\times4^2$	4^3
↓	↓	↓	↓
27 (+12)	108 (+15)	144 (+6)	64
(39)	(3)	(0)	(4)

39304 Ans

[VII] Decimal Number का Cube (दशमलव संख्या का घन):-

Ex.: $(3.1)^3$ = ?

Soln: ☞ चूँकि Decimal के बाद 1 Digit है और Cube से related है इसलिए Right side से 3 digit बाद Decimal लगाएंगे।

☞ यदि Decimal के बाद 2 Digit हैं तो 2 × 3 = 6 Digit बाद Decimal लगाएंगे।

Cube में 3 गुणा का Relation और Cube Root में 1/3 गुणा का Relation याद रखें।

a^3	$3a^2b$	$3ab^2$	b^3

$(3.1)^3$

↓

	3^3	$3 \times 3^2 \times 1$	$3 \times 3 \times 1^2$	1^3
	↓	↓	↓	↓
	27	(2)7	9	1
(Carry) + 2	↓	↓	↓	↓
	29	7	9	1

29.791 Ans

Square Root (वर्गमूल)

Square Root (वर्गमूल)

↙ ↘

Accurate (सटीक) **Approximate (लगभग)**

[VIII] Accurate Square Root (सटीक वर्गमूल):-

किसी Number का Square Root निकालने के लिए Right side से 2 number का Pair बनाते है। और देखते है कि उसकी Unit Digit किस Number का Square करने पर प्राप्त होती है और Pair करने के बाद जो Number बचता है। Check करते है कि वह किस Number के Square के Equal या just बड़ा है तो वह Number Answer के Tens place पर आ जाएगा। अब pair के बाद बचे Number को देखेंगे कि वह अपने से छोटे वर्ग (Square) के करीब है या बड़े वर्ग के, छोटे के करीब हुआ तो Answer की Unit Digit छोटी वाली लिख लेंगे बड़े के करीब हुआ तो Answer की Unit Digit बड़ी वाली लिख लेंगे।

Ex.1: $\sqrt{961} = ??$

(a) 39 (b) 29 (c) 21 (d) 31

Soln: $\sqrt{9\overline{61}}$

3^2 1 9

☞ Unit digit 1 है और यह 1 और 9 के Square करने पर आती है तो 1 और 9 लिख लेते हैं। 1 और 9 में से जो $3^2 = 9$ के nearest होगा वही लेंगे Unit Digit।

- ☞ अब देखते है कि pair करने के बाद 9 बचा है। जो 3 का Square है। तो tens digit 3 fix हो जाएगी।
- ☞ क्योंकि 9, 3 के Square के equal है इसलिए छोटी संख्या 1 Unit Digit हो जाएगी। अतः यह 31 का Square है।

Ex.2: $\sqrt{34596} = ?$

(a) 186 (b) 184 (c) 189 (d) 182

Soln:

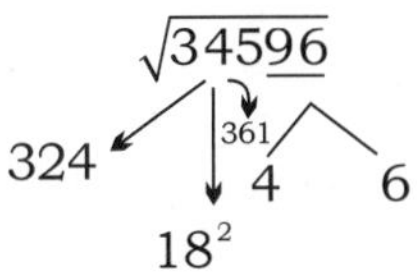

- ☞ Unit digit → 6 जो 4 और 6 का Square करने पर आती है।

  186

- ☞ 345, 18 के Square से बड़ा है तो हमे Answer में 18 लेना है but 4 और 6 में से कौन आयेगा यह देखने के लिए हम Number 345 किसके Square के Nearest है ये देखेंगे $(18)^2$ से बड़े $(19)^2$ के Nearest है तो Unit Digit बड़ा Number (6) आयेगा और 345 छोटे Number $(18)^2$ के Nearest होता तो Unit Digit छोटा Number (4) लेते हैं।

Ex.3: $\sqrt{6889} = ?$

(a) 83 (b) 73 (c) 87 (d) 84

Soln:

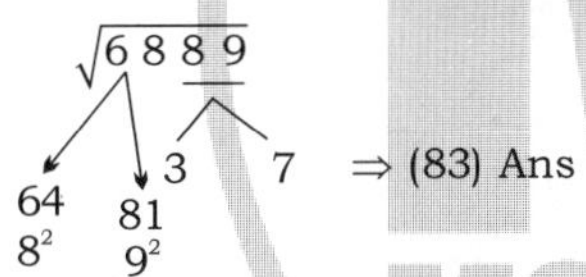

Unit digit → 9 जो 3 और 7 के Square में आती है।

- ☞ 68, 8 के Square के nearest है यानि छोटे वर्ग के। So, Unit Digit 3 और 68, 8 के Square से बड़ा है और 9 के Square से छोटा, इसलिए 10th place पर 8 आयेगा।

> इन **Examples** को **Solve** करने से पहले हमें एक **Property** पता होनी चाहिए कि **x^2, $(x + 50)^2$, $(50 - x)^2$, $(100 + x)^2$ और $(100 - x)^2$ की last 2 digit same होती है।**

Ex.4: $\sqrt{519841} = ?$

(a) 721 (b) 629 (c) 631 (d) 731

Soln: $\sqrt{519841}$

- ☞ 41, 21 और 29 के Square के last 2 digit में आता है। Option (c) और (d) cancel हो गये Ans (a) और (b) में से हो सकता है। 700 का Square 490000 है और 519841 इससे बड़ा है तो 700 से बड़ा ही आयेगा इसलिए option (a) Ans होगा।

Ex.5: $\sqrt{243049} = ?$

(a) 497 (b) 503 (c) 493 (d) 487

Soln: Last 2 digit 49 है तो 7, 43, 57, 93 के Square के Last में आयेगा यहाँ पर option (c) के last में 93 है। अत: 493 option (c) Answer होगा।

Ex.6: $\sqrt{1194649} = ?$

(a) 1193 (b) 1093 (c) 1107 (d) 1039

Soln: 1039 के Square की Last 2 digit 21 है। इसलिए ये Answer नहीं होगा और 1193 तथा 1107, 1194649 से बड़ा Number देंगे। इसलिए ये Answer भी नहीं होंगे। अत: Option (b) 1093 Answer होगा।

[IX] Approximate Square Root (लगभग वर्गमूल):-

Method 1: Formula Method

$$\sqrt{x} = \frac{x+y}{2\sqrt{y}}, \text{ y = nearest perfect square to x}$$

Ex.1: $\sqrt{10} = ?$

Soln: $\sqrt{10} = \frac{10+9}{2\times 3} = \frac{19}{6} = 3.166...$ Ans

Method-2: Rough Method

$\sqrt{10}$ में $\sqrt{100} = 10$ का Multiply $\sqrt{1000}$

$\sqrt{1000}$

Nearest (नजदीक) Perfect Square

961 → $(31)^2$

1024 → $(32)^2$

➲ 31 और 32 के बीच है तो हम 31.5 मान लेते हैं।

3.15 लगभग Answer

(Last में 10 से भाग कर देंगे क्योंकि पहले $\sqrt{100} = 10$ का Multiply किया था)

Ex.2: $\sqrt{87} = ?$

Soln: $\sqrt{87} = \frac{87+81}{2\times 9} = \frac{\cancel{168}^{28}}{\cancel{18}_{3}} = 9.33...$

$\Rightarrow$ 9.33 Answer

Ex.3: $\sqrt{531} = ?$

Soln: $\sqrt{531}$

$\downarrow$

$\sqrt{529} = 23$ के नजदीक $\Rightarrow \dfrac{531+529}{2\times 23} = \dfrac{\cancel{1060}^{530}}{\cancel{46}_{23}} = 23.043$

$\boxed{23.043}$ Answer

Ex.4: $\sqrt{138} = ?$

Soln: $\sqrt{138}$ के नजदीक $\sqrt{144} = 12$

$$\sqrt{138} = \frac{138+144}{2\times 12} = \frac{\cancel{282}^{47}}{\cancel{24}_{4}} = 11.75$$

Ex.5: $\sqrt{1.54} = ?$

Soln: Multiply & divided by $\sqrt{100}$

$$\frac{\sqrt{154}}{10}$$

☞ अब पहले $\sqrt{154}$ को solve करेंगे फिर 10 से ÷ कर देंगे।

$\Rightarrow \sqrt{154} \Rightarrow \sqrt{144} = 12$ के नजदीक है।

$$\sqrt{154} = \frac{154+144}{2\times 12} = \frac{\cancel{298}^{149}}{\cancel{24}_{12}} = 12 + \frac{5}{12} \approx 12.4$$

☞ अब 10 से ÷ करेंगे।

$\Rightarrow \dfrac{12.4}{10} \Rightarrow \boxed{1.24}$ के नजदीक Ans

[X] Decimal Number का Square Root (दशमलव संख्या का वर्गमूल):-

Square root में $\frac{1}{2}$ **(Half)** का **relation** होता है, मतलब अगर दिए गए **Number** में दशमलव के बाद **4 digit** है, तो **Square root** में **2 digit** के बाद दशमलव आएगा।

Ex.: $\sqrt{0.4225} = ?$

Soln:

$\sqrt{0.4225}$ → 6 5

→ 36 nearest Square है जो 6 का है ←

☞ Answer में दशमलव 2 Digit से पहले आएगा क्योंकि Question में दशमलव कुल 4 Digit हैं।

(0.65) Answer

Cube Root (घनमूल)

Cube Root (घनमूल)

→ **Accurate (सटीक)**

→ **Approximate (लगभग)**

[XI] Accurate Cube Root (सटीक घनमूल):-

(1) चूँकि Cube Root है, तो 3 का pair right side से बनाएंगे।

(2) अब Right side वाले number की last digit को देखेंगे और उसका Cube करने पर जो Cube की Last Digit आएगी वह Cube Root की Unit Digit हो जाएगी।

(3) अब 3 Digit से आगे वाले No. को देखेंगे कि किस No. का Perfect Cube उसके nearest है जिसका होगा वह Number लिख देंगे। Step 1 में प्राप्त Number के आगे लिख देंगे इस प्रकार Cube root easily निकल जाएगा।

Ex.: $\sqrt[3]{46656} = ?$

Soln:

$\sqrt[3]{46656}$

27 nearest Cube है जो कि 3 का है। ← (3)

$6^3 = 216$ → (6)

Answer = 36

[XII] Approximate Cube Root (लगभग घनमूल):-

➲ **सबसे पहले nearest cube देखेंगे।**

➲ **अब nearest cube, no. से ज्यादा है तो + करेंगे और विलोमतः (Vice-versa)**

$$\textbf{Approx Cube Root} = \textbf{Nearest Cube Root} \pm \frac{(\text{जितना} \pm \text{है}) \times \textbf{Nearest Cube Root}}{3 \times \textbf{Nearest Cube}}$$

Ex. 1: $\sqrt[3]{160} = ?$

Soln: Nearest cube = 125 $\Rightarrow 5^3$

$160 - 125 = 35^*$

$$\text{Formula} = 5 + \frac{35^* \times 5}{3 \times 125}$$

(35 cancelled to 7; 125 cancelled to 25, then to 5; 5 cancelled)

$$5 + \frac{7}{15} \Rightarrow 5 + 0.46$$

$\Rightarrow \boxed{5.46}$ Ans

Ex. 2: $\sqrt[3]{1850} = ?$

Soln: Nearest cube $\Rightarrow 1728 = 12^3$

$1850 - 1728 = 122^*$

$$\text{Formula} = 12 + \frac{122^* \times 12}{3 \times 1728}$$

(12 cancelled to 4; 3 cancelled; 1728 cancelled to 432)

$12 + 0.28$

$\Rightarrow \boxed{12.28}$ Ans

Ex. 3: $\sqrt[3]{500} = ?$

Soln: Nearest Cube $\Rightarrow 512 = 8^3$

$512 - 500 = 12^*$

$$\text{Formula} = 8 - \frac{12^* \times 8}{3 \times 512} = 8 - \frac{1}{16} = 8 - 0.0625 = 7.9375 \text{ Ans}$$

(12 cancelled to 3; 8 cancelled; 3 cancelled; 512 cancelled to 64, then to 16)

[XIII] Decimal Number का Cube Root (दशमलव संख्या का घनमूल):-

Cube root में $\frac{1}{3}$ **(one-third)** का **relation** होता है, मतलब अगर दिए गए **Number** में **6** अंक पर दशमलव है, तो इसके **Cube root** में **2 digit** (अंक) पर दशमलव आयेगा।

Ex.: $\sqrt[3]{0.024389} = ?$

$\sqrt[3]{0.024\ 389}$

Soln: 8 nearest Cube है 2 का ← 024 → 2, 389 → 9

☞ 2 digit से पहले Decimal होगा क्योंकि दिए गए Number में दशमलव के बाद कुल 6 digit हैं।

$\left(6 \times \frac{1}{3} = 2\right) = 0.29$ Answer

[XIV] Square Calculation का Smart तरीका:-

$x^2 - y^2 = (x + y)(x - y)$

☞ Square नहीं करना, केवल Sum (योग) का Difference (अंतर) से Multiply (गुणा) करो easy पड़ेगा।

(1) $29^2 - 23^2 = (29 + 23)(29 - 23) = 52 \times 6 = 312$

(2) $48^2 - 43^2 = (48 + 43)(48 - 43) = 91 \times 5 = 455$

(3) $132^2 - 129^2 = (132 + 129)(132 - 129) = 261 \times 3 = 783$

[XV] Special Properties of Square:-

(a) Formation of Square (वर्ग बनाना):-

$1^2 = 1$

$2^2 = 1^2 + 1 + 2$

$3^2 = 2^2 + 2 + 3$

$4^2 = 3^2 + 3 + 4$

$5^2 = 4^2 + 4 + 5$

$6^2 = 5^2 + 5 + 6$

$\vdots \quad \vdots$

$$\boxed{n^2 = (n-1)^2 + (n-1) + n}$$

(b) The square of a natural number is equal to the sum of first n odd natural numbers:-

$1^2 = 1$ $\qquad$ $2^2 = 1 + 3$

$3^2 = 1 + 3 + 5$ $\qquad$ $4^2 = 1 + 3 + 5 + 7$

$5^2 = 1 + 3 + 5 + 7 + 9$ $\qquad$ $6^2 = 1 + 3 + 5 + 7 + 9 + 11$

$\mathbf{n^2 = 1 + 3 + 5 + ... + (2n - 1)}$

(c) $1 + \mathbf{2} + 1 = \mathbf{2^2}$

$1 + 2 + \mathbf{3} + 2 + 1 = \mathbf{3^2}$

$1 + 2 + 3 + \mathbf{4} + 3 + 2 + 1 = \mathbf{4^2}$

$1 + 2 + 3 + 4 + \mathbf{5} + 4 + 3 + 2 + 1 = \mathbf{5^2}$

$1 + 2 + 3 + 4 + 5 + \mathbf{6} + 5 + 4 + 3 + 2 + 1 = \mathbf{6^2}$

[XVI] Special Properties of Cube:-

- **Cubes of all even natural numbers are even.**

  सभी सम प्राकृत संख्याओं के घन सम होते हैं।

- **Cubes of all odd natural numbers are odd.**

  सभी विषम प्राकृत संख्याओं के घन विषम होते हैं।

- **The sum of the cubes of first n natural numbers is equal to the square of their sum. That is,**

  प्रथम प्राकृतिक संख्याओं के घनों का योग उनके योग के वर्ग के बराबर होता है। वह है, $1^3 + 2^3 + 3^3 + ... + n^3 = (1 + 2 + 3 + ... + n)^2$

  Ex.: $1^3 = 1^2$

  $1^3 + 2^3 = (1 + 2)^2$ $1^3 + 2^3 + 3^3 = (1 + 2 + 3)^2$

- **Cubes of the numbers ending in digits 1, 4, 5, 6 and 9 are the numbers ending in the same digits.**

[XVII] Some Interesting Patterns:-

Numbers	Cube	Sum of consecutive odd no.
1	$1^3 = 1$	1
2	$2^3 = 8$	3 + 5
3	$3^3 = 27$	7 + 9 + 11
4	$4^3 = 64$	13 + 15 + 17 + 19
5	$5^3 = 125$	21 + 23 + 25 + 27 + 29
6	$6^3 = 216$	31 + 33 + 35 + 37 + 39 + 41

2 SPECIAL ADDITION +
(स्पेशल जोड़)

[I] पहले 10, 100, 1000, 10000 संख्या का योग Superfast तकनीक से:-

Ex.1: $1 + 2 + 3 + ... + 10 = ?$

Soln: Last number का half करेंगे और फिर वही एक बार और लिख देंगे।

$\Rightarrow \frac{10}{2} = 5$ एक बार और 5 (55) Ans

Ex.2: $1 + 2 + 3 + ... + 100 = ?$

Soln: $\frac{100}{2} = 50$ एक बार और 50 (5050) Ans

Ex.3: $1 + 2 + 3 + ... + 1000 = ?$

Soln: $\frac{1000}{2} = 500$ एक बार और 500 (500500) Ans

[II] सीधा फिर उल्टा Addition:-

☞ **1 से लेकर जहाँ तक number हैं और उसके बाद Reverse होकर फिर 1 तक जाती है तो बड़े number का वर्ग (Square) करने से उसका जोड़ (Sum) निकल जाएगा।**

Ex.1: $1 + 2 + 1 = ?$

Soln: $1 + (2) + 1$

$\rightarrow 2^2 = (4)$ Ans

Ex.2: $1 + 2 + 3 + 2 + 1 = ?$

Soln: $1 + 2 + (3) + 2 + 1 =$

$\rightarrow 3^2 = (9)$ Ans

Ex.3: $1 + 2 + 3 + 4 + ... + 1000 + 999 + ... + 1 = ?$

Soln: $\underbrace{1 + 2 + 3 + 4 + ... +}$ $\boxed{1000}$ $+ \underbrace{999 + ... + 1}$

$\downarrow$

$(1000)^2 = \boxed{1000000}$ Ans

[III] Counting 1 Addition Rule:-

जितने ज्यादा (Maximum) 1 हैं वहीं तक 1 से लगातार गिनती लिख दो।

Ex.1: 1 + 11 = ?

Soln: 1 + 11

↳ 2 बार है इसलिए 1 से 2 तक गिनती लिखेंगे।

(12) Ans

Ex.2: 1 + 11 + 111 + 1111 = ?

Soln: 1 + 11 + 111 + 1111

↳ 4 बार है इसलिए 1 से 4 तक गिनती लिखेंगे।

⇒ (1234) Ans

Ex.3: 1 + 11 + 111 + 1111 + 11111 = ?

Soln: 1 + 11 + 111 + 1111 + 11111

↳ 5 बार है इसलिए 1 से 5 तक गिनती लिखेंगे।

⇒ (12345) Ans

Ex.4: 2 + 22 + 222 + 2222 + 22222 = ?

Soln: 12345 × 2 [2 लगातार 1 Digit बढ़ता हुआ होना जरूरी]

(24690) [जो Number Repeat हो रहा है]

Ex.5: 3 + 33 + 333 + 3333 = ?

Soln: (1) (2) (3) (4)

∴ 1234 × 3 = (3702) Answer

[IV] Reverse Counting Rule:-

- **सबसे पहले 0. लगा देंगे।**
- **जितनी बार 1 आया हैं वहीं से उल्टी गिनती Reverse Counting लिखेंगे और 1 तक गिनती लिख देंगे।**

Ex:1. 0.1 + 0.11 = ?

Soln: 0.1 + 0.11

↓

चूँकि 1, Maximum दो बार है इसलिए दशमलव (Decimal) बाद उल्टी गिनती (Reverse Counting) 2 से करेंगे और 1 तक लिखेंगे।

0.21 Answer

Ex.2: 0.1 + 0.11 + 0.111 = ?

Soln: $0.1+0.11+0.\underbrace{111}$

चूँकि 1 तीन बार है इसलिए दशमलव के बाद 3 से गिनती लिखेंगे और 1 तक लिखेंगे।

$\boxed{0.321}$ Ans

Ex.3: 0.4 + 0.44 + 0.444 + 0.4444 = ?

Soln: $4\left[0.1+0.11+0.111+0.\underbrace{1111}\right]$

↳ 4 बार 1

4 × 0.4321 = $\boxed{1.7284}$ Ans

[V] 9 Special Rule:-

Step 1: जितने **9 maximum** हैं उसमें से एक कम करके उतने ही **1** आगे लिख देते है और **0 (zero)** बाद में लिख देते है।

Step 2: जितने **9 maximum** हैं उतने **Digit** की **9** से **multiply** करके सिर्फ **unit Digit right side** में लिख दो।

Ex.1: 9 + 99 = ?

Soln: (1) चूँकि दो बार 9 max^m है इसलिए (2 – 1 = 1) 1 बार लिखेंगे और 0 लिख देंगे।

(2) अब 2 बार 9 है, इसलिए 2 × 9 = 18 का 8 (unit digit) लिखेंगे।

9 + 99 = (108) Ans

Ex.2: 9 + 99 + 999 + 9999 = ?

Soln: (1) चूँकि 9 चार बार max^m है इसलिए 4 – 1 = 3 बार 1 लिखेंगे और zero बाद में लिख देंगे।

(2) अब चार बार 9 है इसलिए 4 × 9 = 36 का 6 लिख देंगे। $\boxed{11106}$ Ans

[VI] 5 क्रमागत संख्या का Addition सबसे तेज Method से:-

जब **5 Consecutive Number** को **Add** करना हो, तो बीच वाले **Number** को **5** से **multiply** कर देंगे। इस प्रकार **easily add** हो जाएगा।

Ex.1: 18 + 19 + 20 + 21 + 22 = ?

Soln: (Middle no. × 5)

20 × 5 = $\boxed{100}$ Ans

Ex.2: 757 + 758 + 759 + 760 + 761 = ?

Soln: (759 × 5) = $\boxed{3795}$ Ans

[VII] 10 क्रमागत संख्या (Consecutive No.) का Addition चुटकियों में:-

ऐसे **case** में हम पहले **Number** में **4 Add** करेंगे और उसके बाद **5** लिख देंगे। इस प्रकार **Answer** बिना जोड़े आ जाएगा।

Ex.: 442 + 443 + 444 + 445 + 446 + 447 + 448 + 449 + 450 + 451 = ?

Soln: पहला term = 442

$$\begin{array}{r} 442 \\ +\ \ 4 \\ \hline 446 \end{array}$$

↓

(4465) Ans

[VIII] xy + yx का कमाल:-

जब दो अंकों का **Number** आपस में **Interchange** हो (इकाई का स्थान दहाई पर, दहाई का स्थान इकाई पर) और हमें इनका **Addition** करना हों तो,

11 × Sum of Digits

Ex.1: 59 + 95 = ?

Soln: 11 × Sum of Digits = 11 × (5 + 9) = (154) Ans

Ex.2: 37 + 73 + 46 + 64 = ?

Soln: 37 + 73 + 46 + 64

⇒ 11 × 10 + 11 × 10 ⇒ (220) Ans

Ex. 3: 56 + 87 + 65 + 43 + 78 + 34 = ?

Soln: 56 + 87 + 65 + 43 + 78 + 34

11[11 + 7 + 15]

⇒ 11 × 33 ⇒ (363) Ans

3 SUBTRACTION मंत्रा (घटाव)

[I] Basic Subtraction का रामबाण Method:-

(1) Two digits – Two digits:-

(a) 78 – 53 = 25

(b) 86 – 69 = 2(–3) = 17

☞ **यहाँ 10 में से घटाना होगा 1 Digit Pairing है और बाहर वाला 1 कम कर देंगे जब भी –ve में बचे।**

(2) Three digits – Two digits:-

(a) 735 – 43 = 692

(b) 684 – 37 = 65(–3)

= 647

(3) Three digits – Three digits:-

(a 879 – 643 = 236

(b) 984 – 697 = 29(–3)

= 287

☞ **यहाँ 10 में से घटाना होगा 1 Digit Pairing है और बाहर वाला 1 कम कर देंगे जब भी –ve में बचे।**

(4) Four digits – Three digits:-

(a 2378 – 654 = 1724

(b) 9863 – 3 68 = 95(–5) = 9495

☞ **यहाँ 100 में से घटाना होगा 2 Digit Pairing है और बाहर वाला 1 कम कर देंगे जब भी –ve में बचे।**

(5) Four digits – Four digits:-

(a) 5479 – 3218 = 2261

(b) 9765 – 56 79 = 41(–14) = 4086

☞ **यहाँ 100 में से घटाना होगा 2 Digit Pairing है और बाहर वाला 1 कम कर देंगे जब भी –ve में बचे।**

[II] 100, 1000, 10000, ... में से घटाओ Seconds में:-

ऐसे Case में हम Number के शुरू से Second Last Digit तक 9 में से (–) करते हैं और Last Digit को 10 में से घटाते हैं।

Ex.1: 10000 – 1234 = ?

Soln:

$$\begin{array}{r} 9\ 9\ 9\ 10 \\ -1\ 2\ 3\ 4 \\ \hline \boxed{8\ 7\ 6\ 6} \end{array} \text{ Ans}$$

Ex.2: 10,00,000 – 654321 = ?

Soln:

$$\begin{array}{r} 9\ 9\ 9\ 9\ 9\ 10 \\ -6\ 5\ 4\ 3\ 2\ 1 \\ \hline \boxed{3\ 4\ 5\ 6\ 7\ 9} \end{array} \text{ Ans}$$

➲ **जितने zero (Base) हैं Number के दशमलव (Decimal) से पहले उतने ही Digit बना लो (यानि Digit कम हों तो आगे 0 लगा लो) अब उसी तरह से subtract करो जैसे (9, 9, ... 10) करते हैं।**

Ex.3: 1 – 0.234567 = ?

Soln: 1.0 – 234567 $\Rightarrow$ 1000000 – 234567

$$\begin{array}{r} 9\ 9\ 9\ 9\ 9\ 10 \\ -2\ 3\ 4\ 5\ 6\ 7 \\ \hline \boxed{7\ 6\ 5\ 4\ 3\ 3} \end{array} \text{ Ans} = 0.765433$$

(दशमलव भूलकर करें Last में लगाएँ)

Ex.4: 100 – 9.6532 = ?

Soln: $1\ \bar{0}\ \bar{0}$

$$\begin{array}{r} 9\ 9\ 9\ 9\ 9\ 10 \\ -0\ 9\ .\ 6\ 5\ 3\ 2 \\ \hline \boxed{9\ 0\ .\ 3\ 4\ 6\ 8} \end{array} \text{ Ans}$$

☞ यहाँ $1\ \bar{0}\ \bar{0}$ में 2 zero हैं इसलिए 9.6532 को <u>09</u>.6532 लिखा।

☞ अब सभी digit को (Excpet Last digit) को 9 से subtract किया और Last digit को 10 से subtract किया।

[III] Subtraction of 99, 999, 9999, ...:-

(a) जब हमें किसी Number से 99 घटाना हो:-

हम **Number** के **last 2 digit** में **(+1)** कर देंगे और शेष अंकों में **(–1)** कर देंगे। इस प्रकार हम किसी भी **Number** में से **99** को **easily subtract** कर लेंगे।

Ex.1: 729 – 99 = ?

Soln:

```
7 | 2 9        (630) Ans        7     2 9
  | 9 9                         –1     +1
(6  3 0)                        | 6  3  0 |
```

Ex.2: 42325 – 99 = ?

Soln:

```
(–1) ← 42 3 | 2 5 → (+1)        (42226) Ans
            | 9 9
      (422    26)
```

(b) जब भी कभी किसी Number से 999 घटाना (–) हो:-

जब हमें किसी **Number** में से **999** को घटाना हो तो हम **Number** के **last 3 Digit** में **(+1)** कर देंगे और शेष अंकों में **(–1)** कर देंगे। इस प्रकार हम किसी भी **Number** में से **999** को **Easily subtract** कर लेंगे।

Ex.1: 36588 – 999 = ?

Soln:

```
(–1) ← 36 | 588 → (+1)
          | 999          (35 589) Ans
       35   589
```

Ex.2: 34975 – 999 = ?

Soln:

```
(–1) ← 34 | 975 → (+1)
          | 999
     | 33 | 976 | — (33976) Ans
```

(c) जब हमें किसी Number से 9999 घटाना हो:-

जब हमें किसी **Number** में से **9999** को घटाना हो तो हम **Number** के **last 4 Digit** में **(+1)** कर देंगे और शेष अंकों में **(–1)** कर देंगे। इस प्रकार हम किसी भी **Number** में से **9999** को **Easily subtract** कर लेंगे।

Ex.1: 37699 – 9999 = ?

Soln:

```
(–1) ← 3 | 7 6 9 9 → (+1)
         | 9 9 9 9
     | 2   7700 | → (27700) Ans
```

Ex.2: 423762 – 9999 = ?

Soln: (–1) ← 42 | 3762 → (+1)

    | 9999
41 | 3763

☞ और इसी प्रकार 9999 .... को उनके Digit के हिसाब से घटा सकते हैं। जितने 9 होंगे उतने अंकों की Right से Pairing होगी।

[IV] दो अंकों की संख्या का Interchange:-

जब दो अंकों का Number आपस में Interchange हो और हमें इनका subtraction करना हो तो,

$\boxed{9 \times \text{(Difference of digits)}}$

Ex.1: 54 – 45 = ?

Soln: 9(5 – 4) = $\boxed{9}$ Ans

Ex.2: 72 – 27 = ?

Soln: 9(7 – 2) = $\boxed{45}$ Ans

Ex.3: A student got 91 marks in mathematics. His teacher interchanged his marks by mistake. How many marks reduced?

एक छात्र को गणित में 91 अंक मिले। उसके शिक्षक ने गलती से उसके अंकों को आपस में बदल दिया। कितने अंक कम हुए?

(a) 33 (b) 77 (c) 36 (d) 72

Soln: 91 – 19

$\Rightarrow$ 9(9 – 1) = 9 × 8 $\Rightarrow$ $\boxed{72}$ option (d) Ans

4 MULTIPLICATION'S MAGIC (गुणा के मैजिक)

[I] Arrow Method:-

abcd × xyz

- प्रत्येक **Digit** की दूसरे **Number** की प्रत्येक **Digit** से **Multiply** होगी।
- पहले **Step** में **Unit Digit** की **Unit Digit** से **Multiply** होगी, **10th** और **100th Digit Hold** पर रहेगी। abcd × xyz **xy → hold** पर रहेंगे।
- दूसरे **Step** में **Unit Digit** की दूसरे **Number** की **10th Digit** से और पहले **Number** की **10th Digit** की दूसरे **Number** की **Unit Digit** से **Multiply** होगी।

  abcd × xyz जैसे **z** की **c** से और **y** की **d** से **Multiply** होगी।

  x → hold पर रहेगा
- ये **Process** ऐसे ही आगे चलता रहता है। **z** सबसे आगे वाली **Digit** से **y** उससे पीछे वाली **Digit** से तथा **x** उससे पीछे वाली **Digit** से **multiply** होता है।

  abcd × xyz
- जिस **Digit** की दूसरे **Number** की **Last Digit** से **Multiply** हो जाती है उसे फिर छोड़ देते हैं किसी से **Multiply** नहीं करते हैं।

  abcd × xyz

means अब **next step** में **z** की किसी से **multiply** नहीं करेंगे।

Type 1: 2 Digit Number की 2 Digit Number से Multiply:-

Ex.1: 69 × 83 = ?

Soln: 69 × 83 = 7 (carry ②)

69 × 83 = 27 (carry ⑨) [3 की Last Digit से multiply हो गई अब किसी से नही होगी।]

(3 × 6 + 8 × 9 + 2 = 92)

69 × 83 = 5727 [सब Digit का Arrow एक–एक Digit आगे बढ़ता रहता है।]

(8 × 6 + 9 = 57)

5727 Answer

Type 2: 3 Digit Number की 2 Digit Number से multiply:-

Ex.: 231 × 92 = ?

Soln: 231 × 92 = 2

231 × 92 = ①52

231 × 92 = ③252 [सब Number का Arrow आगे बढ़ता रहता है।]

231 × 92 = 21252 Ans

Type 3: 3 Digit Number की 3 Digit Number से multiply:-

Ex.: 234 × 132 = ?

Soln: 234 × 132 = 8

234 × 132 = ①88

234 × 132 = ①888 [2 की Last Digit से Multiply हो गई अब किसी से नहीं होगी]

234 × 132 = $\overset{1}{0}$888 [3 की Last Digit से Multiply हो गई अब किसी से नहीं होगी]

234 × 132 = 30888 Ans

Type 4: 4 Digit Number की 3 Digit Number से Multiply:-

Ex.: 1203 × 314 = ?

Soln: 1203 × 314 = ①2

1203 × 314 = 42

1203 × 314 = ①742

1203 × 314 = 7742

1203 × 314 = 77742

1203 × 314 = 377742 Ans

Type 5: 5 Digit Number की 3 Digit Number से Multiply:-

Ex.: $21234 \times 423 = ?$

Soln: $21234 \times 423 = \overset{(1)}{2}$

$21234 \times 423 = \overset{(1)}{8}2$

$21234 \times 423 = \overset{(2)}{9}82$

$21234 \times 423 = \overset{(2)}{1}982$

$21234 \times 423 = \overset{(1)}{8}1982$

$21234 \times 423 = 981982$

$21234 \times 423 = 8981982$ Ans

[II] Cross Method (2×2):-

Step 1: इकाई (Unit) के अंकों की **multiply** करेंगे और **Unit Digit** लिखेंगे अगर दो **Digit** आते हैं, तो सिर्फ **Unit Digit** लिखेंगे और **10th place** को **mind** में रखेंगे इसे **carry forward** करेंगे।

Step 2: अब पास–पास वाले अंकों और दूर–दूर वाले अंकों की **multiply** करके **Add** करेंगे जो **Carry** था उसे भी **Add** करेंगे और सिर्फ पीछे वाला अंक लिखेंगे आगे वाले को **mind** में रखेंगे इसे **carry forward** करेंगे।

Step 3: अब दहाई वाले अंको (**Tenth digit**) को **multiply** करेंगे और हासिल (**Carry**) को **Add** करके लिख देंगे। इस प्रकार, **2** अंकों की **multiply easily** होगी। ध्यान रहे ये सब **mind** में करना है।

Ex.1: $43 \times 86 = ?$

Soln:

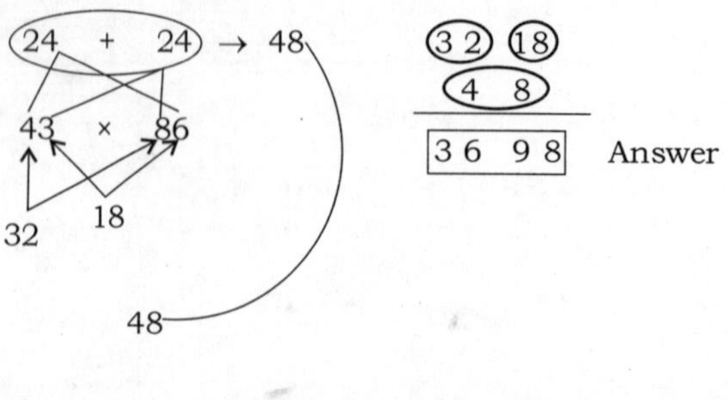

Ex.2: 67 × 73 = ?

Soln:

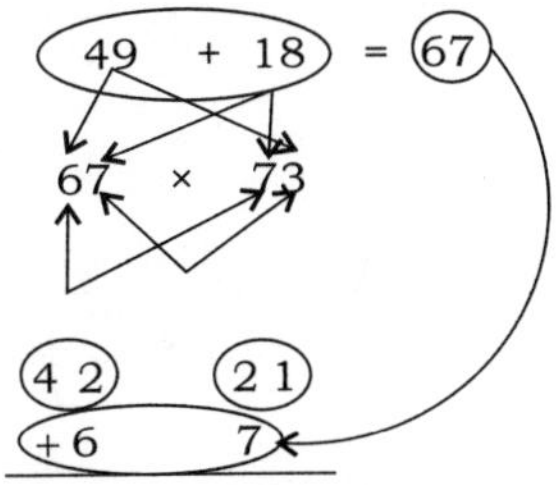

| 48 | 91 | Answer

[III] 0.5, 0.25, 0.75 और 0.125 की जबरदस्त Multiplication:-

0.5 × (2) = 1

जब भी कभी किसी **Number** में **0.5** हो तो हम उसे **2** से **Multiply** करते हैं ऐसा करने से **0.5×2=1** हो जाता है और **Calculation Easy** हो जाती है। इसी प्रकार किस **Number** को किस **Number** से **Multiple** करना है नीचे **Table** में दिया गया है।

Number	Multiply Number	Obtained Number
0.5	(2)	1
0.25	(4)	1
0.75	(4)	3
0.125	(8)	1

Ex.1: 56.5 × 4 = ?

Soln.: Divide & multiply by 2

$56.5 \times \frac{4}{2} \times 2$

$113 \times 2 \Rightarrow \boxed{226}$ Ans

Ex.2: 96.25 × 12 = ?

Soln.: Divide & multiply by 4

$4 \times 96.25 \times \frac{12}{4}$

$\Rightarrow 385 \times 3 = \boxed{1155}$ Ans

Ex.3: 13.75 × 16 = ?

Soln.: Divide & multiply by 4

$4 \times \text{'} \quad 5 \times \frac{16}{4}$

$55 \times 4 \Rightarrow \boxed{220}$ Ans

Ex.4: $16.125 \times 480 = ?$

Soln.: Divide & multiply by 8

$$8 \times 16.125 \times \frac{480}{8}$$

$$\Rightarrow 129 \times 60 \Rightarrow \boxed{7740} \text{ Ans}$$

[IV] Multiplication of 5^p (5, 25, 125, ...):-

(A) Multiply by 5:-

(A) Even Number	(B) Odd Number
➲ पहले 2 से Divide करें।	➲ पहले 0 Add करें।
➲ Then Last में 0 Add करें।	➲ Then 2 से Divide करें।

→ $96 \times 5 = 480$ (÷2) → $97 \times 5 = \frac{970}{2} = 485$

→ $572 \times 5 = 2860$ (÷2) → $4325 \times 5 = \frac{43250}{2} = 21625$

→ $8612 \times 5 = 43060$ (÷2) → $72093 \times 5 = \frac{720930}{2} = 360465$

(B) Multiply by 25:-

➲ पहले 00 Add करें। [$\because 25 = 5^{②}$, इसलिए ② zero]

➲ Then 4 से Divide करें।

→ $36 \times 25 = \frac{3600}{4} = 900$

→ $973 \times 25 = \frac{97300}{4} = 24325$

→ $602436 \times 25 = \frac{60243600}{4} = 15060900$

(C) Multiply by 125:-

➲ पहले 000 Add करें। [$\because 125 = 5^{③}$, इसलिए ③ zero]

➲ Then 8 से Divide करें।

→ $432 \times 125 = \frac{432000}{8} = 54000$

→ $521 \times 125 = \frac{521000}{8} = 65125$

→ $581648 \times 125 = \frac{581648000}{8} = 72706000$

[V] 50 का Special Multiplication:-

- **पहले 00 Add करें।**
- **Then 2 से Divide करें।**

$\rightarrow 456 \times 50 = \dfrac{45600}{2} = 22800$

$\rightarrow 7804 \times 50 = \dfrac{780400}{2} = 390200$

$\rightarrow 8137 \times 50 = \dfrac{813700}{2} = 406850$

[VI] 9, 99, 999, ... से गुणा (Multiplication):-

Type-1: जब दोनों **Numbers** के अंक **(Digits)** बराबर हों:-

- ऐसे **case** में जिस **Number** को **multiply** करना हो उसमें से **Minus 1** कर देते हैं।
- अब प्राप्त **Number (Result)** को **9, 99, 999, ...** में से घटा **(Minus)** दो।

Ex.1: 4 × 9 = ?

Soln:

```
  4      ×    9
 (−1)        −3
 ----------------
  3           6   →  (36) Ans
```

Ex.2: 47 × 99 = ?

Soln:

```
  47    ×    99
  −1        − 46
 ----------------
  46         53
       ↓
    (4653) Ans
```

Ex.3: 543 × 999 = ?

Soln:

```
  543    ×    999
  −1         − 542
 ------------------
  542          457   =  (542457) Ans
```

Ex.4: $476\dfrac{142}{999} \times 999 = ?$

Soln: Step (1): सबसे पहले मिश्रित भिन्न (Mix Fraction) को हल करेंगे।

```
  4 76    ×    999
    −1        − 475
 -------------------
  475          524    ⇒  475524
```

Step (2): 475524 + 142 = $\boxed{475666}$

Step (3): $\frac{475666}{\cancel{999}} \times \cancel{999}$ = $\boxed{475666}$ Ans

Type-2: जब 9 ज्यादा हों और दूसरी संख्या (Numbers) के अंक 9 की संख्या से कम हों:–

- ☞ ऐसे **case** में जिस **Number** के अंक **(Digit) 9, 99, ...** वाले **Number** से जितने कम हो उतने ही **zero** उस **Number** के आगे लगा देंगे जिससे **multiply** कर रहे हों। **Means Number of Digits same** कर लेते हैं।
- ☞ अब उसी प्रकार **multiply** करेंगे जिस प्रकार **Type-1** में किया है।

Ex.: 47 × 999 = ?

Soln:

$$\begin{array}{cc} 047 \times & 999 \\ -1 & -046 \\ \hline 046 & 953 \end{array} \Rightarrow \text{(046953) Ans}$$

Type-3: जब 9 वाले **Number** के अंक **(Digit)** कम हों।

- ☞ ऐसे **case** में हम सामान्य विधि **(Normal Method) apply** करते हैं।
- ☞ ऐसे **case** में दूसरे **no.** के जितने अंक **(Digit)** हैं उस के हिसाब से **9, 99, 999, ...** वाली संख्या **(Number)** को **(10 – 1), (100 – 1), (1000 – 1)** की **Form** में बनाएंगे और फिर **multiply** करके हल करेंगे।

Ex.1: 4756 × 999 = ?

Soln: यहाँ दूसरा Number चार अंकीय है और 9 वाला तीन अंकीय। अब हम 9 वाली संख्या (Number) को चार अंकीय बनाएंगे जिसे (1000 – 1) की form में लिख देंगे, फिर Multiply कर देंगे।

4756 × (1000 – 1)

4756000 – 4756 = $\boxed{4751244}$ Answer

[VII] 101 का Multiplication Magic:-

I. Two Digit Number:-

☞ **xy × 101 = xyxy**

(1) 34 × 101 = 3434

(2) 59 × 101 = 5959

(3) 96 × 101 = 9696

II. Three Digit Number:-

☞ **xyz × 101 = (xyz + x)yz**

(1) 132 × 101 = 132/132 = 13332

(2) 237 × 101 = 237/237 = 23937

(3) 393 × 101 = 393/393 = 39693

[VIII] 1001 का Multiplication Magic:-

I. Two Digit Number:-

☞ **xy × 1001 = xy0xy**

(1) 24 × 1001 = 24024

(2) 39 × 1001 = 39039

(3) 97 × 1001 = 97097

II. Three Digit Number:-

☞ **xyz × 1001 = xyzxyz**

(1) 217 × 1001 = 217217

(2) 683 × 1001 = 683683

(3) 927 × 1001 = 927927

III. Four Digit Number:-

☞ **wxyz × 1001 = (wxyz + w)xyz**

(1) 1325 × 1001 = 1325/1325 = 1326325

(2) 4937 × 1001 = 4941937

(3) 8172 × 1001 = 8180172

[IX] Special Types of Multiplication:-

Type 1: विषम संख्या (Odd Number) × 5:-

Step (1): हम दिए गए **Number** में से **1** घटा **(Subtract)** देते हैं तो **(N – 1)** की **form** बन जाती है।
Step (2): फिर **2** से **Divide** करते हैं।
Step (3): ÷ के बाद जो **Number** प्राप्त हुआ उसके आगे **5** लिख देते हैं।

Ex:1. 89 × 5 = ?

Soln: (1) (89 – 1) × 5

(2) $\frac{88}{2} = 44$

(3) 44⑤ ⇒ (445) Answer

Ex.2: 225 × 5 = ?

Soln: (1) (225 – 1) × 5

(2) $\frac{224}{2} \Rightarrow 112$

(3) 112⑤ ⇒ (1125) Ans

Ex.3: 7807 × 5 = ?

Soln: (1) (7807 – 1) × 5

(2) $\frac{7806}{2} = 3903$

(3) 3903⑤ ⇒ (39035)

Ex.4: 46843 × 5 = ?

Soln: (1) (46843 – 1) × 5

(2) $\frac{46842}{2} = 23421$

(3) 23421⑤ ⇒ (234215) Ans

Type 2: 15 से Multiply (गुणा) का अनोखा तरीका:–

N × (15) को हम **N × (10 + 5)** लिखते हैं।

Step 1: इसके लिए पहले **10** से गुणा करते हैं यानि **Number** के आगे **1 zero** लगाते हैं।

Step 2: फिर **Number** को **5** से गुणा करते हैं यानि **Number** का आधा कर देते हैं।

Step 3: अब **Step (1)** और **Step (2)** को **Add** करेंगे और **Unit Digit** का अंक छोड़ कर इस प्रकार किसी **Number** को **15** से **multiply** सरलतापूर्वक कर सकते हैं।

Ex.1: 4264 × 15 = ?

Soln: Step (1): 4264 × 10 = 42640

Step (2): 4264 × 5 or 4264 ÷ 2 = 2132

Step (3):
```
 42640
+2132_
 63960  Answer
```

Type 3: xx × 1 Digit Multiply:-

Ex.1: 22 × 6 = ?

Soln: 22 × 6 = 1 – 2 के बीच में 1 और 2 का Sum 3 ∴ 132

(2 × 6 = 12)

Ex.2: 44 × 7 = ?

Soln: 44 × 7 = 2108 = 308 (Carry हासिल)

(4 × 7 = 28 → 2 + 8 = 10)

Ex.3: 77 × 9 = ?

Soln: 77 × 9 = 693

(7 × 9 = 63)

Type 4: xxx × 1 Digit Multiply:-

Ex.1: 333 × 7 = ?

Soln: 333 × 7 = 2 — — 1 के बीच में 1 और 2 का Sum 3, दो बार ∴ 2331

(3 × 7 = 21)

Ex.2: 777 × 8 = ?

Soln: 777 × 8 = 5 11 11 6 = 6216

(7 × 8 = 56; +1 +1 Carry)

Type 5: यदि आखिरी अंक का योग 10 हो तो गुणा करने की Trick:-

जब कभी Number के इकाई का योग (Unit digit) 10 हों और दहाई/सैंकड़ा (Ten's/Hundred) का अंक समान हों तो हम निम्नलिखित steps द्वारा multiply करेंगे।

> **Step 1: इकाई के अंकों (Unit Digits) को multiply करना है।**
>
> **Step 2: जो अंक समान हो, उसमें +1 करके या next से multiply कर देंगे।**

Ex.1: 46 × 44 = ?

Soln:

  46
× 44

4(4+1)	4 × 6
20	24

2024 Ans

☞ जो अंक समान है उसको अगले number (N + 1 या next) से गुणा किया है।

☞ इकाई के अंकों की multiplication.

Ex.2: 116 × 114 = ?

Soln:

$$\begin{array}{c|c} \multicolumn{2}{c}{116} \\ \multicolumn{2}{c}{114} \\ \hline 11(11+1) & 24 \\ 132 & 24 \end{array} \longrightarrow 13224 \text{ Ans}$$

Type 6: जब **Last two digits** का **Sum 100** हो और पहला **no same** हो तो ऐसे करें **Multiply:-**

जब **Last two digit** का **sum 100** हों और दोनों **Number** की पहली **Digit Equal** हो।

> **Step 1: Last two digit** को **multiply** करके **as it is** लिख देंगे।
> **Step 2:** अब पहले **Digit** को **+1** करने पर **multiply** करके लिखेंगे और एक **zero** बाद में लिख देंगे क्योंकि **100** में दो **zeroes** हैं।

Ex.1: 198 × 102 = ?

Soln: ①98 × ①02 → $2^{\#}0^{*}\dot{1}9\dot{6}$ Ans

$$\left[\begin{array}{l} \because\ 98 \times 2 = \dot{1}9\dot{6} \\ (1+1)\times 1 = 2^{\#} \end{array}\right]$$

($0^{*} = 0$ लिखना है)

20196 Ans

Ex.2: 997 × 903 = ?

Soln: +1 ⑨97 × ⑨03 → $9\overset{\#}{0}\overset{*}{0}29\dot{1}$ Ans

$$\left[\begin{array}{l} \because\ 97 \times 03 = 29\dot{1} \\ (9+1)9 = 90^{\#} \end{array}\right]$$

$0^{*} = 0$ लिखना है

900291 Ans

Type 7: जब दहाई अंक **(Tens-place)** का **Sum 10** हो और इकाई अंक **(Unit Digit)** का **same** हो:-

> **Step 1:** सबसे पहले दहाई अंक **Tens Digit (T.D)** की **multiply** करेंगे।
> **Step 2:** फिर इकाई अंक **Unit Digit (U.D)** जो **same** हैं को **step 1** में **Add** कर देंगे।
> **Step 3:** अब इकाई अंक की **multiply** करके लिख देंगे। अगर एक अंक आता है तो हम उसे **'0' Zero** लगाकर **2 Digit** बना देंगे। इस प्रकार हम इसे सरलतापूर्वक **multiply** कर सकेंगे।

आइए कुछ **Examples** लेते हैं।

Ex.1: 37 × 77 = ?

Soln: Step (1) (3 × 7) = 21

Step (2) Add 7 +7 = 28

Step (3) Multiply 7 × 7 ⟶ 49

2849 Ans

Ex.2: 43 × 63 = ?

Soln: Step (1) 4 × 6 = 24

Step (2) Add 3 +3

27

Step (3) 3 × 3 = →09

2709 Ans

Ex.3: 69 × 49 = ?

Soln: Step (1) 6 × 4 = 24

Step (2) Add 9 = +9

33

Step (3) 9 × 9 = →81

3381 Ans

Type 8: Single Digit को 9, 99, 999, ... से गुणा करने की Fast तकनीक:-

> **Step 1:** जब भी कभी **9, 99, 999, ...** से किसी **Single Digit** को **multiply** करना हो तो सबसे पहले दोनों **Numbers** के **last Digit** को **multiply** करेंगे।
>
> **Step 2:** और **Step (1)** में जो प्राप्त हुआ है उसे **Break** करके लिखेंगे जितने **9** बच गए हैं। **Last Digit (9)** के अलावा उतने **9** बीच में लिखेंगे।

Ex.1: 99 × 3 = ?

Soln: 99 × 3 = 2 9 7

☞ 9 × 3 = 27 आया है और एक 9 बच गया अब 27 के बीच में एक 9 लिख देते हैं। जैसे 2 9 7

Ex.2: 999 × 5 = ?

Soln: 999 × 5 = 4 9 9 5 Ans

☞ 9 × 5 = 45 आया है और दो 9 बच गए अब 45 के बीच में दो 9 लिख देते हैं। जैसे 4 9 9 5

Ex.3: 9999 × 6 = ?

Soln: (3) 9999 × 6 = 59994

Type 9: 2 लगातार Number की Multiply:-

$n(n + 1) = n^2 + n$

Ex.1: $14 \times 15 = 14^2 + 14 = 196 + 14 = 210$

Ex.2: $50 \times 51 = 50^2 + 50 = 2500 + 50 = 2550$

Ex.3: $32 \times 33 = 32^2 + 32 = 1024 + 32 = 1056$

Type 10: 2 लगातार Odd या Even Number की Multiply:-

$n(n+2) = (n+1)^2 - 1$

बीच वाली के **Square** में से **1** घटा दो

Ex.1: $13 \times 15 = 14^2 - 1 = 195$

Ex.2: $24 \times 26 = 25^2 - 1 = 624$

Ex.3: $51 \times 53 = 52^2 - 1 = 2703$

Type 11: 31 × 41, 51 × 61, 71 × 81, ... :-

Step 1: सबसे पहले इकाई के अंक **(Unit Digit)** को **multiply** करेंगे और **Unit Digit** वाले **Place** पर लिख देंगे।

Step 2: अब दहाई वाले अंकों को जोड़ देंगे और **Step 1** में प्राप्त **Unit Digit** के आगे लिख देंगे, अगर जोड़कर दो **Digit** का **Number** प्राप्त होता है तो एक अंक लिख लेंगे और आगे वाला **Number carry** कर लेंगे।

Step 3: अब दहाई वाले अंकों की **multiply** करेंगे और **Step (1), Step (2)** वाले **No.** के आगे लिख देंगे। इस प्रकार हम **easily multiply** कर सकते हैं।

ध्यान रहे ये सब **mind** में करना है **Without pen**।

Ex.1: $31 \times 41 = ?$

Soln:

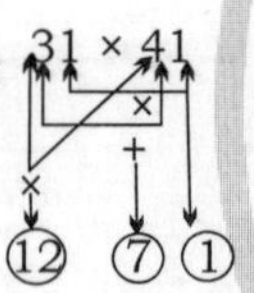

$\Rightarrow$ 1271 Ans

Ex.2: $41 \times 51 = ?$

Soln:

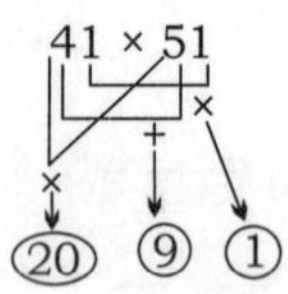

$\Rightarrow$ 2091 Ans

Ex.3: $51 \times 61 = ?$

Soln:

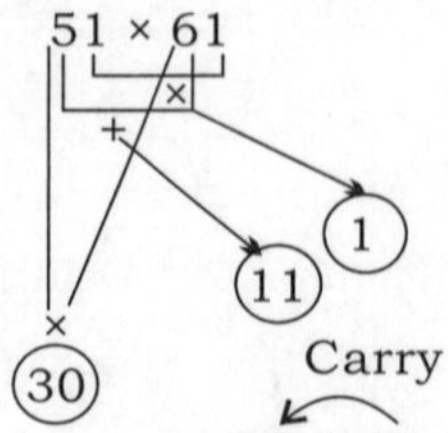

Carry

30 | 11 | 1

$\Rightarrow$ 3111 Ans

Type 12: [a 0 b] × [c 0 d]:-

Step 1: इकाई के अंकों **(Unit digits)** को **multiply** करेंगे और **mind** में रखेंगे। यदि **multiply** करके सिर्फ **1 digit** आती है तो उसके आगे **0** लगा देंगे। **Ex. 08, 09 etc.**

Step 2: पास–पास और दूर–दूर वाले अंकों की **multiply** करेंगे और आपस में **Add** कर देंगे। यदि **3 digit** का **No.** प्राप्त होता है तो **2 digit** रोक कर तीसरे को **Carry Forward** कर देंगे।

Step 3: अब सैंकड़े वाले अंकों को **multiply** करेंगे और आगे लिख देंगे। यदि पीछे से **Carry** था तो **Add** कर लेंगे।

Ex. 1: 402 × 904 = ?

Soln: 402 × 904

$36^{\#}\ 34^{*}\ 08^{\bullet}$

$$\left[\begin{array}{l} \because 08^{\bullet} = 4\times 2 \\ 34^{*} = (4\times 4)+(9\times 2) \\ 36^{\#} = 4\times 9 \end{array}\right]$$

363408 Ans

Ex. 2: 605 × 708 = ?

Soln: 605 × 708

$42^{\#}\ 83^{*}\ 40^{\bullet}$

$$\left[\begin{array}{l} \because 40^{\bullet} = 5\times 8 \\ 83^{*} = (5\times 7)+(8\times 6) \\ 42^{\#} = 6\times 7 \end{array}\right]$$

428340 Ans

Ex. 3: 809 × 907 = ?

Soln: 809 × 907

$\Rightarrow 73^{\#}\ 37^{*}\ 63^{\bullet}$

733763 Ans

$$\left[\begin{array}{l} \because 63^{\bullet} = 9\times 7 \\ 37^{*} = (9\times 9)+(8\times 7) \\ \quad = 1\boxed{37} \\ \quad \swarrow \\ \text{Carry} \\ 73^{\#} = 8\times 9 = 72 \\ \quad +1 \text{ Carry} \\ \quad 73 \end{array}\right]$$

Type 13: जब दोनों Number की Last Digit 5 हो तो Multiply कैसे करें:-

☞ $\left(\textbf{Product} + \frac{\textbf{Sum}}{\textbf{2}}\right)\textbf{25}$, **If 10th digit sum is even**

Ex.1: 85 × 65 = ?

Soln: $\left[48+\frac{(8+6)}{2}\right]25 = [48+7]25 = 5525$

Ex.2: 45 × 65 = ?

Soln: $\left(24+\frac{6+4}{2}\right)25 = (24 + 5)25 = 2925$

☞ $\left(\textbf{Product} + \frac{\textbf{Sum - 1}}{\textbf{2}}\right)\textbf{75}$, **If 10th digit sum is Odd**

Ex.: 35 × 85 = ?

Soln: $\left(24+\frac{11-1}{2}\right)75 = (24 + 5)\ 75 = 2975$

[X] Multiplication का Successive Method (बड़े काम की चीज):-

$$\left(\frac{n+1}{n}\right)\times\left(\frac{n}{n+1}\right)=1$$

☞ मतलब अगर एक संख्या को **n** से **n + 1** किया जाए यानि $\frac{1}{n}\uparrow$ बढ़ाया जाए और दूसरी संख्या को **n + 1** से **n** किया जाए यानि $\frac{1}{n+1}\downarrow$ कम किया जाए तो **Product** (गुणनफल) पर कोई फर्क नहीं पड़ता है। यह तकनीक बहुत जगह गुणा करने के काम आती है।

$$\boxed{\frac{1}{n}\uparrow = \frac{1}{n+1}\downarrow}$$

Ex.1: 75 × 384 = ?

Soln:

$$\begin{array}{ccc} 75 & \times & 384 \\ (+25)\downarrow \frac{+1}{3} & & (-96)\downarrow \frac{-1}{4} \\ 100 & \times & 288 \end{array} = 28800 \text{ Ans}$$

Ex.2: 36 × 520 = ?

Soln: 36 × 520

(+4) ↓ $\frac{+1}{9}$ (−52) ↓ $\frac{-1}{10}$

40 × 468 = 18720 Ans

Ex.3: 375 × 112 = ?

Soln: 375 × 112

(+25) ↓ $\frac{+1}{15}$ (−7) ↓ $\frac{-1}{16}$

400 × 105 = 42000 Ans

Ex.4: 825 × 972 = ?

Soln: 825 × 972

(+75) ↓ $\frac{+1}{11}$ (−81) ↓ $\frac{-1}{12}$

900 × 891 = 801900 Ans

Ex.5: 2125 × 2214 = ?

Soln: 2125 × 2214

(−125) ↓ $\frac{-1}{19}$ (+123) ↓ $\frac{+1}{18}$

2000 × 2337 = 4674000 Ans

Approx में इस Method का Use:-

जहाँ **Option** दूर–दूर हो वहाँ हम लगभग **Answer** निकाल कर जल्दी **Question Solve** कर सकते हैं।

Ex.1: 88 × 564 = ?

Soln: 88 × 564

(+12) ↓ $\frac{+1}{7}$ (−70) ↓ $\frac{-1}{8}$

100 × 494 = 49400 (लगभग) Approx Ans and Accurate Ans. 49632

Ex.2: 123 × 537 = ?

Soln: 123 × 537

(−23) ↓ (+134) ↓

100 × 671 = 67100 (लगभग) Approx Ans and Accurate Ans. 66051

Ex.3: 968 × 472 = ?

Soln: 968 × 472

(+32) ↓ $\frac{+1}{30}$ (−15) ↓ $\frac{-1}{31}$

1000 × 457 = 457000 (लगभग) Approx Ans and Accurate Ans. 456896

[XI] Exam Calculation के 4 मूलमंत्र:-

मूलमंत्र 1: किसी एक Number को % मानकर calculate करना सबसे पहले approx Ans देखते हैं कि किसके Nearest है। फिर % help से correct Answer तक पहुँचते हैं।

Ex.: 125 × 88 = ?

Soln: Answer 8800 से बड़ा आयेगा (100 × 88 = 8800)

$125 \rightarrow 12.5\% = \frac{1}{8}$

$\frac{1}{8} \times 88 = 11$

8800 से थोड़ा बड़ा = 11000 है यही Answer होगा।

मूलमंत्र 2: Number को Decimal मानकर calculate करना पहले Approx Ans find करते हैं फिर Decimal की help से Ans की Digit find करते हैं और correct calculate करते हैं।

Ex.: 65 × 80 = ?

Soln: 4800 Appx. (60 × 80 = 4800)

6.5 × 8 = 52 (Approx Ans से हमें Number of zero पता चल जाता है।)

4800 के करीब 5200 ही Ans होगा।

मूलमंत्र 3: Decimal के बाद Number add करके % बनाकर calculate करना

Ex.1: 44 × 81 = ?

Soln: 3200 Approx. (40 × 80 = 3200)

44.44 × 81 44.44 → $\frac{4}{9}$ के बराबर होता है

$\frac{4}{\cancel{9}} \times \cancel{81}9$ इसलिए .44 add कर लिया

3600

☞ Answer 3600 से थोड़ा छोटा आयेगा क्योंकि हमने कुछ ज्यादा (0.44) Add किया है।

Ex.2: 67 × 36 = ?

Soln: 1800 Approx (60 × 30 = 1800)

66.66 × 36

$$\frac{2}{\cancel{3}} \times \overset{12}{\cancel{36}} = 2400$$

Ans 2400 से थोड़ा बड़ा होगा। क्योंकि हमने कुछ कम (.34) Subtract किया है।

मूलमंत्र 4: % को simplify करके calculate करना

Ex.: 225% × 80 = ?

Soln: 160 Approx Ans (200% × 80 = 160)

8 × 2.25 = 18

Digit 18 तो Ans 180 होगा। [∵ 80 का 2.25 गुना करना है तो 180 के Range में होगा।]

5 DIVISION का POSTMORTEM (भाग का पोस्टमार्टम)

[I] Division by 5^P (5, 25, 125, ...):-

(A) Divide by 5:-

Step 1: पहले 2 से Multiply करें।

Step 2: अब Right से 1 Digit (अंक) छोड़कर Decimal लगाएँ।

(1) $\frac{43}{5} \xrightarrow{\times 2} = 86 \rightarrow 8.6$

(2) $\frac{237}{5} \xrightarrow{\times 2} = 474 \rightarrow 47.4$

(3) $\frac{12312}{5} \xrightarrow{\times 2} = 24624 \rightarrow 2462.4$

(B) Divide by 25:-

Step 1: पहले 4 से Multiply करें।

Step 2: अब Right से 2 Digit (अंक) छोड़कर Decimal लगाएँ।

(1) $\frac{83}{25} \xrightarrow{\times 4} = 332 \rightarrow 3.32$

(2) $\frac{234}{25} \xrightarrow{\times 4} = 936 \rightarrow 9.36$

(3) $\frac{12152}{25} \xrightarrow{\times 4} = 48608 \rightarrow 486.08$

(C) Divide by 125:-

Step 1: पहले 8 से Multiply करें।

Step 2: अब Right से 3 Digit (अंक) छोड़कर Decimal लगाएँ।

(1) $\frac{412}{125} \xrightarrow{\times 8} 3296 \longrightarrow 3.296$

(2) $\frac{1203}{125} \xrightarrow{\times 8} 9624 \longrightarrow 9.624$

(3) $\frac{21203}{125} \xrightarrow{\times 8} 169624 \longrightarrow 169.624$

Special Case: जब Last Three Digit 125 से विभाज्य (Divisible) हों:-

जब **Number** के आखिरी में **125** या **125** का **Multiple** हो और **Number** को **125** से **Divide** करना हो तो

Step 1: **Number** के आखिरी के अंक जो **125** के **Multiple** हैं उन्हें **125** से **Direct Divide** करके **mind** में रख लेंगे।

Step 2: अब **Number** के बचे हुए अंकों को **8** से **Multiply** करेंगे और **mind** में रखे हुए **Number (Step 1** में प्राप्त) को **Add** कर देंगे।

Ex.1: $\frac{8125}{125} = ?$

Soln:

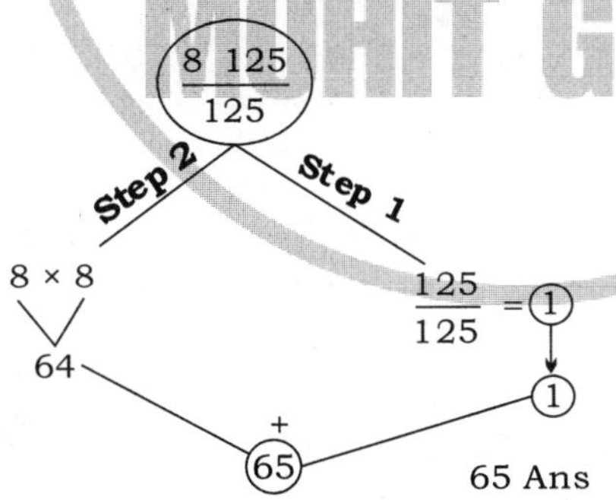

Ex.2: $\frac{13250}{125} = ?$

Soln:

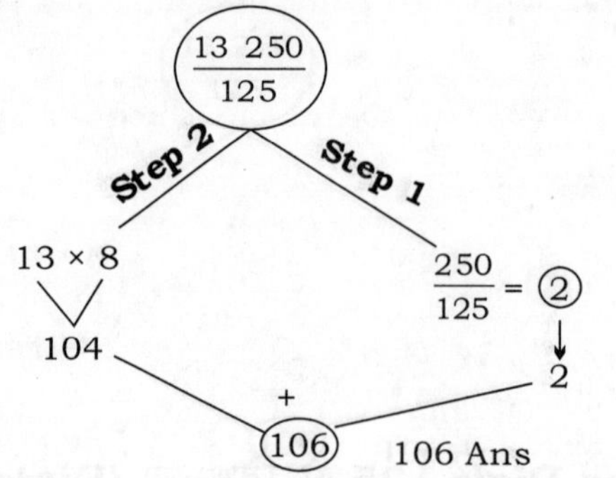

Ex.3: $\frac{304625}{125} = ?$

Soln.:

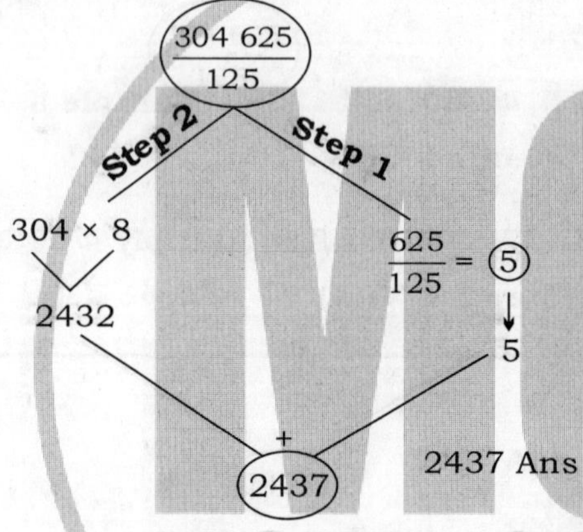

Ex.4: $\frac{112875}{125} = ?$

Soln:

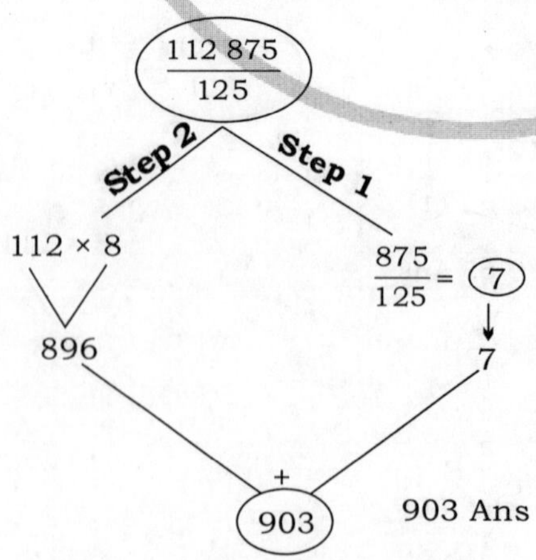

[II] 50 का Special Division:-

Step 1: पहले 2 से Multiply करें।

Step 2: अब Right से 2 Digit (अंक) छोड़कर Decimal लगाएँ।

(1) $\frac{81}{50} \xrightarrow{\times 2} 162 \longrightarrow 1.62$

(2) $\frac{237}{50} \xrightarrow{\times 2} 474 \longrightarrow 4.74$

(3) $\frac{4352}{50} \xrightarrow{\times 2} 8704 \longrightarrow 87.04$

[III] 99 का Special Division (2 digits, 3 digits, 4 digits, ...):-

(1) **2 Digit Division:-**

(a) $\frac{31}{99} = 0.313131 \;...... = 0.\overline{31}$

(b) $\frac{78}{99} = 0.787878 \;...... = 0.\overline{78}$

(2) **3 Digit Division:-**

(a) $\frac{128}{99} \Rightarrow 1.\overline{(28+1)} = 1.\overline{29}$

(b) $\frac{437}{99} \Rightarrow 4.\overline{(37+4)} = 4.\overline{41}$

(c) $\frac{989}{99} \Rightarrow 9.\overline{(89+9)} = 9.\overline{98}$

(3) **4 Digit Division:-**

(a) $\frac{1234}{99} \Rightarrow 12.\overline{(34+12)} = 12.\overline{46}$

(b) $\frac{4517}{99} \Rightarrow 45.\overline{(45+17)} = 45.\overline{62}$

(c) $\frac{8391}{99} \Rightarrow 83.\overline{(83+91)} = 84.\overline{75}$

+1 (174) +1

[IV] Add-Sub-Divison Method (Fast तरीका):-

$$\frac{\text{Numerator (अंश)}}{\text{Denominator (हर)}}$$

अगर हम अंश **(Numerator)** में कुछ **Add/Subtract** करते हैं तो नीचे हर **(Denominator)** में उसी हिसाब से **Add/Subtract** करना होगा ताकि नया **Fraction** भी पहले वाला **Fraction (N/D)** बन जाए।

Concept:-

Ex.1: $\frac{1}{4}$

Soln: अगर हम अंश (Numerator) में 3 Add करते हैं तो हमें Denominator में 12 Add करना होगा। ऐसा करने से भिन्न (Fraction) = $\frac{4}{16}$ हो जाएगा जो कि $\frac{1}{4}$ ही है।

$$\times 4\left(\frac{1+\boxed{3}}{4+\boxed{12}}\right)\times 4$$

Ex.2: $\frac{1}{5}$

Soln: यदि हम अंश (Numerator) में 7 Add करते हैं तो हमें हर (Denominator) में 35 Add करना होगा। ऐसा करने से $\frac{8}{40}$ भिन्न (Fraction) बना जो कि अभी $\frac{1}{5}$ ही है।

$$\times 5\left(\frac{1+\boxed{7}}{5+\boxed{35}}\right)\times 5$$

- इस तरह से **Add/Subtract** वहाँ काम आता है जहाँ **Divide** करना मुश्किल होता है। ये **Concept** लगभग **(Approx)** में काम आता है जो **Option Eliminate** करके **Answer** तक पहुँचा देता है।
- ये **Concept, DI, Percentage, Profit & Loss, Interest** आदि के सवालों के **Fraction** को जल्दी हल कर देता है।

(1) Addition से Attack:-

Ex.1: $\frac{355}{716} = ?$

(a) 0.3462 (b) 0.4958 (c) 0.6572 (d) 0.2762

Soln: थोड़ी देर के लिए हम $\frac{350}{700}$ मान लेते हैं ऐसा मानने से $\frac{350}{700} = \boxed{\frac{1}{2}}$ होता है तो इससे पता चला

$\frac{355}{716} \sim \frac{1}{2}$ के करीब है।

यहाँ हम नीचे/हर (Denominator) में zero वाली form बनाएंगे जिससे Divide Easily हो जाएगा। जैसे नीचे 800 मिल जाए तो Calculation easy हो जाएगी तो हम नीचे 84 Add करेंगें।

लगभग 2 गुना $\left(\frac{355}{716} + \frac{\boxed{42}}{\boxed{84}}\right)$ लगभग 2 गुना

☞ यहाँ हमने Denominator में 84 Add किया इसलिए Numerator में 42 Add किया जिससे $\frac{1}{2}$ के करीब बना।

$\frac{397}{800} \Rightarrow \boxed{0.4962}$

Hence, option (b) 0.4958 Answer

☞ अब हम $\frac{355}{716}$ की Calculation से Divide करते हैं तो हमें 0.4958 प्राप्त होता है। इसलिए हमारी Calculation, Real Answer के बिल्कुल करीब है।

Ex.2: $\frac{483}{728} = ?$

(a) 0.7128 (b) 0.6512 (c) 0.512 (d) 0.6634

Soln: (d); $\frac{483}{728}$ ~लगभग $\frac{480}{720}$ $\boxed{\frac{2}{3}}$

$$\frac{483}{728} \xrightarrow[+72]{+48} \frac{531}{800}$$

$$\left[\because \frac{2}{3} \xrightarrow{\times 24} \frac{x}{72},\quad \boxed{x = 48}\right.$$

(नीचे 72 Add किया ताकि 800 हो जाये)

$\Rightarrow \frac{531}{800} = \boxed{0.6637}$

Hence, option (d) 0.6634 Answer

Ex.3: $\frac{75}{292} = ?$

(a) 0.2568 (b) 0.5679 (c) 0.3210 (d) 0.4321

Soln: (a); लगभग $\frac{75}{300} = \frac{1}{4} \frac{\xrightarrow{\times 2} 2}{\xrightarrow{\times 2} 8}$

$\frac{75+\boxed{2}}{292+\boxed{8}} = \frac{77}{300} = 0.2566 .....$

Hence, option (a) 0.2568 Answer

$\boxed{\text{Exact}}\ \frac{75}{292} = 0.2568$

(2) Subtraction से Attack:-

Ex.1: $\frac{355}{716} = ?$

(a) 0.4650 (b) 0.4958 (c) 0.4865 (d) 0.4759

Soln: अगर यहाँ हमने हर (Denominator) में 16 घटाया (Subtract) तो अंश (Numerator) में 8 घटाएंगे (Subtract) करेंगे। $\left[\because \frac{355}{716} \approx \frac{350}{700} = \frac{1}{2}\right]$

$\left(\frac{355-\boxed{8}}{716-\boxed{16}}\right)$

$\frac{347}{700} = \boxed{.4957}$ इसलिए इसके Nearest (b) Option Ans होगा।

Ex.2: $\frac{631}{3125} = ?$

(a) 0.2020 (b) 0.1875 (c) 0.2169 (d) 0.2087

Soln: (a); $\frac{631}{3125}$ को $\frac{600}{3000}$ मान लेते हैं तो $\frac{1}{5}$ मिलता है, इसलिए $\frac{1}{5}$ के Fraction के करीब $\frac{631}{3125}$ होगा।

$\Rightarrow \frac{1}{5} \overset{\times 25}{=} \frac{x}{125} \longrightarrow \boxed{x = 25}$ $[\because 3125 - 125 = 3000]$

☞ Numerator में 25 घटाएंगे और Denominator में 125 घटाएंगे।

$$\Rightarrow \frac{631}{3125} = \frac{606}{3000} = 0.2020$$

(Numerator: −25, Denominator: −125)

$\frac{631}{3125}$ = 0.2019 Acurate है इसलिए 0.2020 इसके nearest है जो Option (a) Answer होगा।

[V] Calculation के 5 Golden Methods:-

Method 1: नीचे वाले Number को 100% मानकर calculate करते हैं।

Ex.: $\frac{364}{700} = ?$

(a) 42% (b) 52% (c) 38% (d) 58%

Soln: (b)

700 → 100%
70 → 10%
7 → 1%
350 → 50%
14 → 2%

364	→	52%

Hence, option (b) 52% Answer

Method 2: Denominator को % मानकर Calculate करते हैं।

Ex.: $\frac{825}{1250} = ?$

(a) 49% (b) 66% (c) 57% (d) 55%

Soln: (b) 1250 = 12.50% (let)

$= \frac{1}{8}$

$\frac{825}{\frac{1}{8}} = 825 \times 8$

$= 8.25 \times 8$

$= 64 + 2 = 66$

☞ Only Number पर Work करेंगे Option में Number दिये हैं। Decimal और % की help से Number find करेंगे।

Hence, option (b) 66% Answer

Method 3: Number की Digit change करके Ans calculate करते हैं।

Ex.1: $\frac{3}{53} = ?$

(a) 3.87% (b) 6.97% (c) 5.66% (d) 4.66%

Soln: (c); $\frac{3}{53} \approx \frac{\cancel{3}}{\cancel{54}} \approx \frac{1}{18} = 5.5\%$

Answer 5.5% से थोड़ा बड़ा आयेगा क्योंकि $\frac{3}{53} > \frac{3}{54}$ से बड़ा है जो Option (c) है।

Ex.2: $\frac{85}{325} = ?$

(a) 22.46% (b) 29.17% (c) 26.15% (d) 32.75%

Soln: (c); $\frac{\cancel{85}}{\cancel{325}} \approx \frac{17}{65} \approx \frac{16+1}{64}$

$16 \rightarrow 25\%$

$0.64 \rightarrow 1\%$

Answer 26% से थोड़ा बड़ा आयेगा जो Option (c) है।

Ex.3: $\frac{29}{65} = ?$

(a) 44.6 (b) 42.8 (c) 43.8 (d) 43.2

Soln: (a); Option 40% से above है तो calculation भी उसी हिसाब से करेंगे।

65 का 40% $\rightarrow 26$

$\frac{26+3}{65} = 40\% + \frac{3}{65}$

$0.65 \rightarrow 1\%$ तो 3 Approx 4 बार में जायेगा इसलिए Answer 44% के Approx आयेगा Option (a) Answer होगा।

Method 4: जब Option में Decimal से पहले अलग–अलग संख्या हों।

Ex.: $\frac{550}{1550} = ?$

(a) 39.18% (b) 45.48% (c) 34.25% (d) 35.48%

Soln: (d) $\frac{550}{1550} = \frac{\cancel{1100}}{\cancel{31}}$ 35. ..... $\therefore$ (d) Ans

☞ **जब option में Decimal से पहले अलग–अलग Number हों, तब only starting के Number find करके Answer mark करते हैं।**

Method 5: जब Option Mixed Fraction में हों:-

Ex.: $\frac{400}{1350} = ?$

(a) $29\frac{17}{27}\%$ (b) $29\frac{23}{27}\%$ (c) $26\frac{17}{27}\%$ (d) $25\frac{17}{27}\%$

Soln: (a) $\frac{400}{\cancel{1350}_{27}} \times \overset{2}{\cancel{100}}$

$= \frac{800}{27}$ → ऊपर वाले Number की Last Digit देखे और Option से match करें कि किसमें वह Digit आ रही है। 800 में 0 Last Digit है।

Option (a) में Last digit = 0 $(27 \times 29 + 17 = 0)$

Option (b) में Last digit = 6 $(27 \times 29 + 23 = 6)$

Option (c) में Last digit = 9 $(27 \times 26 + 17 = 9)$

Option (d) में Last digit = 2 $(27 \times 25 + 17 = 2)$

Option (a) Answer होगा क्योंकि Last digit 0 है।

6 QUOTIENT AND REMAINDER (भागफल और शेषफल) MAGICAL CONCEPT

[I] Divide by 9, 99, 999, ... (शेषफल और भागफल निकालें):-

(a) 9 से Divide (भाग):-

$\frac{N}{9} \Rightarrow \frac{abcd}{9}$

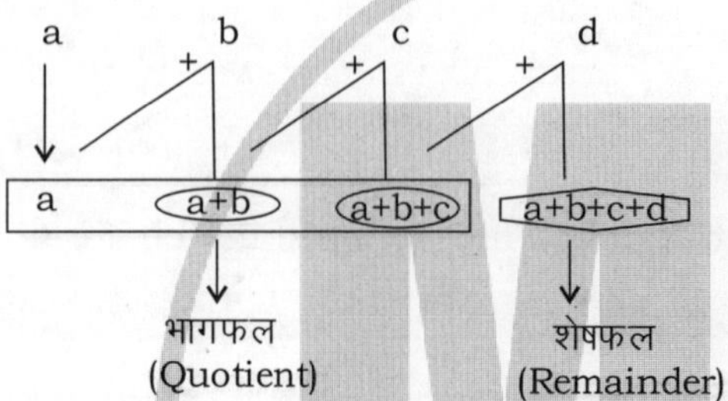

Step 1: यहाँ पर **(a + b + c)**, **(a + b)** हमेशा **single digit** में होता है। यदि **double digit** में आये तो **10th digit** को **Carry Forward** करेंगे।

Step 2: यदि यहाँ पर **[a + b + c + d]**, **9** से बड़ा हो तो **9** से भाग करके **Quotient and Remainder** निकालते हैं। इसमें अब प्राप्त **Quotient** को एक **Digit** में लिखकर **Carry** पहले प्राप्त **Quotient** में जोड़ देते है।

जब Sum Single Digit में आये:-

Ex.1: 2310 ÷ 9 = ?

Soln:

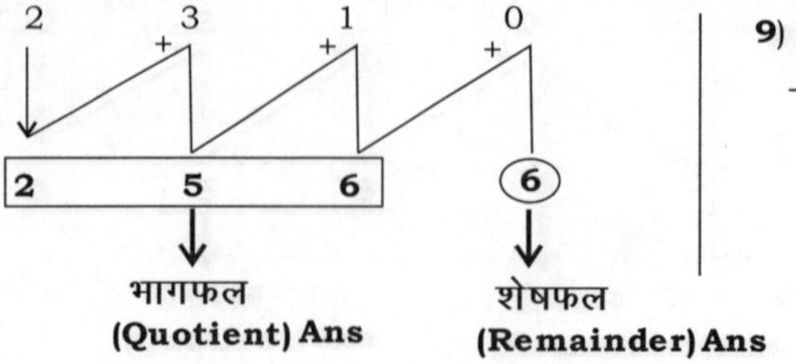

9) 2310 (**256**
 18
 51
 45
 60
 54
 ⑥ **R**

Ex.2: 4236 ÷ 9 = ?

Soln:

4 +2 +3 +6

4 6 9 15

469
+1
470

Quotient Ans

15 → 1 Quotient

$\frac{15}{9}$ ⑥ Remainder

⑥ **Remainder Ans**

जब **Sum** दो **Digit** में आए :-

Ex.1: 735 ÷ 9 = ?

Soln:

7 +3 +5

7 |10| 15

+1 Carry

7 10

8 0
+1

8 1 **Quotient Ans** **Remainder ⑥ Ans**

$\frac{15}{9}$ = ① Quotient ⑥ Remainder

Ex.2: 5968 ÷ 9 = ?

Soln:

5 +9 +6 +8

5 14 20 28

Carry

+1 +2

5 14 20

6 6 0
+3

6 6 3 **Quotient Ans** **Remainder ① Ans**

$\frac{28}{9}$ = ③ Quotient ① Remainder

जब कोई Remainder न हो :-

Step 1: ऐसे **case** में हम वैसे ही **solve** करते हैं और **last** वाले **Number** को **9** से ÷ करके देखते हैं कितना भागफल **(Quotient)** है।

Step 2: अब **Balancing** करके **Quotient Add** करते हैं। इस प्रकार इसका भी भागफल **(Quotient)** निकल जाता है।

Ex. 738 ÷ 9 = ?

Soln:

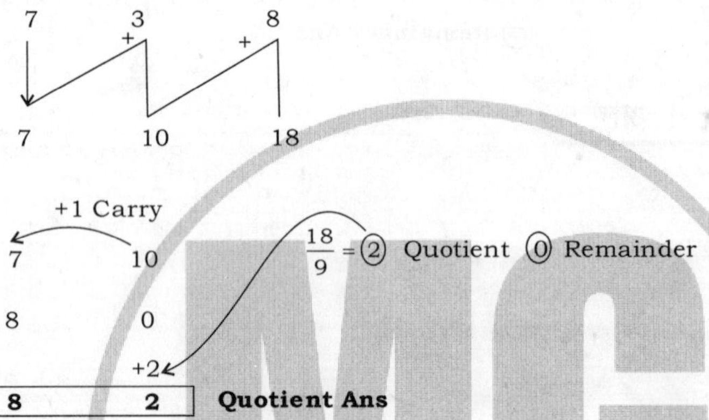

(b) 99 से Divide (भाग) :-

Step 1: चूँकि यहाँ **2** अंक है **(99)** इसलिए ↓**(Right side से)** दो-**2** का **pair** बनाएंगे

$$\frac{N}{99} = \frac{ab\ cd}{99}$$

Step 2: 99 से **Divide** करते समय **Sum 2 Digit** में लेते हैं।

Ex.1: 12235 ÷ 99 = ?

Soln: 99 से Divide करते समय Sum (23) हमेशा 2 Digit में लेते हैं।

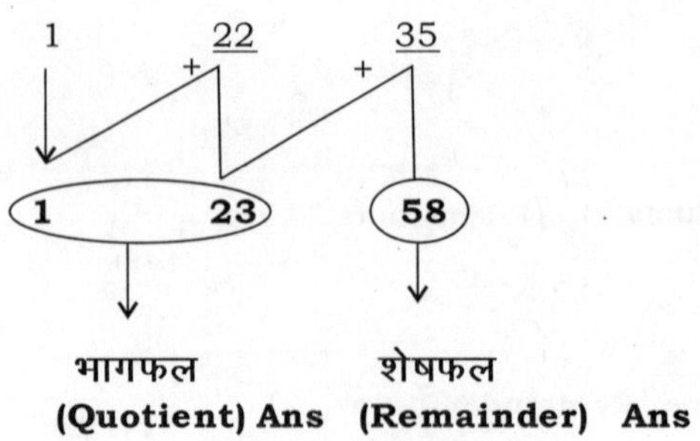

Ex.2: 34552 ÷ 99 = ?

Soln:

3   $\underline{45}$ $\underline{52}$

3   48   100

$\frac{100}{99} = 1$ Quotient (1) Remainder

3   48 +1

3	49

Quotient Ans   **Remainder (1) Ans**

(c) 999 से Divide (भाग) :-

Step 1: चूँकि यहाँ तीन अंक है **(999)** हैं इसलिए तीन–तीन का **Right side** से **pair** बनाएंगे।

$$\frac{N}{999} = \frac{a\underline{bcd}}{999} \text{ or } \frac{\underline{abc}\ \underline{def}}{999}$$

Step 2: 999 से **divide** करते समय **Sum 3 Digit** में लेते हैं।

Ex.1: 487525 ÷ 999 = ?

Soln:

$\underline{487}$ $\underline{525}$

487   1012

+1

488

$\frac{1012}{999} \Rightarrow$ (1) Quotient (13) Remainder

Quotient Ans   **Remainder (13) Ans**

Ex.2: 43232159 ÷ 999 = ?

Soln:

43   $\underline{232}$ $\underline{159}$

43 275   **434**

भागफल **(Quotient)**   शेषफल **(Remainder)**   **Ans**

[II] Divide by 11 (Without Actual Division):-

$$\frac{N}{11} = \frac{abcd}{11}$$

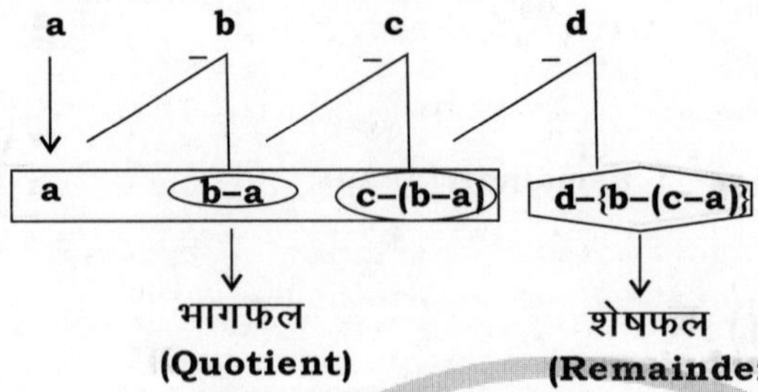

Ex.1: 234 ÷ 11 = ?

Soln:

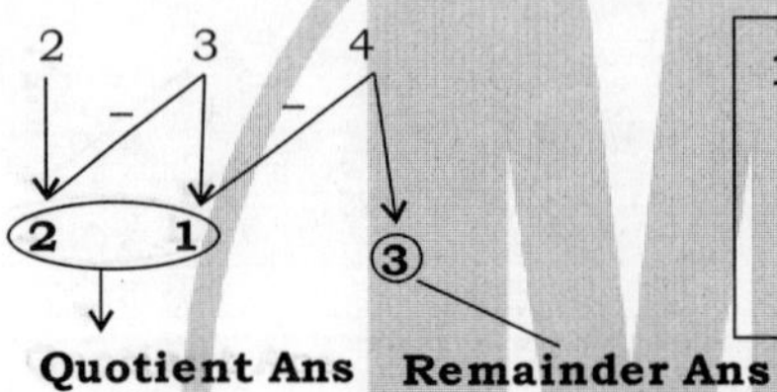

11) 234 (21
22
14
11
③ Remainder

Ex.2: 57983 ÷ 11 = ?

Soln:

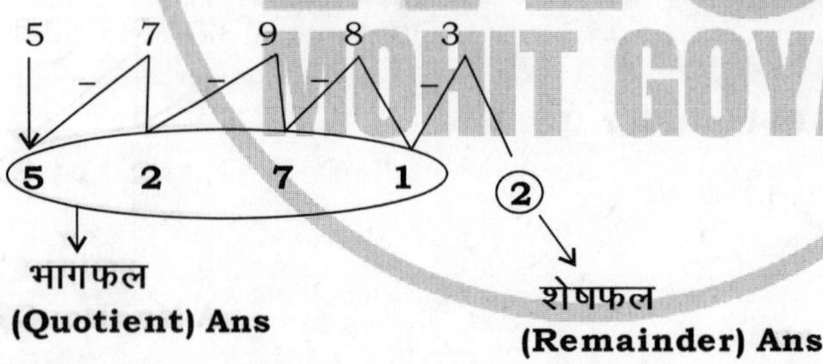

जब घटाने पर – (Minus) मिले (छोटे में से बड़ा घटाना हो):-

☞ ऐसे **case** में हम **1 Right-side shift** कर देते हैं और फिर **solve** करते हैं।

Ex.1: 272 ÷ 11 = ?

Soln:

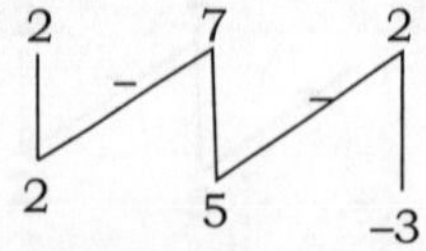

(1) यहाँ 2–5 करने से –3 आ रहा हैं इसलिए 5 में से –1 कर के 4 लिखेंगे और ऊपर 2 के आगे 1 लगाकर 12 लिखेंगे।

(2) अब 12 – 4 = 8 करेंगे।

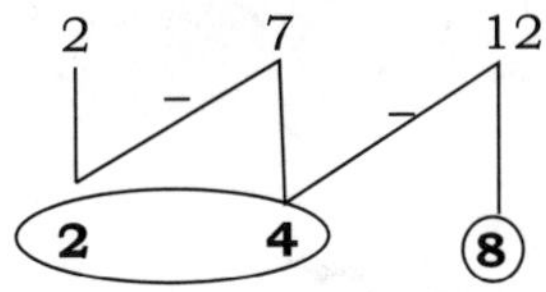

Quotient Ans **Remainder Ans**

Ex.2: 673921 ÷ 11 = ?

Soln:

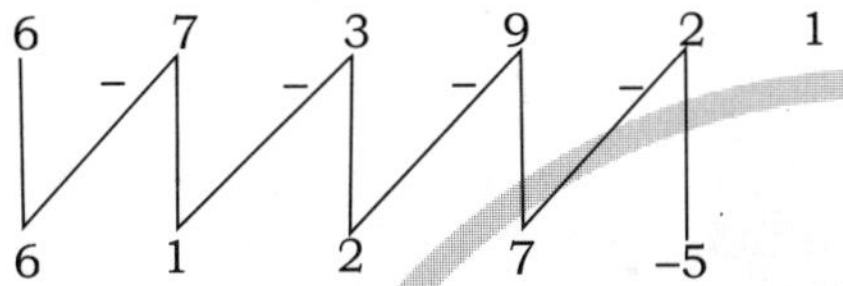

☞ चूँकि 2 – 7 करने से –5 आएगा। इसलिए 7 में से –1 करके 6 लिखेंगे और ऊपर 2 को 12 लिखकर – करेंगे। अब 12 – 6 = 6 नीचे आएगा

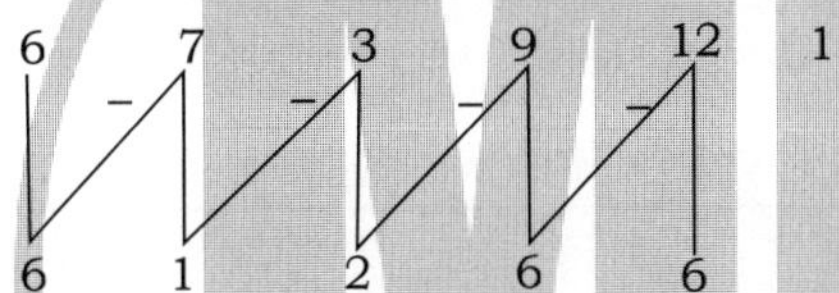

☞ ऊपर 1 है और नीचे 6 अब फिर से 1 – 6 = –5 लिखेंगे।

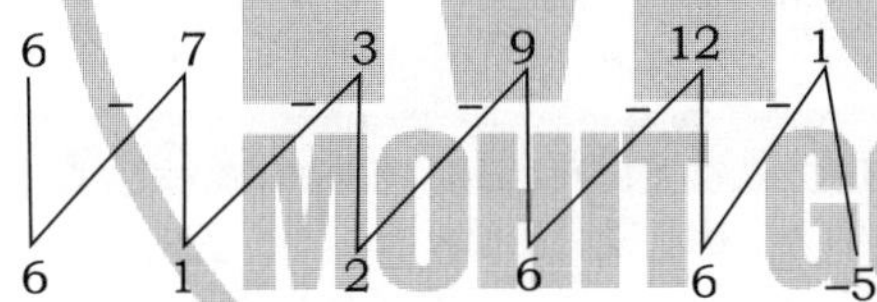

☞ अब 6 से 1 कम करेंगे तथा वहाँ 5 रह जाएगा। ये 1 ऊपर जाकर 11 हो जाएगा। अब 11 – 5 = 6 आएगा।

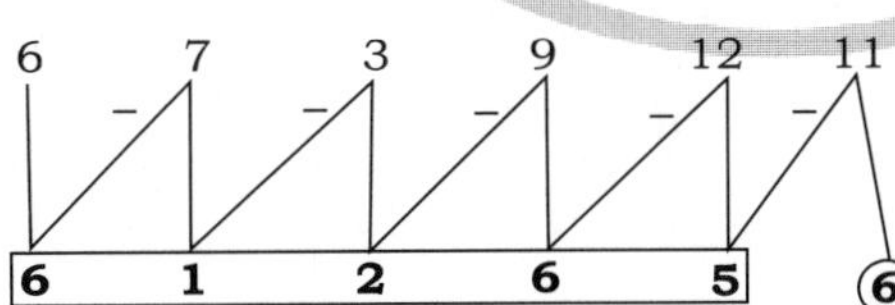

Quotient Ans **Remainder Ans**

7 DIVISIBILITY RULES (विभाज्यता नियम)

[I] Rules for (2^p, 5^p, 3^p, 6, 7, 11, 13) :-

2, 4, 8, 16, ... का Rule:-

2 → Last digit should be 0 or divisible by 2.
अंतिम अंक 0 हो या 2 से विभाज्य होना चाहिए।

4 → Last 2 digit should be divisible by 4.
अंतिम 2 अंक 4 से विभाज्य होना चाहिए।

8 → Last 3 digit should be divisible by 8.
अंतिम 3 अंक 8 से विभाज्य होना चाहिए।

16 → Last 4 digit should be divisible by 16.
अंतिम 4 अंक 16 से विभाज्य होना चाहिए।

Ex.: 21680
- 0 → ÷2 ✓
- 80 → ÷4 ✓
- 680 → ÷8 ✓
- 1680 → ÷16 ✓

5, 25, 125, 625, ... का Rule:-

5 → Last digit should be 0 or divisible by 5.
अंतिम अंक 0 हो या 5 से विभाज्य होना चाहिए।

25 → Last 2 digit should be divisible by 25.
अंतिम 2 अंक 25 से विभाज्य होना चाहिए।

125 → Last 3 digit should be divisible by 125.
अंतिम 3 अंक 125 से विभाज्य होना चाहिए।

625 → Last 4 digit should be divisible by 625.
अंतिम 4 अंक 625 से विभाज्य होना चाहिए।

Ex: 123405
- 5 → 5 ✓
- 05 → 25 ×

623850
- 0 → 5 ✓
- 50 → 25 ✓
- 850 → 125 ×

3 का Rule:-

3 → Sum of digit of a number should be divisible by 3.
संख्या के अंको का योग 3 से विभाजित होना चाहिए।

Ex: 123456 → 21 → divisible by 3

Special Method:

Cancel out multiple of 3 (3 और उसके गुणज को काटिये)

→ 1̸2̸ 3̸ 4̸5̸ 6̸ → ⓪✓

6 का Rule:-

6 → Check divisibility for 2 and 3.
2 और 3 से विभाज्यता Check करें।

Ex: 1 2 3 4 → Not divisible by 3 तो यह 6 से divisible नही होगा।

7 और 13 का Rule (Same for Both):-

छोटी संख्या के लिए: Last से 3-3 digit की pairing करनी है और शेष बचा हुआ घटाना है। Last में 7 के लिए 7 से और 13 के लिए 13 से भाग होना चाहिए।

Ex: 3<u>423</u> → 423–3 → 420 7 से ✓
13 से ×

2<u>3423</u> → 423–23 → 400 7 से ×
13 से ×

1123<u>423</u> → 1123–423 → 700 7 से ✓
13 से ×

बड़ी संख्या के लिए: Last से 3-3 digit की pairing करनी है। सभी Odd pair का Sum निकालना है तथा सभी Even pair का Sum निकालना है इसके बाद Sum का अंतर निकालना है। Last में जो मिलेगा वह 7 के लिए 7 से और 13 के लिए 13 से भाग होना चाहिए।

Ex: <u>123</u> <u>313</u> <u>213</u> → 213 + 123 – 313 = 336 – 313 = 23 ∴ 7 से ×
13 से ×

9 का Rule:-

Sum of digit should be divisible by 9.
यदि दिए गए number के अंकों का योग (Sum) 9 से विभाज्य (Divisible) है, तो Actual number भी 9 से विभाज्य (Divisible) होगा।

Ex: 7329753, 9 से विभाज्य (Divisible) है या नहीं?

Soln: 7329753

7 + 3 + 2 + 9 + 7 + 5 + 3 = 36, 9 से Divisible है।

इसलिए given number भी 9 से विभाज्य (Divisible) है।

Special Method:-

Cancel out 9 or its Multiple.
9 को या 9 के गुणक को काटें। अगर आखिर में कुछ नहीं बचता तो वह संख्या 9 से भाग होगी।

Ex: 7329753 सभी 9 कट गए, इसलिए यह संख्या 9 से Divisible है।

11 का Rule:-

Even और odd place वाले अंक को अलग अलग जोड़कर घटाने पर शेष 11 से भाग होना चाहिए या 0 होना चाहिए।

Ex. 1: (12)
123456 → 12 − 9 → ③ 11 से ×
(9)

Ex. 2: (16)
24687810 → 20 − 16 → ④ 11 से ×
(20)

Ex. 3: (29)
234567810231462 → 29 − 25 → ④ 11 से ×
(25)

Ex. 4: (16)
2468781007 → 27 − 16 → ⑪
(27) 11 से ✓

11 से भाग (Divide) बड़े Numbers के लिए Special Rule:-

L.H.S. से **2–2** अंकों के **pair** बनाएंगे अगर **pair** न बने तो **L.H.S.** में **0 (zero)** लगाकर **pair** बनाते है और एक दूसरे से **Subtract** करते हैं। अब **solve** करेंगे। यदि **0** या **11** मिले तो **11** से **Divisible** है अन्यथा नहीं करते हैं।

Ex. : 359247615447536915 ÷ 11

35 92 47 61 54 47 53 69 15

−2 + 7 − 3 + 5 + 1 − 3 + 2 − 3 − 4

⇒ 0

अतः 11 से Divisible है।

13 का Rule:-

There are three rules:

I. Last Digit × 4 + Remaining Number

II. 3 Digit Pairing

III. Rule of 143 (बड़े Numbers के लिए)

Rule 1: Last Digit × 4 + Remaining Number:-

Ex.: 611

Soln: $611 \Rightarrow 1 \times 4 + 61$

$= 65 \div 13$

$\therefore$ Number, 13 से divisible है।

Rule 2: 3 Digit Pairing:-

Ex.1: 277498

Soln: 277 498

$498 - 277 = 221 \div 13$

Number 13 से divisible है।

Ex.2: 4132838759387

Soln: Step 1: Last से 3–3 Digit के pair बनाएंगे। जो pair न बने as it is रहने देंगे।

Step 2: इसके बाद पीछे वाले pair से आगे वाला pair subtract करेंगे।

Step 3: Finally सबको calculate करेंगे। जो no. प्राप्त होगा यदि वो 13 से Divisible हो तो ये no. 13 से Divisible होगा।

4 132 838 759 387

$4 + 706 \quad -372$

$710 - 372 = 338$

$\frac{338}{13} = 26, \ R = 0$

अत: Given number 13 से Divisible है।

Rule 3: Rule of 143:-

Step 1: जब No. बड़ा हो तो Rule of 143 Use करें।

4132838759387

Step 2: L.H.S side से प्रत्येक Digit के नीचे एक बार +1 + 4 + 3 तथा एक बार –1, –4, –3 लिखकर गुणा (multiply) करते है।

$$\begin{array}{ccccccccccccc} 4 & 1 & 3 & 2 & 8 & 3 & 8 & 7 & 5 & 9 & 3 & 8 & 7 \\ +1 & +4 & +3 & -1 & -4 & -3 & +1 & +4 & +3 & -1 & -4 & -3 & +1 \end{array}$$

$$\cancel{4} + \cancel{4} + \cancel{9} - 2 - \cancel{32} - 9 + \cancel{8} + \cancel{28} + 15 - \cancel{9} - \cancel{12} - 24 + 7$$

$\Rightarrow 22 - 35 \Rightarrow -13$

Note: यहाँ **sign** कोई **matter** नहीं करता है। अतः यह **Number 13** से **divisible** है।

[II] Divisibility Check for Composite Number:-

Composite Numbers की **Divisibility** के लिए उन्हें **Prime Number** की **Power** में तोड़ कर फिर **Check** करते हैं।

Ex:. **6** → 2×3 (2 और 3 से)

12 → $2^2 \times 3$ (4 और 3 से)

45 → $3^2 \times 5$ (9 और 5 से)

72 → $3^2 \times 2^3$ (8 और 9 से)

[III] Divisibility Rule खुद बनाने का Oscillator Method:-

किसी भी संख्या का **Rule** बनाने के लिए संख्या को ऐसे **No.** से **Multiply** करते है जो **Last** में **1** और **9** बन जाए। यदि **Last** में **1** और **9** नहीं आता है तो **Rule** नहीं बनेगा। यहाँ पर दो प्रकार के **Rule** बनेंगे।

(A) Last में **9** वाला, **(+)** वाला **Rule** बनेगा।

(B) Last में **1** वाला, **(–)** वाला **Rule** बनेगा।

(C) Last Digit 9 या **1** ना होने वाला **Rule**

(A) 9, 19, 29, 49, 59, 69, 79, 89, 99 (Last में 9 वाले) के Rule

Step 1: +1 करके **Last** में **0** वाली संख्या बनेगी

Step 2: +1 का मतलब **Rule +** में बनेगा

Step 3: जो संख्या बनेगी **0** हटाकर **multiplier** मिलेगा **(x)**

शेष + **Last** × [x] → multiplier

Remaining Digit (RD) + Last Digit × [x]

Note: RD = Remaining Digit (शेष संख्या)

39 का Rule:-

$39 \xrightarrow{+1} 40$ 4 multiplier और + का Rule

Rule → RD + Last Digit × 4

Ex.: 4356

Soln: 435⑥ ×4

435
+24
45⑨ ×4

45
+36
81 ÷ 39 ×   यह Number 39 से divisible नहीं है।

79 का Rule:-

$79 \xrightarrow{+1} 80$ 8 multiplier और + का Rule

Rule → RD + Last digit × 8

Ex.: 10112

Soln: 1011② ×8

1011
+16
102⑦ ×8

102
+56
158 ÷ 79 ✓   यह Number 79 से divisible है।

59 का Rule:-

$59 \xrightarrow{+1} 60$ 6 multiplier और + का Rule

Rule → RD + Last Digit × 6

Ex.: 1357

Soln: 135⑦ ×6

135
+42
177 ÷ 59

Number (1357), 59 से divisible है।

(B) 11, 21, 31, 41, 51, 61, 71, 81, 91 (Last में 1 वाले) के Rule:-

Step 1: –1 करके Last में 0 वाली संख्या बनेगी।

Step 2: –1 का मतलब Rule – में बनेगा।

Step 3: Multiplier 0 को छोड़कर मिलेगा।

Rule ⇒ RD – Last Digit × [x] → multiplier

Ex.: Rule ⇒ 21 $\xrightarrow{-1}$ 20 RD – Last Digit × 2

Rule ⇒ 31 $\xrightarrow{-1}$ 30 RD – Last Digit × 3

Rule ⇒ 41 $\xrightarrow{-1}$ 40 RD – Last Digit × 4

⋮

Rule ⇒ 91 $\xrightarrow{-1}$ 90 RD – Last Digit × 9

(C) जब Last Digit 9 या 1 न होने वाला Rule:-

जब **9** और **1, Last** में न हों तो **Rule** बनाने के लिए ऐसे **Number** से **multiply** करते हैं जिससे **Last Digit 9** या **1** आ जाये, तो **Rule** बन जाता है।

27 का Rule:-

27

↓ ×3

81

Rule → RD – Last Digit × 8

Ex.: 8451

Soln: 845① ×8

845
 –8
 83⑦ ×8

 83
–56
 27 ÷ 27

8451, 27 से divisible है।

17 का Rule:-

17

↓ ×3

51

Rule = RD – Last Digits × 5

Ex.: 544

Soln: 54④ ×5

 54
–20
 34 ÷ 17

544, 17 से divisible है।

23 का Rule:-

23

↓ ×3

69

Rule = RD + Last digit × 7

Ex.: 7153

Soln: 715③×7   73⑥×7

$$\begin{array}{r} 715 \\ +21 \\ \hline 736 \end{array} \qquad \begin{array}{r} 73 \\ +42 \\ \hline 115 \end{array} \div 23$$

7153, 23 से divisible है।

43 का Rule:-

43
↓ ×3
129

Rule = RD + Last digit × 13

Ex.: 5203

Soln: 520③×13

$$\begin{array}{r} 520 \\ +39 \\ \hline 55⑨ \end{array} \times 13$$

$$\begin{array}{r} 55 \\ +117 \\ \hline 17② \end{array} \times 13$$

$$\begin{array}{r} 17 \\ +26 \\ \hline 43 \end{array} \div 43 ✓$$

5203, 43 से divisible है।

[IV] Special Divisibility Rule for 101:-

Alternate 2 digit के pair बनाएं फिर इन pairs को add करो और last में एक–दूसरे से minus करते हैं। Last में जो मिला वह 101 से भाग हो रहा है तो दी गई संख्या भी 101 से भाग हो जाएगी।

ab cd ef gh ij

(ab + ef + ij) – (cd + gh)

Ex.: 5 95 52 63

Soln: 5 95 52 63

= (52 + 5) – (95 + 63) = 101

∴ 5955263, (Minus ignore करने पर 101 से divisible है।)

[V] Special Divisibility Rule for 1001:-

Alternate 3 digit के pair को add करके last में minus करते है जैसे 101 में किया है। Last में जो मिला वह 1001 से भाग हो रहा है तो दी गई संख्या भी 1001 से भाग हो जाएगी।

Ex.: 584820236

Soln: 584820236 = (584 + 236) – 820 = 0

∴ 584820236, 1001 से divisible है।

Note: जो **Number 1001** से **divide** होगा वह **7, 11, 13** से भी **divide** होगा।

[VI] 99, 999, 9999, …….. का Divisibility Rule:-

99 का Rule:-

Step 1: कोई **number** लिखो।
Step 2: फिर **Right side** से दो–दो अंक के **pair** बनाओ
Step 3: यदि कोई अंक **(Digit) left side** में **Unpair** रह जाए, तो उसे **Single digit number** में ही रखें।
Step 4: यदि सभी **Pairs** का योग **(Sum) 99** से विभाज्य **(Divisible)** है, तो दिया गया **number 99** से भी विभाज्य **(Divisible)** होगा।

Ex.: 124146114345, 99 से विभाज्य है या नहीं?

Soln: 12 41 46 11 43 45

12 + 41 + 46 + 11 + 43 + 45 = 198

198 ÷ 99 अतः दिया गया no. 99 से divisible है।

999 का Rule:-

Step 1: कोई **number** लिखो।
Step 2: अब **right side** से तीन–तीन के **pair** बनाओ।
Step 3: यदि कोई अंक **(Digit), Ungroup** रह जाए तो उसे ऐसे ही लिख दो।
Step 4: यदि सभी **Pairs** का जोड़ **999** से विभाज्य **(Divisible)** है, तो दिया गया **number** भी **999** से विभाज्य **(Divisible)** है।

Ex: 579876543, 999 से विभाज्य है या नहीं?

Soln.: दिए गए number के Right side से 3-3 के pair बनाने हैं।

579 876 543

⇒ 579 + 876 + 543 = 1998 = 999 × 2

चूँकि 1998, 999 से विभाज्य (Divisible) है इसलिए दिया गया number भी 999 से Divisible है।

9999 का Rule:-

Step 1: कोई **number** लिखो।
Step 2: अब **right side** से चार–चार के **pair** बनाओ।
Step 3: यदि कोई अंक **(Digit), Ungroup** रह जाए तो उसे ऐसे ही लिख दो।
Step 4: यदि सभी **Pairs** का जोड़ **9999** से विभाज्य **(Divisible)** है, तो दिया गया **number** भी **9999** से विभाज्य **(Divisible)** है।

Ex: 652587344739, 9999 से विभाज्य है या नहीं?

Soln: सबसे पहले दिए गए number को चार–चार के pair बनाएंगे।

6525 8734 4739

6525 + 8734 + 4739 = 19998

चूँकि 19998, 9999 से विभाज्य (Divisible) है। इसलिए 652587344739 भी 9999 से विभाज्य (Divisible) है।

[VII] 111, 1111, ... का Divisibility Rule:-

111 का Rule:-

Step 1: कोई **Number** लिखो।

Step 2: **Right Side** से **3-3** अंकों **(Digits)** के **Pair** बनाएंगे।

Step 3: यदि **original number** का **left side** से किसी अंक **Digit(s)** का **Pair** न बने तो उसे ऐसे ही लिख दो।

Step 4: यदि सभी **Pairs** का योग **111** से **Divisible** हो तो ये **Number** भी **111** से **Divisible** होगा।

Ex: 579876543, 111 से विभाज्य (Divisible) है या नहीं?

Soln: 579 876 543

⇒ 579 + 876 + 543 = 1998

1 + 998

= 999

(111) × 9

चूँकि number के 3–3 के pairs का Sum 111 से विभाज्य है इसलिए ये Number भी 111 से विभाज्य है।

1111 का Rule:-

Step 1: कोई **Number** लिखो।

Step 2: **Right Side** से **4-4** अंकों **(Digits)** के **Pair** बनाएंगे।

Step 3: यदि **original number** का **left side** से किसी अंक/अंकों **Digit(s)** का **Pair** न बने तो उसे ऐसे ही लिख दो।

Step 4: यदि सभी **Pairs** का **Sum 1111** से विभाज्य **(Divisible)** है, तो **number** भी **1111** से विभाज्य होगा।

Ex: 65 2587344739, 1111 से विभाज्य (Divisible) है या नहीं?

Soln: 6525 8734 4739 = 19998

1 + 9998

= (9999)

चूँकि 9999, 1111 से विभाज्य है इसलिए ये number 1111 से भी विभाज्य (Divisible) होगा।

8 BASE MULTIPLICATION - 10^P
(आधार गुणन – 10^P)

(I) 10^P से बड़ी संख्या की गुणा (Multiplication):-

Ex.1: 102 × 104 = ?

Soln: Step (1): यहाँ देखेंगे संख्या (Number) 100 के कितने करीब है और फिर सामने लिख देंगे। यहाँ **Base 100** लेंगे, क्योंकि दिए गए **Numbers 100** के करीब हैं।

Step (2): Number 100 के जितने करीब है, उन्हें आपस में **multiply** कर देंगे और दो अंकों के रूप में लिखेंगे। उदाहरण: **2 × 4 = 08**

Step (3): अब दी गई किसी भी संख्या (Number) में, दूसरी संख्या (Number) के **100** में जितने करीब है वो जोड़ देंगे। **(102 + 4 या 104 + 2 = 106) Cross Addition** करेंगे।

अब ये प्राप्त संख्या (Number) **Step 2** वाली संख्या (Number) के आगे लिख देंगे।

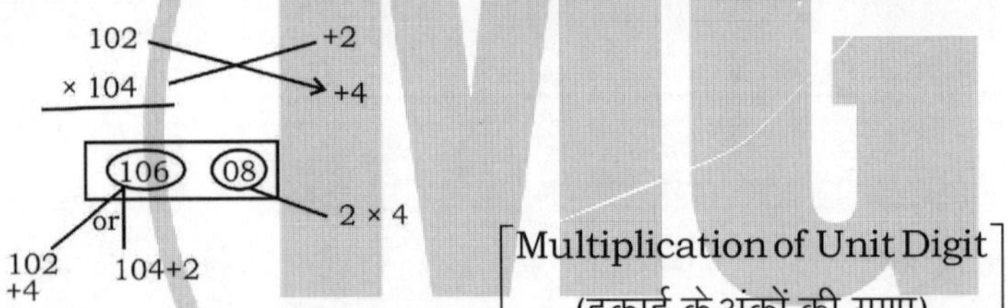

10608 Ans

Ex.2: 110 × 114 = ?

Soln:

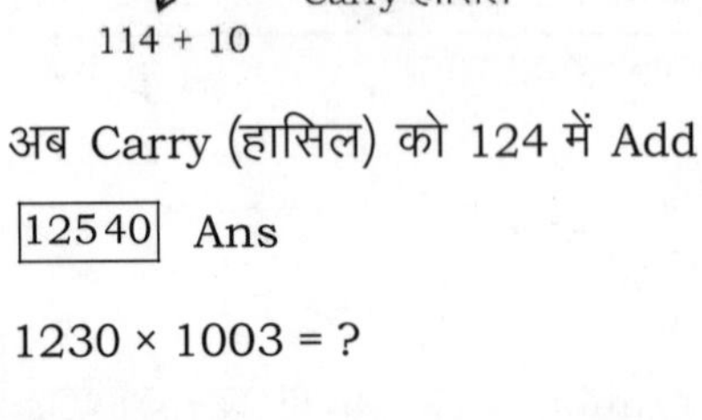

☞ अब Carry (हासिल) को 124 में Add कर देंगे और सरलतापूर्वक multiply कर लिया।

12540 Ans

Ex.3: 1230 × 1003 = ?

Soln.:

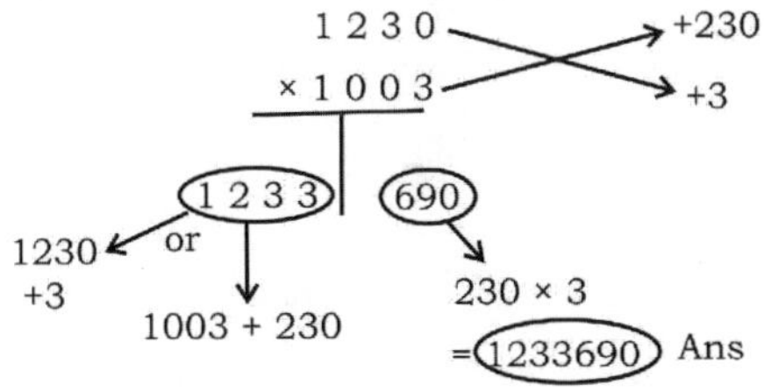

[II] 10^P से छोटी संख्या की गुणा (Multiplication):-

Ex:1. 98 × 97 = ?

Soln: Step (1): यहाँ **number 100** से कम है। **100** से जितने कम हैं उन दोनों **Number** को आपस में **multiply** करके दो अंकों के रूप में लिखेंगे।

उदाहरण: **2 × 3 = 06**

Step (2): अब दी गई किसी भी संख्या **(Number)** में से दूसरी संख्या **(N)** के **100** से जितने कम हैं घटा देंगे। यानि **Cross Subtraction** करेंगे।

Step (3): प्राप्त संख्या **(Number)** को **Step 1** में प्राप्त हुई संख्या **(Number)** के आगे लिख देंगे।

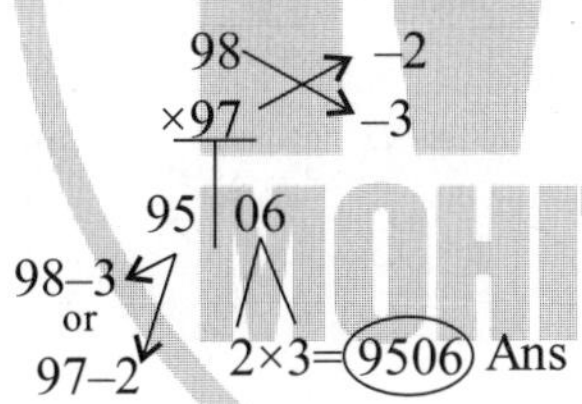

Ex.2: 9750 × 9998 = ?

Soln: चूँकि यहाँ $10^p = 10^4 = 10{,}000$ के करीब Number है इसलिए 10,000 से घटाएंगे और प्राप्त संख्याओं (Numbers) को multiply करेंगे और 4 अंकों में लिखेंगे क्योंकि 10^4 है।

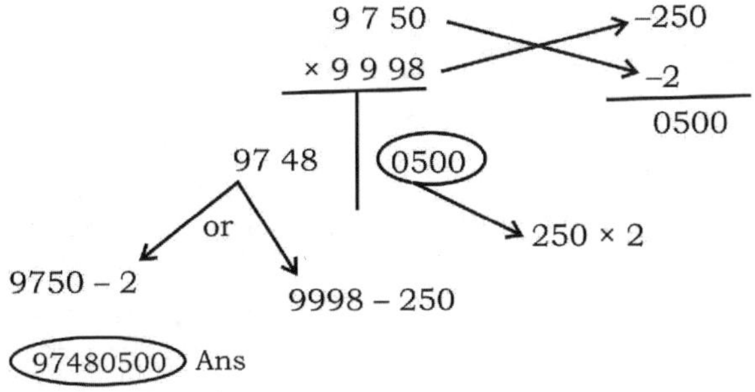

Ex.3: 667 × 997 = ?

Soln: चूँकि $\boxed{10^3 = 1000}$ है इसलिए 1000 से घटाएंगे और प्राप्त संख्याओं (Numbers) को आपस में multiply करेंगे, फिर 3 अंकों में लिखेंगे क्योंकि 10^3 है।

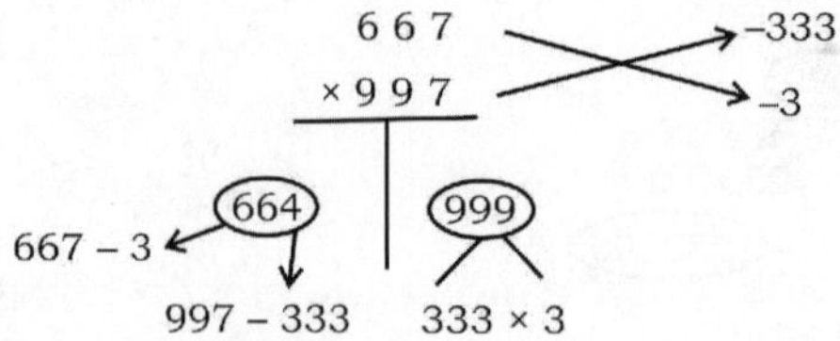

(664999) Ans

[III] गुणा जब संख्या 10^p से छोटी हो और दूसरी 10^p से बड़ी हो:-

Ex.1: 95 × 115 = ?

Soln:

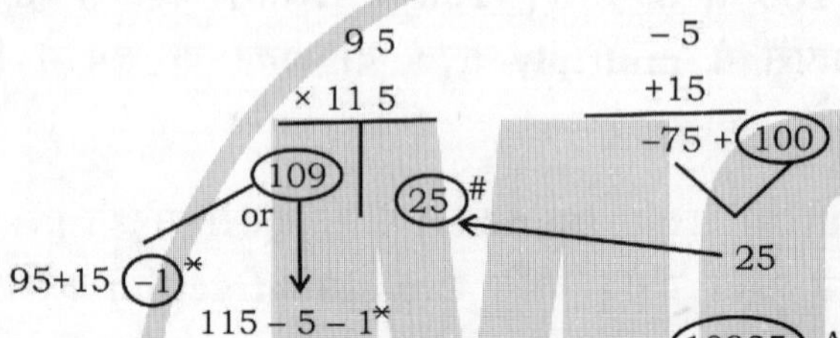

(10925) Ans

ऐसे **number** की **multiplication** निम्नलिखित **steps** द्वारा करेंगे।

Step (1): **10^p से ± जितने हैं उन्हें आपस में multiply कर देंगे और ये minus (–) में आएगा।**

Step (2): **अब प्राप्त संख्या (Number) को 10^p के Base से घटा कर लिखेंगे।**
Ex: –5 × +15 = –75
चूँकि ये $\boxed{10^{p=2} = 100}$ के करीब है तो 100 में से 75 घटा देंगे और 25# लिख देंगे।

Step (3): **अब Cross Add/Subtraction करेंगे और (-1)* करेंगे क्योंकि 1 हमने step 2 में उधार लिया है उसे Balance करने के लिए अब (-1)* कर देंगे।**

Ex.2: 1044 × 998 = ?

Soln:

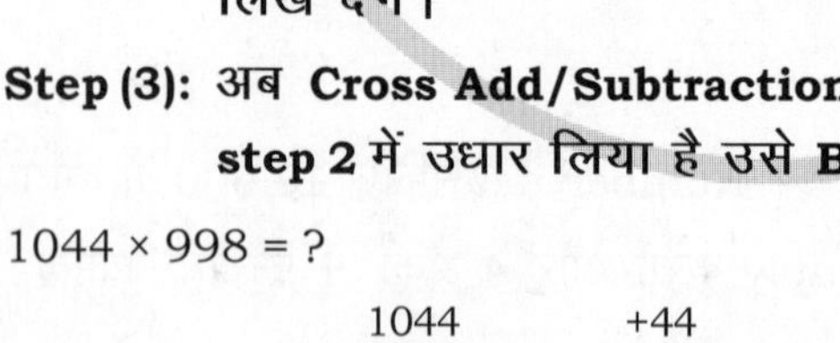

(1041912) Ans

☞ चूँकि यहाँ $\boxed{10^{p=3} = 1000}$ ✓ के करीब है इसलिए 1000✓ में से –88 घटा दिया है और 912# लिख दिया है।

☞ अब Cross Addition/Subtraction किया है और $(-1)^*$ किया है क्योंकि हमने Step 1 में उधार लिया है उसे Balance करने के लिए $(-1)^*$ किया है।

[IV] गुणा जब Number 10^p में न हो :-

जब Number 10^p में न हो तो हम 10^p में बनाने के लिए निम्नलिखित Steps follow करेंगे।

Step 1: **Base से जितने ± हैं उन्हें आपस में multiply कर देंगे और लिख लेंगे।**

यदि 100 के हिसाब से हैं तो 2 अंक लिखने हैं। यदि 3 अंक आए तो 2 अंक लिखेंगे और तीसरा अंक (Digit) हासिल (Carry) कर देंगे। और इसी प्रकार करेंगे 10^p (Base) के हिसाब से।

Step 2: **अब Cross Addition/Subtraction करेंगे और Base से जितना गुना (Times) है उसी से multiply करके लिख देंगे।**

Ex.1: 212 × 213 = ?

Soln: यहाँ सबसे पहले हमने 200 से जितना ज्यादा है उन्हें लिखा और आपस में multiply कर दिया

12 × 13 = 1* 56

↓

हासिल (Carry)

अब 2 से multiply करेंगे क्योंकि Base 100 माना है और सवाल में 200 Base दिया है i.e, यानि 2 गुना (Times)।

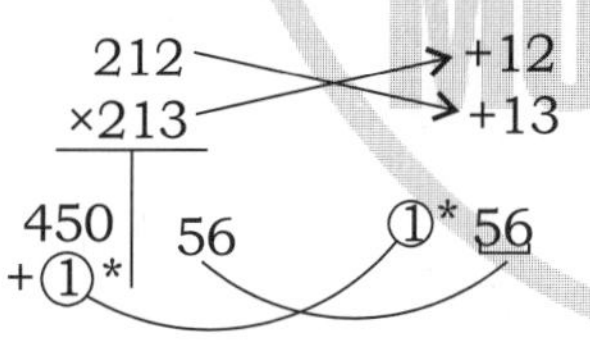

हासिल (Carry) 1

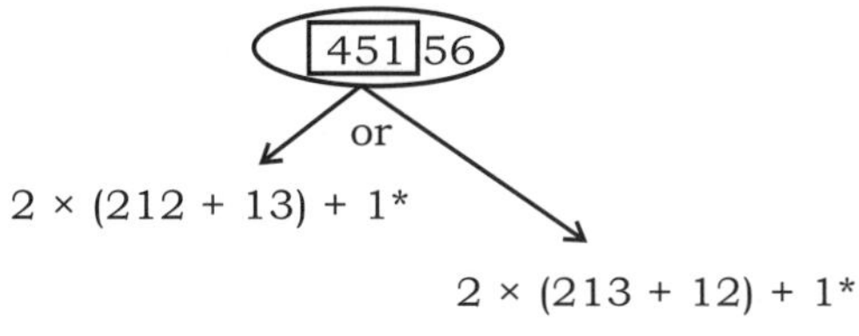

45156 Ans

Ex.2: 305 × 298 = ?

Soln:

$$\begin{array}{r} 305 \\ \times 298 \\ \hline 908 \mid 90 \end{array} \qquad \begin{array}{r} +5 \\ -2 \\ \hline -10 + 100 = 90 \end{array}$$

908 ← 3(305–2)–1

or

908 ← 3(298+5)–1

90 ← –10+100

90890 Ans

➲ उपरोक्त उदाहरण को हमने निम्नलिखित Steps द्वारा हल किया है

Step 1: **सबसे पहले 300 Base माना जो 100 का 3 गुना है।**

Step 2: **फिर हमने 300 से जितना ज्यादा (+5) और कम (–2) है उन्हे लिखा और आपस में multiply किया तो –10 प्राप्त हुआ जिसे 100 में से घटा दिया और 90 प्राप्त हुआ जिसे आखिरी अंकों में लिख दिया।**

Step 3: **अब Cross Addition/Subtraction किया और 3 गुना कर दिया क्योंकि Original Base 100 है और यहाँ Number 300 के करीब है यानि 3 गुना।**

Step 4: **अब step 3 में प्राप्त संख्या (Number) में से (–1) कर दिया क्योंकि हमने 1 उधार लिया था और उसे अब Balance किया है।**

9 SIMPLIFICATION (सरलीकरण)

[I] VBODMAS सबसे Important Concept:-

V → Vinculum → $\overline{\text{Bar}}$

B → Bracket ( ), { }, [ ]

O → Order of → Powers (घात), Exponents, Indices, Square Roots

D → Division ÷

M → Multiplication ×

A → Addition +

S → Subtraction –

इसी **Order** में **Simplification** की जाती है **Priority** इस **Rule** के हिसाब से चलती है कि सबसे पहले **V Solve** होगा और **Last** में **S** I

Ex.: $38-(60\div5\times\overline{16-8}\div2\div3)=?$

Soln: (I) $\overline{16-8}=8$

(II) $60\div5=12$

$\therefore\ 38-\left(12\times\frac{8}{2}\div3\right)$

$\Rightarrow\ 38-\left(12\times\frac{4}{3}\right)$

$\Rightarrow\ 38-16=22$ Ans.

[II] Fraction की Mind में Calculation:-

(1) $\frac{1}{3}+\frac{1}{4}=\frac{4+3}{4\times3}=\frac{7}{12}$

(2) $\frac{1}{2}-\frac{1}{5}=\frac{5-2}{2\times5}=\frac{3}{10}$

(3) $③\frac{1}{3}+⑤\frac{1}{4}=⑧\left(\frac{1}{3}+\frac{1}{4}\right)=8\frac{7}{12}$ [Number अलग भिन्न अलग]

(4) $⑩\frac{2}{3}-④\frac{1}{5}=⑥\left(\frac{2}{3}-\frac{1}{5}\right)=6\frac{7}{15}$

(5) $③\frac{2}{5} + ④\frac{3}{4} = ⑦\left(\frac{2}{5} + \frac{3}{4}\right) = ⑦\left(\frac{23}{20}\right) = ⑦\left(1 + \frac{3}{20}\right) = 8\frac{3}{20}$

1 ज्यादा

(6) $⑥\frac{1}{4} - ③\frac{2}{5} = ③\left(\frac{1}{4} - \frac{2}{5}\right) = ③\left(\frac{-3}{20}\right) = 2\frac{17}{20} \longrightarrow (20-3)$

1 कम

Note: ये सभी **Calculation mind** में होती हैं इसमें लिखने की कोशिश भी न करें, केवल **Practice** करें।

Ex.1: $11\frac{1}{2} + 17\frac{3}{4} - 5\frac{1}{5} - 2\frac{1}{10} = ?$

Soln: Integer और Fraction को अलग–अलग Solve करें

$(11 + 17 - 5 - 2) + \left(\frac{1}{2} + \frac{3}{4} - \frac{1}{5} - \frac{1}{10}\right)$

$= 21 + \left(\frac{10 + 15 - 4 - 2}{20}\right) = 21\frac{19}{20}$ Ans

Ex.2: $99\frac{1}{7} + 99\frac{2}{7} + 99\frac{3}{7} + \ldots 99\frac{6}{7} = ?$

Soln: $99 \times 6 + \left(\frac{1}{7} + \ldots \frac{6}{7}\right)$

$594 + 3 = 597$ Ans

[III] $\frac{a}{b} \times \frac{c}{d}$ Rule:-

☞ किसी भी **fraction** का **Numerator** (अंश), पहले और दूसरे **fraction** के **Denominator** (हर) से **cut** कर सकते हैं।

$\frac{\not a}{\not b} \times \frac{c}{\not d}$ and $\frac{a}{\not b} \times \frac{\not c}{\not d}$

a को **b** और **d** से **cut** कर सकते हैं।

c को **b** और **d** से **cut** कर सकते हैं।

Ex.1: $\frac{120}{4} \times \frac{6}{5} = ?$

Soln: $\frac{\overset{\not{24}\ 6}{\not{120}}}{\not 4} \times \frac{6}{\not 5} = 6 \times 6 = 36$ Ans

Ex.2: $\frac{18}{22} \times \frac{121}{6} = ?$

Soln: $\frac{\overset{3}{\cancel{18}}}{\cancel{22}} \times \frac{\overset{11}{\cancel{121}}}{\cancel{6}} = \frac{3 \times 11}{2} = \frac{33}{2}$ Ans

[IV] $\frac{a}{b} \div \frac{c}{d}$ Rule:-

$\frac{a}{b} \div \frac{c}{d}$

- ये सभी **values** आपस में कट सकती हैं जहाँ **arrow** से दिखाया गया है।
- आखिर में कटने के बाद $\frac{x}{y} \div \frac{z}{t}$ बचा है तो हम $\frac{xt}{yz}$ लिखेंगे।

Ex.1: $\frac{7}{8} \div \frac{28}{12} = ?$

Soln: Step 1: $\frac{\cancel{7}}{\cancel{8}_2} \div \frac{\cancel{28}^4}{\cancel{12}_3}$

Step 2: $\frac{1}{2} \times \frac{4}{3} = \frac{3}{8}$ Ans

Ex.2: $\frac{4}{7} \div \frac{12}{5} = ?$

Soln: Step 1: $\frac{1\cancel{4}}{7} \div \frac{\cancel{12}3}{5} \Rightarrow \frac{5}{21}$

Step 2: यहाँ 5, 1 की और 7, 3 की तिरछी गुणा हुई है। तभी 5/21 Ans आया है।

[V] Numbers का Algebra से Connection:-

इस तकनीक में दिए गए **Question** में **Algebra** का कोई **Formula Connect** करके **Answer** निकालना होता है, जरूरत पड़े तो असली **Number** का **use Last** में करेंगे।

Ex.1: $\frac{(469+144)^2-(469-144)^2}{2(469\times144)}=?$

Soln: $\frac{(a+b)^2-(a-b)^2}{2ab}$ ये Algebra का formula बन गया

$\therefore \frac{4\cancel{ab}}{2\cancel{ab}}=2$ Ans

Ex.2: $\frac{(40.7)\times(40.7)\times(40.7)+1}{(40.7)\times(40.7)-(40.7)+1}=?$

Soln: $\frac{x^3+y^3}{x^2-xy+y^2}$ जैसा दिख रहा है $[\because x = 40.7, y = 1]$

$\therefore x + y$

40.7 + 1 = 41.7 Answer होगा

Ex.3: $N = 12345^2 + 12345 + 12346,\ \sqrt{N} = ?$

Soln: $N = 12345^2 + 12345 + (12345 + 1)$

$= 12345^2 + 2 \times 12345 \times 1 + 1^2$

$a^2 + 2ab + b^2$ $[\because a = 12345, b = 1]$

$\therefore (a + b)^2$

$N = (a + b)^2$

$\sqrt{N} = a + b = 12345 + 1 = 12346$ Ans

[VI] Correlation Technique:-

इस तकनीक में हम संख्या को **Lowest level** पर लाकर **correlate** करके **Answer** निकालते हैं।

Ex.1: $\sqrt{(1111 \ldots\ 100 \text{ times}) - (222 \ldots\ 50 \text{ times})} = ?$

(a) (111 .... 100 times) (b) (111 .... 50 times)

(c) (333 .... 100 times) (d) (333 .... 50 times)

Soln: 100 times, 50 times का 2 गुना है तो हम 2 बार 1 यानि (11) में से 1 बार 2 घटाएँगे

i.e $\sqrt{11-2}=\sqrt{9}=3$

तो Ans 3 में आएगा और क्योंकि 1 बार 3 आया है 1 बार का मतलब 50 times है तो Option (d) Answer हो जाएगा।

[VII] Special Series:-

$$(x + 1)(x^2 + 1)(x^4 + 1)(x^8 + 1) \ldots (x^n + 1) = \frac{x^{2n} - 1}{x - 1}$$

[यहाँ n = 1, 2, 4, 8, 16 ....]

Ex.1: $(2 + 1)(2^2 + 1)(2^4 + 1) \ldots (2^{1024} + 1) = ?$

Soln: $\frac{2^{1024\times 2} - 1}{2 - 1} = 2^{2048} - 1$ Ans

Ex.2: $(3 + 1)(3^2 + 1)(3^4 + 1) \ldots (3^{16} + 1) = ?$

Soln: $\frac{3^{16\times 2} - 1}{3 - 1} = \frac{3^{32} - 1}{2}$ Ans

[VIII] Step Cutting Approach (Visualisation):-

इस तकनीक में हम **Right side** से **solve** करना शुरू करते हैं। कुछ चीज दिमाग में रखेंगे कुछ लिखेंगे इस तरह से **Step** काटते हुए चलना है।

Ex.: $7\frac{1}{3} \div 2\frac{1}{2} \text{ of } 1\frac{3}{5} - \left(\frac{3}{8} + \frac{1}{7} \times 1\frac{3}{4}\right) - \frac{5}{24} = ?$

Soln: Step 1: $\frac{22}{3} \div 4 - \left(\frac{3}{8} + \frac{1}{4}\right) - \frac{5}{24}$

$$\left(\frac{\cancel{5}}{\cancel{2}} \times \frac{\overset{4}{\cancel{8}}}{\cancel{5}}\right) \qquad \left(\frac{1}{\cancel{7}} \times \frac{\cancel{7}}{4}\right)$$

Mind में   Mind में

Step 2: $\frac{11}{6} - \left(\frac{9 + 6 + 5}{24}\right)$

Step 3: $\frac{11}{6} - \frac{5}{6} = 1$ Ans

[IX] Fix Pattern की Smart Approach:-

Ex.: $a + \cfrac{1}{b + \cfrac{1}{c + \cfrac{1}{d}}} = \frac{43}{5}$. Find a + b + c + d.

Soln: 43 को 5 से ÷ करेंगे जब तक शेषफल (Remainder) 1 न आए।

जिससे ÷ करेंगे जितनी बार ÷ होगा

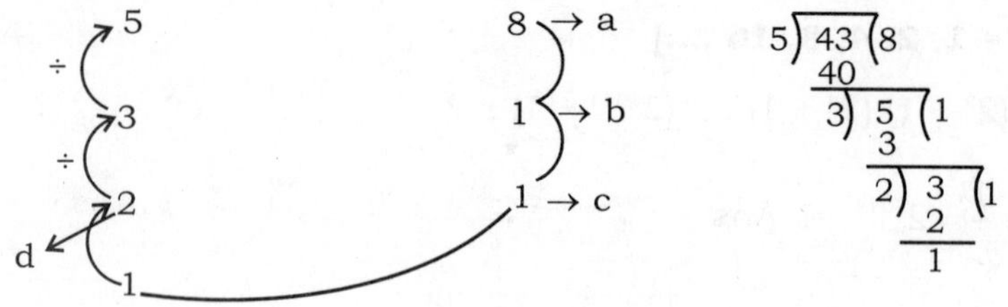

Now we can write $⑧+\cfrac{1}{①+\cfrac{1}{①+\cfrac{1}{②}}}$

a + b + c + d = 8 + 1 + 1 + 2 ⇒ ⑫ Ans

Type-I: + का Sign हो और आगे पीछे 1 हो :-

Step 1: जब भी कभी इस तरह की **form** दिखे तो हम सबसे नीचे वाले **Fraction** के **number** को **without fraction** (बराबर–बराबर) में लिखते हैं।

Step 2: अब जितनी बार **fraction** है यानि **1** हैं उतने अंक के लिए **space** डाल देंगे।

Step 3: अब दो–दो अंकों को जोड़कर लिखेंगे फिर आगे वाले अंक से पहले वाले को जोड़कर लिखेंगे और इसी तरह अंततः।

Step 4: जो आखिरी अंक पर **no.** आएगा वो **Numerator** में और जो **second last number** आया है वो **Denominator** में लिखेंगे और यही **Answer** होगा।

Ex.1: $1+\cfrac{1}{1+\cfrac{1}{1+\cfrac{1}{1+\cfrac{1}{1+\frac{1}{5}}}}} = ?$

Soln: $1+\cfrac{1}{1+\cfrac{1}{1+\cfrac{1}{1+\cfrac{1}{1+\cfrac{1}{5}}}}}$ ↕

$\Rightarrow$ 1 5 6 11 17 (28 45) $\Rightarrow \frac{N}{D}$ $\left(\frac{45}{28}\right)$ Ans

1+5, 5+6, 6+11, 11+17, 17+28

Ex.2: $1+\cfrac{1}{1+\cfrac{1}{1+\cfrac{1}{1+\cfrac{3}{7}}}} = ?$

Soln: $1+\cfrac{1}{1+\cfrac{1}{1+\cfrac{1}{1+\cfrac{3}{7}}}}$ ↕

$\Rightarrow$ 3 7 10 17 27 44 $\Rightarrow$ (44/27) Ans

Type-II: जब ± दोनों Signs हो और आगे पीछे 1 हो :-

जब किसी स्थान पर + हो और किसी स्थान पर –, तो जहाँ + है वहाँ **Add** कर देंगे और जहाँ – है वहाँ **Subtract** कर देंगे।

Ex.: $1+\cfrac{1}{1-\cfrac{1}{1+\cfrac{1}{1+\cfrac{5}{6}}}} = ?$

Soln: $1+\cfrac{1}{1-\cfrac{1}{1+\cfrac{1}{1+\cfrac{5}{6}}}}$ ↕

$\Rightarrow$ 5 6 11 17 6 23 $\Rightarrow$ $\left(\frac{23}{6}\right)$ Ans

Type-III: जब न आगे 1 हो और न पीछे 1 हो :-

Step 1: ऐसे सवालों में बाहर **(left side)** वाली **term count** करते हैं और एक **last** वाली

Step 2: फिर उतने ही **space** लिख लेते हैं।

Step 3: सबसे पहले **last** वाली **fix fraction solve** करके शुरू के दो **space** में लिखते हैं।

Step 4: अब आगे वाले **number** को आगे वाले **number** से और पीछे वाले **number** को पीछे वाले से गुणा करके **Add** करेंगे और **next space** में लिखेंगे। इस प्रकार **continue** करेंगे।

Step 5: **Last space** को **Numerator** और **Second last** को **Denominator** में लिखेंगे। इस प्रकार **Ans** आ जाएगा।

Ex.: $3+\cfrac{1}{2+\cfrac{2}{3+\cfrac{1}{2}}}=?$

Soln:

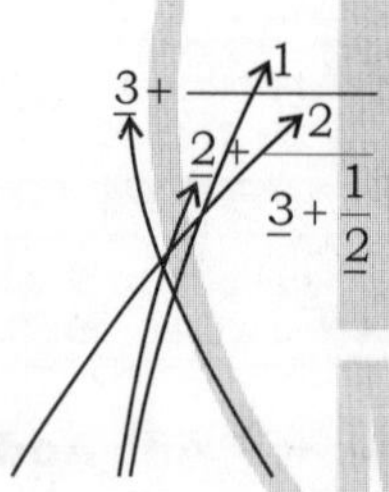

$\underline{2}\quad \underline{7}\quad \underline{18}\quad \underline{61}$

18 ↑ (14 + 4)　　61 ↑ (54 + 7)

$\Rightarrow \boxed{\frac{61}{18}}$ Ans

10 FRACTION
(भिन्न)

[I] Difference Rule:-

यदि अंश **(Numerator)** और हर **(Denominator)** का **difference same** है, तो जिस **Fraction** का अंश **(Numerator)** बड़ा है वही भिन्न बड़ी होगी **& vice-versa.**

$$\frac{\text{अंश (N)}}{\text{हर (D)}} < 1, \quad \text{N बड़ा तो भिन्न बड़ी}$$

Case 1:When Difference same (जब अंतर समान हो):-

Ex.1: $\frac{11}{16}, \frac{3}{8}, \frac{16}{21}, \frac{2}{7}, \frac{4}{9}$, Arrange in ascending order.

Soln: Difference = 5 = same

N↑ → 16

Hence $\boxed{\frac{16}{21}}$ ↑ largest fraction

$\boxed{\frac{2}{7}}$ ↓ smallest fraction

Ascending order (बढ़ते क्रम में) → $\frac{2}{7}, \frac{3}{8}, \frac{4}{9}, \frac{11}{16}, \frac{16}{21}$ Ans

Ex.2: Compare $\frac{576}{783}$ and $\frac{687}{894}$

Soln: 207 $\left(\frac{576}{783}\right.$ $\left.\frac{687}{894}\right)$ 207

576 < 687

$\Rightarrow \frac{576}{783} < \frac{687}{894}$

Case 2: When Difference not Same (जब अंतर असमान हो):-

Ex.: $\frac{73}{79}, \frac{67}{71}, \frac{88}{91}$, Find smallest & greatest fraction?

Soln: $6\left(\frac{73}{79}, 4\left(\frac{67}{71}, 3\left(\frac{88}{91}\right.\right.\right.$

Step 1: क्योंकि difference unequal है इसलिए LCM से equal करेंगे।

LCM → 6, 4, 3 = 12

↓ ↓ ↓

×2 ×3 ×4

Step 2: अब इन Number से सिर्फ Numerator में गुणा करेंगे। जिसका N बड़ा होगा वही Fraction बड़ी होगी

2 × 73 → 146 → Smallest $\frac{73}{79}$

3 × 67 → 201

4 × 88 → 352 → Greatest $\frac{88}{91}$ Ans

> **यहाँ Numerator > Denominator है। Numerator और Numerator, Denominator और Denominator का difference same है तो जिसका Numerator छोटा होगा वही Fraction बड़ी होगी।**
>
> $\frac{\text{अंश (N)}}{\text{हर (D)}} > 1$, **N बड़ा तो Fraction छोटी**

Case: Same Difference:-

Ex.1: Compare $\frac{78}{49}$ and $\frac{91}{62}$

Soln: $29\left(\frac{78}{49}\right. \qquad \left.\frac{91}{62}\right)29$

$\frac{78}{49} > \frac{91}{62}$ Ans

Ex.2: $\frac{2022}{2020}, \frac{2023}{2021}, \frac{2027}{2025}, \frac{2019}{2017}$

Soln: Greatest (सबसे बड़ा) → $\frac{2019}{2017}$

Smallest (सबसे छोटा) → $\frac{2027}{2025}$ Answer

[II] Cross Multiply Rule (क्रॉस गुणक नियम):-

दो–दो भिन्न **(Fraction)** को **Cross multiply** करेंगे और सिर्फ **'Number'** देखेंगे। इस प्रकार देखेंगे जो सबसे बड़ा **number** प्राप्त होगा उसी का **Fraction** बड़ा होगा **and vice-versa** (विलोमत:)

Ex.: $\frac{2}{9}, \frac{11}{15}, \frac{7}{18}, \frac{6}{13}, \frac{3}{11}$. Which is the greatest?

Soln:

30 ↑ , 99 ↑

$\frac{2}{9} \times \frac{11}{15}$ यहाँ भी $\frac{11}{15}$ बड़ी हुई

198 ↑ , 105 ↑

अब $\frac{11}{15} \times \frac{7}{18}$ यहाँ भी $\frac{11}{15}$ बड़ी हुइ

143 ↑ , 90 ↑

$\frac{11}{15} \times \frac{6}{13}$ यहाँ भी $\frac{11}{15}$ बड़ी हुई

121 ↑ , 45 ↑

$\frac{11}{15} \times \frac{3}{11}$ यहाँ भी $\frac{11}{15}$ बड़ी हुई

अत: $\left(\frac{11}{15}\right)$ बड़ी Fraction है। Ans

[III] Rough Cross Multiplication Rule (रफ क्रॉस गुणक नियम):-

इसमें हम **Approximate Calculate** करते हैं।

Ex.: $\frac{576}{789}$ & $\frac{699}{892}$, Which is the bigger?

Soln: 576 को 57.6 मानकर approx 58 मान लिया।

699 को 69.9 मानकर approx 70 मान लिया।

अब 789 को 7.89 मानकर approx 8 मान लिया।

892 को 8.92 मानकर approx 9 मान लिया।

☞ इसके बाद Cross multiply करके check करेंगे।

$\frac{57.6 \to (58)}{7.89 \to (8)}$ & $\frac{69.9 \to (70)}{8.92 \to (9)}$

$\Rightarrow 58 \times 9 \qquad 70 \times 8$

$\downarrow \qquad \downarrow$

$522 < 560$

$\downarrow$

Hence $\frac{699}{892}$ Greater (बड़ी) Ans

[IV] LCM Rule (लघुत्तम समापवर्त्य नियम):-

Step 1: Denominator का LCM लेते हैं जहाँ Number छोटे हों।

Step 2: फिर 'D' को नहीं लिखेंगे सिर्फ 'N' को देखेंगे और Answer mark करेंगे।

Ex.: $\frac{2}{9}, \frac{1}{5}, \frac{11}{18}, \frac{7}{10}$, Arrange in ascending order.

Soln: LCM 9, 5, 18, 10 = 90

$\to 2 \times 10, \; 1 \times 18, \; 11 \times 5, \; 7 \times 9$

$\to 20, \; (18), \; 55, \; (63)$

$(18) \downarrow \frac{1}{5}$ smallest

$(63) \downarrow$ Hence $\frac{7}{10}$ greatest Ans

Ascending order (बढ़ते क्रम) $\to \frac{1}{5}, \frac{2}{9}, \frac{11}{18}, \frac{7}{10}$ Ans

[V] % Conversion Rule (प्रतिशत रूपांतरण नियम):-

कई बार fraction (भिन्न) की केवल % observe करने से जल्दी solve हो जाता है।

Ex.: $\frac{2}{9}, \frac{1}{5}, \frac{11}{18}, \frac{7}{10}$. Find smallest & greatest fraction?

Soln: % मान लो प्रत्येक भिन्न की।

22.22%, [20%], 61.11%, [70%]

20% $\downarrow$ Smallest

70% $\downarrow$ Greatest

[$\frac{7}{10}$ Greatest] [$\frac{1}{5}$ Smallest] Ans

[VI] Approximate Rule (लगभग नियम):-

Step 1: ऐसे में हम **'N'** में **0** लगा देते हैं **i.e. 10** से गुणा करते हैं
Step 2: अब **'D'** से ÷ करना आसान हो जाता है और **approx value** से **Answer mark** किया जा सकता है।

Ex.: $\frac{2}{9}, \frac{11}{15}, \frac{7}{18}, \frac{6}{13}, \frac{3}{11}$. Find smallest & greatest fraction?

Soln: Multiply 10 in 'N'

$\frac{20}{9}, \frac{110}{15}, \frac{70}{18}, \frac{60}{13}, \frac{30}{11}$

↓ ↓ ↓ ↓ ↓

2.22, 7.कुछ, 3.कुछ, 4.कुछ, 2.7कुछ

↓ ↓

$\boxed{\frac{2}{9} \text{ smallest}}$ $\boxed{\frac{11}{15} \text{ Greatest}}$ Answer

Note: हम **N** से **D** को काट भी सकते हैं।

[VII] Numerator 1 Rule:-

ऊपर **1** बनाने के बाद जिसका **'D'** सबसे छोटा होगा वही **fraction** सबसे बड़ी होगी **and vice-versa.**

Ex.: $\frac{2}{9}, \frac{1}{5}, \frac{11}{18}, \frac{7}{10}$. Find smallest & greatest fraction?

Soln: $\Rightarrow \frac{1}{4.5}, \frac{1}{5}, \frac{1}{1.6}, \frac{1}{1.4}$

↓ ↓

$\boxed{\frac{1}{5} \text{ smallest}}$ $\boxed{\frac{7}{10} \text{ largest}}$

Ans Ans

[VIII] Special Properties:-

1. यदि $\frac{N}{D}$ और $\frac{N+x}{D+y}$ दो **Fraction** है, और

(i) N < D

(ii) N, D, x and y are positive integers

(iii) $x \geq y$ हो तो $\boxed{\frac{N}{D} < \frac{N+x}{D+y}}$

Ex.: Compare $\frac{282}{413}$ and $\frac{373}{486}$

Soln: (i) 282 < 413

(ii) 373 और 282 का diff. = 91

486 और 413 का diff. = 73

तो 91 > 73

$\frac{282}{413} < \frac{373}{486}$ Ans

2. यदि $\frac{N}{D}$ और $\frac{N+x}{D+y}$ दो **Fraction** है और

(i) N < D
(ii) N, D, x and y are positive integers
(iii) x < y

☞ तो कौन सा Fraction छोटा होगा या बड़ा होगा बिना actual comparison के नहीं कहा जा सकता।

3. यदि $\frac{N}{D}$ और $\frac{N+x}{D+y}$ दो **Fraction** है, और

(i) N > D
(ii) N, D, x and y are positive integers
(iii) x ≤ y then,

$$\boxed{\frac{N}{D} > \frac{N+x}{D+y}}$$

Ex.: Compare $\frac{579}{392}$ and $\frac{662}{483}$

Soln: Condition (i) 579 > 392

diff. = 83

$\frac{579}{392}$ $\frac{662}{483}$

diff. = 91

83 < 91

तो $\frac{579}{392} > \frac{662}{483}$ Ans

4. यदि $\frac{N}{D}$ और $\frac{N+x}{D+y}$ दो **Fraction** है और

(i) N > D

(ii) N, D, x and y are positive integers

(iii) x > y

☞ तो तीन **possibilities** बन जाती है।

(i) $\frac{N}{D} < \frac{N+x}{D+y}$

(ii) $\frac{N}{D} > \frac{N+x}{D+y}$

(iii) $\frac{N}{D} = \frac{N+x}{D+y}$

यहाँ कुछ **Definite Result** नहीं मिलेगा।

11 DECIMAL. (दशमलव)

Decimal (दशमलव)

→ **Rational** (परिमेय)

→ **Irrational** (अपरिमेय)

Decimal (All Rational)

$x.abcd$	$x.\overline{abcd}$	$x.ab\overline{cd}$
Ⓣ Terminating Decimal (शांत दशमलव) ↓ Accurate Value (सटीक मान)	Ⓟ Pure Recurring (शुद्ध आवर्ती) ↓ Approx Value (लगभग मान)	Ⓜ Mixed Recurring (मिश्रित आवर्ती) ↓ Approx Value (लगभग मान)
Denominator (हर) में केवल 2^p और 5^p की Form हो	Denominator (हर) में 2^p और 5^p को छोड़कर कुछ भी हो	Denominator (हर) मे 2^p और 5^p के साथ कोई और भी Number हो।
Ex.: $\frac{3}{5}, \frac{3}{4}, \frac{81}{25}$	$\frac{1}{9}, \frac{29}{7}$ etc.	$\frac{3}{14}, \frac{77}{210}$ etc.

[I] Terminating Decimal (शांत दशमलव):-

सबसे पहले दशमलव को हटाकर नीचे 1 लिखा जाएगा और **Right side** से जितनी संख्या **(Number)** के बाद दशमलव **(Decimal)** आएगा, उतने ही **'0'** नीचे लिखे जाएंगे। ऊपर वाली संख्या बिना **Decimal** के लिखी जाएगी।

Ex.1: $27.3 = \frac{273}{10}$

Ex.:2 $698.768 = \frac{698768}{1000}$

Ex.:3 $0.1889 = \frac{1889}{10000}$

[II] Pure Recurring (शुद्ध आवर्ती):-

जितनी संख्या (No.) पर **Bar** आएगा उतने **9** नीचे लिखे जाएंगे और जिस संख्या पर **Bar** आएगा वह ऊपर लिखी जाएगी।

Ex.:1 0.777 .... $= 0.\overline{7} = \frac{7}{9}$

Ex.:2 0.2727 ...... $= 0.\overline{27} = \frac{27}{99}$

Ex.:3 2.328328 .... $= 2.\overline{328} = \frac{2328-2}{999} = \frac{2326}{999}$

☞ जब 1 से बड़ी संख्या हो तो शुरू से आखिर तक पूरी संख्या लिखकर उसमें से जिस पर Bar नहीं है वह घट जाएगा और ऊपर लिखेंगे।

[III] Mixed Recurring (मिश्रित आवर्ती):-

जितनी संख्या पर **Bar** आएगा उतने **9** तथा जितनी संख्या पर **Bar** नहीं आएगा (बार और दशमलव के बीच) उतने **'0'** नीचे आएंगे। ऊपर वाली संख्या के लिए दशमलव हटाकर ऊपर वाली संख्या पूरी लिखकर उसमें से जिस पर **Bar** नहीं था वह घटा देंगे।

Ex.1: 0.1777 $= 0.1\overline{7} = \frac{17-1}{90} = \frac{16}{90} = \frac{8}{45}$

Ex.2: 0.87373...... $= 0.8\overline{73} = \frac{873-8}{990} = \frac{865}{990} = \frac{173}{198}$

Ex.3: 0.78943943..... $= 0.78\overline{943} = \frac{78943-78}{99900} = \frac{78865}{99900} = \frac{15773}{19980}$

Ex.4: $3.32\overline{45} = 3 + \frac{3245-32}{9900} = 3 + \frac{3213}{9900} = 3\frac{357}{1100}$

[IV] कितने Place के बाद Decimal (दशमलव) आएगा? (Special Method):-

सबसे पहले **Fraction** (भिन्न) **Lowest Form** में होना चाहिए।

Ex.1: $\frac{37}{8}$

Soln: $\frac{37}{8} = \frac{37}{2^3} = 4.625$ Answer

(3) Place पहले Decimal

☞ जितनी Power, उतने ही Place पहले Decimal आएगा। (Right Side से)

☞ जिस option में 3 Place पहले दशमलव (Decimal) आएगा, वही Answer होगा, अगर सिर्फ एक ही option में 3 place पहले Decimal है, तो वहीं Answer है, Calculate करने की जरूरत नहीं। Exam में ऐसे use करना फायदेमंद रहता है।

Ex.2: $\frac{203}{125}$

Soln: $\frac{203}{5^3} = 1.\underline{624}$ Answer

3 Place पहले Decimal

Ex.3: $\frac{1037}{2^3 \times 5^2}$

Soln: $\frac{1037}{2^{③} \times 5^2} = 5.\underline{185}$ Answer

Note: जितनी **Highest Power,** उतने ही **Place** पहले **Decimal** आएगा। इसलिए **3 Place** पहले **Decimal** आएगा **Answer** में।

Ex.4: $\frac{27}{2^3 \times 5^4 \times 3^2}$

Soln: $\frac{\cancel{27}^{\,3}}{2^3 \times 5^4 \times \cancel{3^2}} = .\underline{0}\underline{0}\underline{0}\underline{6}$ Answer

Highest Power = (4) → 4 Place पहले Decimal आएगा Ans में

Ex.5: $\frac{665}{625}$

Soln: $\frac{\cancel{665}^{\,133}}{\cancel{625}_{\,125}} = 1.064$ Ans $\qquad \frac{133}{125} = 1.064$ Ans

$5^{③}$ → 3 Place पहले Decimal आएगा Ans में

Highest Power = 3

Highest Power ही क्यों लेते हैं?

➲ सबसे पहले Fraction (भिन्न) Lowest form में होना चाहिए। दशमलव तब आता है जब 10 की Power (घात) से भाग देते हैं। और 10, 2 और 5 की Multiply करके बनता है तो जिसकी Power ज्यादा होती है 2 और 5 में से हम उतने ही 10 max. नीचे बना सकते हैं इसलिए Highest Power देखते हैं।

Ex.1: $\frac{37}{8}$

Soln: $\frac{37}{2^3}$

अब Decimal बनाने के लिए 5^3 लानी होगी। जिससे 2^3 और 5^3 zero बनाकर Decimal लगा देंगे।

Ex.2: $\frac{1037}{2^3 \times 5^2}$

Soln: यहाँ 5^1 कम हैं क्योंकि 2^3 Max है और 5^2 है, इसलिए 5^1 से multiply और Divide करेंगे जिससे Decimal Form बन जाए।

$\Rightarrow \frac{1037}{2^3 \times 5^2} \times \frac{5^1}{5^1} \quad \Rightarrow \frac{1037 \times 5}{10^{③}}$ —— 3 Place पहले Decimal आएगा Ans में

[V] Bar Calculation का जबरदस्त तोड़ :-

Ex.1: $2.2\overline{7} + 3.\overline{27} = ?$

(a) 5.5 (b) $5.\overline{505}$ (c) $5.\overline{50}$ (d) $5.5\overline{50}$

Soln: **Method-1: Option Approach**

Step 1: **जितनी संख्या पर Max^m Bar है उनका L.C.M. लेंगे। Ans में उतने पर ही Bar आएगा।**

Step 2: **Question में Max^m जितने No. पर Decimal के बाद Bar नहीं है, Ans में उतने ही No. पर Bar नहीं आएगा। इन 2 step से कई बार solve किए बिना Answer mark किया जा सकता है।**

जैसे यहाँ LCM 2, 1 = 2

∴ 2 पर Bar आएगा C & D Possible अब यह देखो Max. 1 पर Bar नहीं आएगा।

∴ Option (d) Ans

Method-2: गजब का Method

Step 1: **3 Column बनाएंगे। जितने No. पर Bar नहीं है उतने No. पहले column में लिखेंगे। जो Repeat होगा उसे Next to next Column में लिख लेंगे।**

Step 2: **दूसरे Column में L.C.M वाली संख्या तक No. लिखेंगे।**

Step 3: **यहाँ $2.2\overline{7}$ में 1 पर Bar है और $3.\overline{27}$ में 2 पर Bar है।**

LCM 1, 2 ⇒ 2

Ans में Bar उतने No. पर आएगा जो LCM होगा।

Step 4: **तीसरे Column में 2 No. तक लिखेंगे। उनको Add करके यदि हासिल (Carry) प्राप्त होता है forward कर देंगे और फिर 3rd Column को ignore कर देंगे।**

Step 5: इस प्रकार सभी को **Add** करेंगे यदि किसी **Number** में – है तो **subtract** करेंगे।

Max^m जितने पर Bar नहीं है। ↓	L.C.M. ↓	
2.2	7 7	7 7
3.2	7 2	7 2
5.5	5 0	~~4 9~~
↓	↓	↓
ये without Bar आएगा	इन पर Bar आएगा	इसे neglect कर देते हैं।

$\Rightarrow \boxed{5.5\overline{50}}$

Option 'd' $\boxed{5.5\overline{50}}$ Ans

Method-3: Approximation method

2.2777	7
3.2727	27
5.5504	~~97~~

☞ 5.5504 करके Answer होगा जो कि सिर्फ option 'd' $5.5\overline{50}$ है। यही Ans है।

☞ ये हमने अपनी मर्जी से लगाया है और लगभग मान से Answer mark किया है।

Ex.2: $22.\overline{4} + 11.5\overline{67} - 33.5\overline{9} = ?$

(a) $0.\overline{32}$ (b) $0.4\overline{12}$ (c) $0.\overline{412}$ (d) $0.3\overline{1}$

Soln: **Method 1:** (1) LCM लेंगे 1 और 2 पर Bar है। LCM 1, 2 $\Rightarrow$ 2

☞ Answer में दो No. पर Bar होगा जो option 'a' और 'b' में है।

☞ Given No. में 1 No. पर Max^m Bar नहीं होगा।

☞ Answer में 1 No. पर Max^m Bar नहीं होगा जो कि option 'b' में है और option 'a' में नहीं है।

☞ इस प्रकार बिना solve किए option (b) Ans प्राप्त हुआ।

Method 2:

22.4	4	4	4	4
+ 11.5	6	7	6	7
– 33.5	9	9	9	9
0.4	1	2	~~1~~	~~2~~

$\Rightarrow$ $0.4\overline{12}$

अतः Option (b) $0.4\overline{12}$ Ans होगा।

12 LINEAR EQUATION (रैखिक समीकरण)

[I] Linear Equation in Two Variables (दो चरों में रैखिक समीकरण):-

(A) Consistent System (संगत पद्धति): **Atleast one solution (कम से कम एक हल)**

Intersecting or Concurrent Lines)

Unique Solution (एक हल) **Infinite Solution** (अनेक हल)

(B) Inconsistent System (असंगत पद्धति): **Equation have no solution** (कोई हल नहीं)

(Parallel lines)

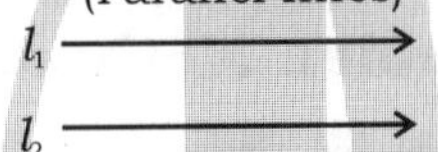

No Solution (कोई हल नहीं)

$$a_1x + b_1y + c_1 = 0$$
$$a_2x + b_2y + c_2 = 0$$

(1) If $\frac{a_1}{a_2} \neq \frac{b_1}{b_2}$ **then unique solution.**

(2) If $\frac{a_1}{a_2} = \frac{b_1}{b_2} = \frac{c_1}{c_2}$ **then infinite solution.**

(3) If $\frac{a_1}{a_2} = \frac{b_1}{b_2} \neq \frac{c_1}{c_2}$ **then no solution.**

Ex.1: Equation $kx - y = 2$ तथा $6x - 2y = 3$ have unique solution.

(a) $k = 4$ (b) $k = 5$ (c) $k = -2$ (d) All of above

Soln: $\frac{a_1}{a_2} \neq \frac{b_1}{b_2}$

$\frac{k}{6} \neq \frac{-1}{-2} \Rightarrow k \neq 6 \times \frac{1}{2} \neq 3$

All of above Answer

Ex.2: Equation $2x - 5y = 9$ and $8x - 20y = 36$ have solution?

(a) No solution (b) Only one solution
(c) Only two solution (d) Infinite solution

Soln: Here, $\frac{a_1}{a_2} = \frac{2}{8} = \frac{1}{4}$

$$\frac{b_1}{b_2} = \frac{-5}{-20} = \frac{1}{4}$$

$$\frac{c_1}{c_2} = \frac{9}{36} = \frac{1}{4}$$

$\Rightarrow \frac{a_1}{a_2} = \frac{b_1}{b_2} = \frac{c_1}{c_2}$ $\therefore$ Infinite solution option (d) Answer.

or

$\frac{2}{5} = \frac{\cancel{8}^{\,2}}{\cancel{20}_{\,5}}$ हम $\frac{a_1}{b_1} = \frac{a_2}{b_2}$ भी check कर सकते हैं बात एक ही है।

$\therefore$ Infinite solution option (d) Answer.

[II] 2 Equations and 2 Variables का Hidden Method:-

ऐसे case में जब दोनों variable की value निकालनी हो:

Ex.: $2x + 4y = 10$

$3x + 2y = 11$

Find x and y.

Soln: For x

$$\begin{aligned} 2x + 4y &= 10 \\ 3x + 2y &= 11 \end{aligned}$$

Right से left $x = \frac{11 \times 4 - 2 \times 10}{3 \times 4 - 2 \times 2} = \frac{24}{8} = \boxed{3}$ Ans

☞ x के लिए x वाली term को ignore करें।

Note: Denominator वाली term दोनों variable में same आएगी।

➲ For y

$$\begin{aligned} 2x + 4y &= 10 \\ 3x + 2y &= 11 \end{aligned}$$

Left से Right $y = \frac{3 \times 10 - 2 \times 11}{3 \times 4 - 2 \times 2} = \frac{8}{8} = \boxed{1}$

$\boxed{x, y = 3, 1}$ Ans

☞ y के लिए y वाली term को ignore करें।

[III] Cramer's Rule (3 Equations & 3 Variables):-

$a_1x + b_1y + c_1z = d_1$
$a_2x + b_2y + c_2z = d_2$
$a_3x + b_3y + c_3z = d_3$

(1) $$\mathbf{x} = \frac{\begin{vmatrix} d_1 & b_1 & c_1 \\ d_2 & b_2 & c_2 \\ d_3 & b_3 & c_3 \end{vmatrix}}{\begin{vmatrix} a_1 & b_1 & c_1 \\ a_2 & b_2 & c_2 \\ a_3 & b_3 & c_3 \end{vmatrix}}$$

☞ हमें सिर्फ Determinant लिखने हैं। सबसे पहली Row से Solve करेंगे। जिस term को लेंगे उसके आमने–सामने वाले Row–Column को ignore करेंगे। और solve करेंगे। यानि

$$\mathbf{x} = \frac{d_1(b_2c_3 - c_2b_3) - b_1(d_2c_3 - c_2d_3) + c_1(b_3d_2 - b_2d_3)}{a_1(b_2c_3 - c_2b_3) - b_1(a_2c_3 - c_2a_3) + c_1(b_3a_2 - b_2a_3)}$$

☞ ठीक इसी प्रकार सभी Numerator (अंश) में करेंगे और फिर दोनों $\left(\frac{N}{D}\right)$ को solve करके y और z की value प्राप्त हो जाएगी।

(2) $$\mathbf{y} = \frac{\begin{vmatrix} a_1 & d_1 & c_1 \\ a_2 & d_2 & c_2 \\ a_3 & d_3 & c_3 \end{vmatrix}}{\begin{vmatrix} a_1 & b_1 & c_1 \\ a_2 & b_2 & c_2 \\ a_3 & b_3 & c_3 \end{vmatrix}}$$

(3) $$\mathbf{z} = \frac{\begin{vmatrix} a_1 & b_1 & d_1 \\ a_2 & b_2 & d_2 \\ a_3 & b_3 & d_3 \end{vmatrix}}{\begin{vmatrix} a_1 & b_1 & c_1 \\ a_2 & b_2 & c_2 \\ a_3 & b_3 & c_3 \end{vmatrix}}$$

☞ हम चाहें तो y और z की भी इसी प्रकार value निकाल लेंगे। y के लिए d_1, d_2, d_3 बीच में आ जाएंगे और z के लिए ये 3rd column में आ जाएंगे।

☞ या फिर x की value को किन्हीं 2 eqn. में रखकर y और z को solve कर लेंगे।

Ex. If 2x + 3y – 5z = 18, 3x + 2y + z = 29 and x + y + 3x = 17, what is the value of xy + yz + zx?

(a) 32 (b) 52 (c) 64 (d) 46

Soln: $2x + 3y - 5z = 18$ ... (1)

$3x + 2y + z = 29$ ... (2)

$x + y + 3z = 17$ ... (3)

$$x = \frac{\begin{vmatrix} 18 & 3 & -5 \\ 29 & 2 & 1 \\ 17 & 1 & 3 \end{vmatrix}}{\begin{vmatrix} 2 & 3 & -5 \\ 3 & 2 & 1 \\ 1 & 1 & 3 \end{vmatrix}}$$

$$\Rightarrow \frac{18(3\times2-1\times1)-3(29\times3-17\times1)+(-5)(29\times1-17\times2)}{2(3\times2-1\times1)-3(3\times3-1\times1)+(-5)(1\times3-1\times2)}$$

$$\Rightarrow \frac{18(5)-3(70)-5(-5)}{2(5)-3(8)-5(1)}$$

$$\Rightarrow \frac{-95}{-19} \Rightarrow \text{(5) Ans}$$

Now put x = 5 in eqn 2 to 3 for solving y to z

$3(5) + 2y + z = 29$

$\Rightarrow 2y + z = 14$

$5 + y + 3z = 17$

$y + 3z = 12$

$2y + z = 14 \quad \times (1)$

$y + 3z = 12 \quad \times (2)$

$-5z = -10$ (signs struck out)

$\boxed{z = 2}$

Put z = 2 in any equation

$\boxed{y = 6}$

ATQ,

$xy + yz + zx$

$= 5 \times 6 + 6 \times 2 + 2 \times 5$

$\Rightarrow \boxed{52}$ Ans

13 QUADRATIC & CUBIC EQUATION
(द्विघात एवं घन समीकरण)

[I] Basic Properties:-

Basic equation $ax^n + bx^{n-1} + bx^{n-2} + ... + k = 0$

➲ **Sum of Roots** $= (-1)^{n+1} \dfrac{x^{n-1} \text{ का coefficient}}{x^n \text{ का coefficient}}$

➲ **Product of Roots** $= \dfrac{\text{Constant term}}{x^n \text{ का coefficient}}$

$\boxed{ax^2 + bx + c = 0}$ α, β = मूल **(Roots)**

➲ मूलों का योग **(Sum of Roots)** $= \alpha + \beta = \dfrac{-b}{a}$

➲ मूलों का गुणनफल **(Product of Roots)** $= \alpha\beta = \dfrac{c}{a}$

➲ यदि α & β समीकरण के मूल हैं

x^2 – **(Sum of roots)x + Product of roots = 0**

$x^2 - (\alpha + \beta)x + \alpha\beta = 0$

[II] याद रखने योग्य Special Properties:-

1. यदि $ax^2 + bx + c = 0$ के मूलों के **k** गुना मूल **(k times roots)** हैं, तो समीकरण $\boxed{a\left(\frac{x}{k}\right)^2 + b\left(\frac{x}{k}\right) + c = 0}$ होगा।

2. $ax^2 + bx + c = 0$ के α, β हैं, तो $cx^2 + bx + a = 0$ के मूल **(Roots)** $\dfrac{1}{\alpha}$ और $\dfrac{1}{\beta}$ होंगे।

3. $ax^2 + bx + c = 0$ के α, β हैं, तो $cx^2 - bx + a$ के मूल **(Roots)** $-\alpha$ और $-\beta$ होंगे।

4. **Complex Roots** हमेशा जोड़े **(Pairs)** में होते हैं।

   Ex.: $\alpha = 2 + \sqrt{5}$, $\beta = 2 - \sqrt{5}$

5. किसी समीकरण **(Equation)** के सभी गुणांकों का योग **(Sum of its co-efficient)** **'0'** के बराबर होगा, इसके मूलों **(Roots)** में से एक मूल **'1'** होगा।

   Ex.: $x^2 - 5x + 4 = 0$

   $1 - 5 + 4 = 0$

6. यदि $ax^2 + bx + c = 0$, $\boxed{x = \dfrac{-b \pm \sqrt{b^2 - 4ac}}{2a}}$

[III] Condition for Nature of Roots (मूल के रूप):-

$b^2 - 4ac$ = Discriminant (D) विभेदक / विविक्तकर

(1) यदि $D = 0$, $x = \frac{-b}{2a}$ (वास्तविक और समान मूल / **Roots are real and equal**)

(2) यदि $D > 0$, $x = \frac{-b \pm \sqrt{D}}{2a}$ (असमान और वास्तविक मूल / **Distinct (Unequal) and Real roots**)

(3) यदि $D < 0$, x = **imaginary** (काल्पनिक), **unequal roots** (असमान मूल)

Note: In second case, यदि D पूर्ण वर्ग (Perfect square) है, तो x परिमेय (rational) होगा अन्यथा अपरिमेय (Irrational) होगा।

[IV] Quadratic Equation (द्विघात समीकरण) दिमाग में Solve करें:-

Ex.1: $x^2 + 9x + 20 = 0$ के मूल (roots) क्या है?

Soln: (1) हम Quadratic Equation $ax^2 + bx + c = 0$ में ac के दो ऐसे गुणनखंड (Factor) या Number देखेंगे जिन्हें multiply करके ac आए और जोड़कर b आए।

(2) जो दो Number हमने खोजे हैं उनके signs change करके x^2 के गुणांक (Co-efficient) से भाग कर देंगे तो हमें मूल (Roots) मिल जाएंगे।

$x^2 + 9x + 20 = 0$

$5x + 4x$ $\quad$ $20 = 5 \times 4$

[गुणा करके 20(5 × 4) और जोड़कर 9(5 + 4) है।]

अब इन No के sign change कर देंगे और x^2 के गुणांक (Coefficient) से भाग कर देंगे जो यहाँ 1 है तो हमें मूल (Roots) प्राप्त हो जाएंगे।

$\boxed{\alpha = -5,\ \beta = -4}$ Ans

Ex.2: $3x^2 - 4x - 32 = 0$ के मूल (Roots) क्या है?

Soln: (1) $3x^2 - 4x - 32 = 0$

$(-12, +8)$ $\quad$ $96 \rightarrow -12,\ 8$

$\alpha = \frac{+12}{3} = 4$

$\beta = \frac{-8}{3} = \frac{-8}{3}$

$\boxed{\left(\alpha = 4, \beta = \frac{-8}{3}\right)}$ Ans

[V] Cubic Equation (घन समीकरण) की Basic Properties:-

$ax^3 + bx^2 + cx + d = 0$

यदि α, β और γ मूल **(roots)** हैं।

➲ सभी मूलों का योग **(Sum of all roots)** $= \alpha + \beta + \gamma = -\frac{b}{a}$

➲ सभी मूलों का गुणनफल **(Product of all roots)** $\alpha\beta\gamma = -\frac{d}{a}$

➲ दो मूलों के गुणनफल का योग **(Sum of product of two roots)** $= \alpha\beta + \beta\gamma + \gamma\alpha = \frac{c}{a}$

Equation (समीकरण) $\left[x^3 + (\alpha+\beta+\gamma)x^2 + (\alpha\beta+\beta\gamma+\gamma\alpha)x + \alpha\beta\gamma = 0\right]$

[VI] Cubic Equation (घन समीकरण) के Roots उँगलियों पर :-

$$ax^3 + bx^2 + cx + d = 0$$

यहाँ हम x^3 के **co-efficient** को **constant term** से **multiply** करेंगे और इसके गुणनखंड **(Factors)** ऐसे तीन **No** में करेंगे जिन्हें **multiply** करके **'ad'** आए और जोड़कर x^2 का गुणांक **(Co-efficeint)** आए। जो तीन **Number** हमने प्राप्त किये उनके **sign change** करके हमें मूल **(Roots)** प्राप्त होंगे।

Ex.1: $x^3 + 7x^2 + 14x + 8 = 0$ के मूल (Roots) क्या है?

Soln: $x^3 + 7x^2 + 14x + 8 = 0$

$\alpha\beta\gamma = 4, 2, 1$

$\alpha+\beta+\gamma = 4 + 2 + 1$

$\boxed{\alpha = -4, \beta = -2 \text{ और } \gamma = -1}$ Ans

Ex.2: $x^3 - 4x^2 + 5x - 2 = 0$ के मूल (Roots) क्या है?

Soln: $x^3 - 4x^2 + 5x - 2 = 0$

$\alpha\beta\gamma = -2, -1, -1$

$\alpha + \beta + \gamma = -2, -1, -1$

$\boxed{\alpha = 2, \beta = 1, \gamma = 1}$ Ans

14 SURDS AND INDICES (करणी एवं घातांक)

[I] Important Properties:-

1. $\sqrt{x+\sqrt{x+\sqrt{x+.....\infty}}} = \frac{\sqrt{4x+1}+1}{2}$

2. $\sqrt{x-\sqrt{x-\sqrt{x.....\infty}}} = \frac{\sqrt{4x+1}-1}{2}$

3. $\sqrt{x+\sqrt{x-\sqrt{x+.....\infty}}} = \frac{\sqrt{4x-3}+1}{2}$

4. $\sqrt{x-\sqrt{x+\sqrt{x........\infty}}} = \frac{\sqrt{4x-3}-1}{2}$

5. $\sqrt[n]{x \div \sqrt[n]{x \div \sqrt[n]{x.......\infty}}} = \left(x^{\frac{1}{n+1}}\right)$

6. $\sqrt[n]{x\sqrt[n]{x\sqrt[n]{x........\infty}}} = \left(x^{\frac{1}{n-1}}\right)$

7. $\sqrt{x\sqrt{x\sqrt{x\sqrt{x....\infty}}}}$ = x (no. of itself)

8. $\sqrt{x\sqrt{x\sqrt{x\sqrt{x}}}} = x^{\frac{2^n-1}{2^n}}$

9. $\sqrt{x+y\sqrt{x+y\sqrt{x+......}}}$ = **Larger Number Ans**

   Look for two numbers such that $L \times S = x$
   $L - S = y$

   + की series में Large Number (L) Ans

10. $\sqrt{x-y\sqrt{x-y\sqrt{x-......}}}$ = **Smaller Number Ans**

    Look for two numbers such that $L \times S = x$
    $L - S = y$

    – की series में Smaller Number (S) Ans

Properties Related Questions:-

Ex.1: $\sqrt{30+\sqrt{30+\sqrt{30+\sqrt{30+}}}}\ \ldots.\infty = ?$

Soln: (+) Type $30 = 6\times 5$ (लगातार Number में तोड़ें)

↓

Large number (बड़ी संख्या) = 6 Answer

(Positive series में larger number Answer होता है I)

Ex.2: $\sqrt{30-\sqrt{30-\sqrt{30-\sqrt{30}}}}\ \ldots.\infty = ?$

(Negative series में smaller no. Answer होता है I)

Soln: (–) Type 30 = 6 × ⑤ — Smaller no (छोटी संख्या)

⑤ Ans

Ex.3: $\sqrt{7+\sqrt{7+\sqrt{7+\ldots\ldots.}}}\infty = ?$

Soln: **Method I:**

$$\frac{\sqrt{4x+1}+1}{2} = \frac{\sqrt{4\times 7+1}+1}{2}$$

$$\Rightarrow \boxed{\frac{\sqrt{29}+1}{2}}\ \text{Ans}$$

Method II:

$\sqrt{x+\sqrt{x+\sqrt{x+\sqrt{x}}}}\ \ldots\ldots.\infty = m+1 \Rightarrow$ For +ve series $[m(m+1) = x]$

m जरूरी नहीं है कि Integer हो

$\sqrt{7+\sqrt{7+\sqrt{7+}}}\ \ldots\infty$

$m(m+1) = 7$

$m^2 + m - 7 = 0$

$$\left[m = \frac{-b\pm\sqrt{b^2-4ac}}{2a}\right] = \frac{-1\pm\sqrt{29}}{2} = \frac{-1+\sqrt{29}}{2}$$

$$\Rightarrow \boxed{m+1 = \frac{\sqrt{29}+1}{2}}\ \text{Ans}$$

Ex.4: $\sqrt[3]{23\sqrt[3]{23\sqrt[3]{23\ldots\ldots.}}}\ \infty = ?$

Soln: $(x)^{\frac{1}{n-1}}$

$$23^{\frac{1}{3-1}} = \boxed{23^{\frac{1}{2}}} \text{ or } \boxed{\sqrt{23}} \text{ Ans}$$

Ex.5: $\sqrt[3]{49\sqrt[3]{49\sqrt[3]{49......\infty}}} = ?$

Soln: चूँकि यहाँ multiply है इसलिए $\boxed{(n)^{\frac{1}{\text{Power}-1}}}$

$$(49)^{\frac{1}{3-1}} = 49^{\frac{1}{2}} \Rightarrow \boxed{7} \text{ Ans}$$

Ex.6: $\sqrt{64 \div \sqrt{64 \div \sqrt{64 \div ....\infty}}} = ?$

Soln: चूँकि यहाँ Divide है इसलिए $\boxed{(n)^{\frac{1}{\text{Power}+1}}}$

$$(64)^{\frac{1}{2+1}} = 64^{\frac{1}{3}} \Rightarrow \boxed{4} \text{ Ans}$$

Ex.7: $\sqrt{24 + 2\sqrt{24 + 2\sqrt{24 + ...\infty}}} = ?$

Soln: $\sqrt{24 \oplus 2\sqrt{24 + 2\sqrt{24 + ...}}}\ \infty$

☞ दो ऐसे No. जिन्हे multiply करके 24 आए और – करके 2 आए।

☞ $24 = L \times S$ $L \rightarrow$ Large, S = Small

$2 = L - S$

$24 = ⑥ \times 4$ $2 = ⑥ - 4$

चूँकि ⊕ बीच में है इसलिए बड़ा वाला Answer होगा।

इसलिए ⑥ Ans

Ex.8: $\sqrt{180 - 3\sqrt{180 - 3\sqrt{180.......\infty}}} = ?$

Soln: 180 के 2 factor = 15 और 12

Difference = $15 - 12 \Rightarrow 3$

☞ चूँकि (–) का sign है इसलिए छोटा वाला Answer होगा। $\boxed{12}$ Answer

Ex.9: $\left(\sqrt{8 + \sqrt{8 + \sqrt{8 + ...\infty}}}\right)\left(\sqrt{8 - \sqrt{8 - \sqrt{8 - \sqrt{8}}}...\infty}\right) = ?$

(a) 8 (b) 1 (c) 16 (d) None

Soln: $\left[\frac{\sqrt{33}+1}{2}\right] \times \left[\frac{\sqrt{33}-1}{2}\right]$

$$\Rightarrow \frac{33-1}{4} = \frac{32}{4} = \boxed{8} \text{ Ans}$$

Smart Approach:

$$\sqrt{x+\sqrt{x+.....\infty}} = m+1$$

$$\sqrt{x-\sqrt{x-.....\infty}} = m$$

$$\left(\sqrt{8+\sqrt{8+\sqrt{8+......\infty}}}\right) \quad \left(\sqrt{8-\sqrt{8-\sqrt{8-......\infty}}}\right)$$

$\downarrow$ (m + 1) $\qquad$ $\downarrow$ m

$\Rightarrow$ x = (m + 1) m

$\downarrow$

(8) Ans

Ex.10: $\sqrt{4+\sqrt{4-\sqrt{4+\sqrt{4}}}}\ ......\ \infty = ?$

Soln: $\frac{\sqrt{4x-3}+1}{2} \Rightarrow \frac{\sqrt{4\times 4-3}+1}{2} \Rightarrow \boxed{\frac{\sqrt{13}+1}{2}}$ Ans

[II] Surds में Cube Root का अनोखा Pattern:-

Ex.: $\sqrt[3]{38+17\sqrt{5}} = ?$

(a) $3+\sqrt{5}$ (b) $2+\sqrt{5}$ (c) $3+\sqrt{3}$ (d) $2.5+\sqrt{5}$

Soln: ये question cube based है

We know $(a + b)^3 = a^3 + 3ab^2 + b^3 + 3a^2b$

($a^3 + 3ab^2$) $\downarrow$ यहाँ से No. मिलेगा $\qquad$ ($b^3 + 3a^2b$) $\downarrow$ यहाँ से Root मिलेगा

☞ अब option से check करेंगे जिस option में Number या root मिल जाए वही Answer होगा।

Option (a) $\left(3+\sqrt{5}\right)^3 = (3)^3 + 3\times3\times\left(\sqrt{5}\right)^2 = 72$ ×

(b) $\left(2+\sqrt{5}\right)^3 = (2)^3 + 3\times2\times\left(\sqrt{5}\right)^2$

$\Rightarrow 8 + 30 = 38$ Ans ✓

इसलिए सिर्फ option (b) Ans हुआ बाकी option check करने की need नहीं हैं क्योंकि option different हैं।

[III] Surds में Approximation का कमाल:-

Ex.1: $\left(27+\sqrt{756}\right)^{1/3} + \left(27-\sqrt{756}\right)^{1/3} = ?$

(a) 3 (b) 9 (c) 18 (d) 27

Soln: ऐसे सवालों में approximation use करते हैं।

$\Rightarrow$ 756, 27 तथा 28 के Square के बीच है तो $\sqrt{756}$ को approx 27.5 मान लेते हैं।

$\Rightarrow (27 + 27.5)^{1/3} + (27 - 27.5)^{1/3}$

$\Rightarrow (54.5)^{1/3} + (-0.5)^{1/3}$

$\Downarrow$ ↳ (Neglect)

3 और 4 वे cube के बीच है यानि 3.कुछ

3.कुछ .... $\Rightarrow$ 3 लगभग

Option 'a' 3 Ans

Ex.2: $\sqrt[3]{26+15\sqrt{3}} + \sqrt[3]{26-15\sqrt{3}} = ?$

(a) 6 (b) 5 (c) 4 (d) 3

Soln: $\sqrt{3} = 1.7$ लगभग

$\sqrt[3]{26+15\times1.7} + \sqrt[3]{26-15\times1.7}$

$\Rightarrow \sqrt[3]{26+25.5} + \sqrt[3]{26-25.5}$

↓ ↓

3 और 4 के बीच 1 से कम

3.कुछ + 1 [3 से ऊपर आएगा और 4. कुछ से कम इसलिए Option (c) 4 Answer हो जाएगा।]

[IV] Algebra से Co-relate करके सीधा Answer कैसे निकालें:-

Ex.1: $\sqrt{6+\sqrt{12}-\sqrt{24}-\sqrt{8}} = ?$

(a) $1+\sqrt{3}+\sqrt{2}$ (b) $\sqrt{2}-\sqrt{3}+\sqrt{6}$ (c) $-1+\sqrt{3}+\sqrt{2}$ (d) $1+\sqrt{3}-\sqrt{2}$

Soln: ये सवाल $(a + b + c)^2$ पर based है।

$$\sqrt{6+\sqrt{12}-\sqrt{24}-\sqrt{8}}$$

$$\downarrow \quad \downarrow$$

$$-2\sqrt{2\times 3} \; - 2\sqrt{2\times 1}$$

⇒ –2 मिल रहा है। Option से check करेंगे।

⇒ Option (b) के number का square करने पर 11 आ रहा है न कि 6। इसलिए ये Ans नहीं होगा।

⇒ Answer – sign से मिलेगा क्योंकि option elimination इसी से होंगे इसलिए केवल – वाली term question में देखनी है।

⇒ $-\sqrt{2}$ सिर्फ option (d) में है। यही Answer हुआ।

Option (d) $1+\sqrt{3}-\sqrt{2}$ Ans

Ex.2: $\sqrt{1+2019\sqrt{1+2020\sqrt{1+2021\times 2023}}} = ?$

(a) 2020 (b) 2021 (c) 2023 (d) 2018

Soln: ⇒ ऐसे सवालों में Pattern observe करते हैं।

⇒ ये $\boxed{(a+b)(a-b) = a^2 - b^2}$ पर based है।

⇒ Last से solve करेंगे।

$$\sqrt{1+2019\sqrt{1+2020\sqrt{1+2021\times 2023}}}$$

$$\downarrow$$

$$2022^2 - 1^2$$

$$\sqrt{1+(2022)^2-1}$$

$$\downarrow$$

2022 प्राप्त हुआ

⇒ इसी प्रकार next में 2021 हुआ।

⇒ Finally 2020 प्राप्त हुआ जो Answer हुआ

$\boxed{\text{Option (a) 2020}}$ Answer

[V] Smallest/Greatest का खेल:-

Type 1: जब $\sqrt{\ }$ में हों और सभी Brackets के No. का Sum equal हो:-

Ex.1: $x=\left(\sqrt{33}+\sqrt{11}\right)$, $y=\left(\sqrt{15}+\sqrt{29}\right)$, $z=\left(\sqrt{41}+\sqrt{3}\right)$, $t=\left(\sqrt{21}+\sqrt{23}\right)$, Arrange in descending order (घटते क्रम में)

Soln: ☞ यहाँ सभी का योग (Sum) same (44) है इसलिए सभी का Product निकालेंगे।

☞ जिसका Product ज्यादा होगा वह number बड़ा होगा जिसका Product कम होगा वह number छोटा होगा।

$x = 33 \times 11 = 363$, $y = 15 \times 29 = 435$

$z = 41 \times 3 = 123$, $t = 21 \times 23 = 483$

$t = \sqrt{21}+\sqrt{23}$ Largest

$z = \sqrt{41}+\sqrt{3}$ Smallest

$\boxed{t > y > x > z}$ Ans

OR

☞ ऐसे case में जिस Bracket का अंतर कम (least) होगा वो no. सबसे बड़ा होगा और विलोमतः (Vice-versa).

Ex.2: Write in Descending order (घटते क्रम में) $\left(\sqrt{3}+\sqrt{8}\right)$, $\left(\sqrt{5}+\sqrt{6}\right)$, $\left(\sqrt{1}+\sqrt{10}\right)$, $\left(\sqrt{4}+\sqrt{7}\right)$

Soln: जब sum equal हो तो जिस Bracket का अंतर कम (least) होगा वह no. सबसे बड़ा होगा और विलोमतः (Vice-versa).

$\left(\sqrt{3}+\sqrt{8}\right)$, $\left(\sqrt{5}+\sqrt{6}\right)$, $\left(\sqrt{1}+\sqrt{10}\right)$, $\left(\sqrt{4}+\sqrt{7}\right)$

	↓	↓	↓	↓
diff.	5	1	9	3
		सबसे बड़ा	सबसे छोटा	

Descending order → $\left(\sqrt{5}+\sqrt{6}\right)$, $\left(\sqrt{4}+\sqrt{7}\right)$, $\left(\sqrt{3}+\sqrt{8}\right)$, $\left(\sqrt{1}+\sqrt{10}\right)$ Ans

Type 2: जब $\sqrt{\ }$ में हों और सभी Brackets के Number का Product equal हो:-

Ex.: $x = \left(\sqrt{18}+\sqrt{10}\right)$, $y = \left(\sqrt{36}+\sqrt{5}\right)$

$z = \left(\sqrt{20}+\sqrt{9}\right)$, $t = \left(\sqrt{45}+\sqrt{4}\right)$, Write in descending order (घटते क्रम में)

Soln: ☞ यहाँ सभी का Product same (180) है। इसलिए सभी को Add करेंगे।

☞ जिसका Sum ज्यादा होगा वो बड़ा होगा जिसका Sum कम होगा वो छोटा होगा।

$x = 18 + 10 = 28$ $\quad y = 36 + 5 = 41$

$z = 20 + 9 = 29$ $\quad t = 45 + 4 = 49$

$t = \sqrt{45}+\sqrt{4}$ largest

$x = \sqrt{18}+\sqrt{10}$ smallest

$\boxed{t > y > z > x}$ Ans

[VI] Pairing का खतरनाक खेल:-

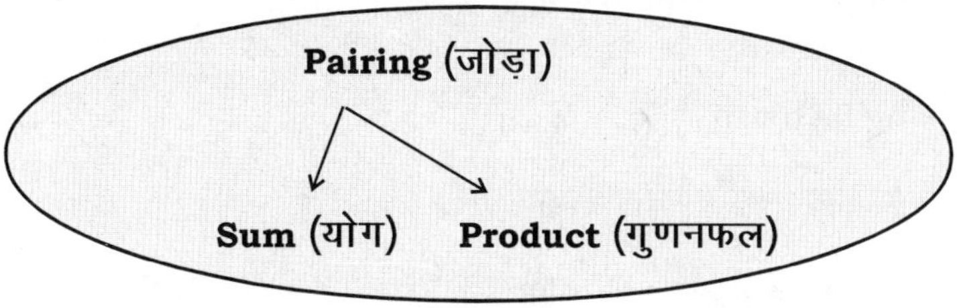

☞ यहाँ **pairing** करते हुए देखते हैं या तो दो **Number** का **Product/Sum same** हो।

☞ यदि **Product same** है, तो **Number** का **Sum** करेंगे।

Ex.: $\left[\left(\sqrt{6}-\sqrt{10}\right)-\left(\sqrt{21}-\sqrt{35}\right)\right] \times \left[\left(\sqrt{6}+\sqrt{10}\right)+\left(\sqrt{21}+\sqrt{35}\right)\right] = ?$

Soln: $\left[\left(\sqrt{6}-\sqrt{10}\right)-\left(\sqrt{21}-\sqrt{35}\right)\right] \times \left[\left(\sqrt{6}+\sqrt{10}\right)+\left(\sqrt{21}+\sqrt{35}\right)\right]$

Product 210

$(35 + 6) - (21 + 10)$

$\Rightarrow$ (10) Ans

☞ चूँकि 35 और 6 अंक इसलिए रखा है क्योंकि दोनों जगह इनके sign same हैं।

☞ 21 और 10 पीछे रखा है क्योंकि sign change हो रहे है।

[VII] Rationalising Factor (परिमेयकरण गुणनखंड):-

वह **Number** जिससे **Multiply** करने पर दिया गया **number rational number** बन जाए। जिस **number** से **multiply** किया जाता है उसे ही **Rationalising factor** कहते है।

Ex.1: $\sqrt[3]{5}$ का rationalising factor क्या होगा?

Soln: $\sqrt[3]{5}\,.\,\sqrt[3]{5^2} = 5$

$\therefore$ $\sqrt[3]{5}$ का R.F $\sqrt[3]{25}$ होगा और vice versa

Ex.2: $\sqrt[4]{a^3b^2c}$ का rationalising factor क्या होगा?

Soln: $\sqrt[4]{a^3b^2c}.\sqrt[4]{ab^2c^3} = abc$

$\therefore$ $\sqrt[4]{a^3b^2c}$ का R.F $\sqrt[4]{ab^2c^3}$ होगा और vice versa

Ex.3: Find rationalising factor of $\sqrt[3]{16} - \sqrt[3]{4} + 1$.

$\sqrt[3]{16} - \sqrt[3]{4} + 1$ का परिमेयकरण गुणनखंड ज्ञात करें।

(a) $\sqrt[3]{4} - 2$ (b) $\sqrt[3]{4} + 2$ (c) $\sqrt[3]{4} + 1$ (d) $\sqrt[3]{4} - 1$

Soln: $\sqrt[3]{16} - \sqrt[3]{4} + 1 = (a^2 - ab + b^2)$

$(a^2 - ab + b^2)(a + b) = a^3 + b^3$

$\sqrt[3]{4} + 1$ Ans.

$\downarrow \quad \downarrow$

a b

$\therefore$ (c) Answer

Ex.4: Rationalising factor of $2^{\frac{1}{3}} + 2^{\frac{-1}{3}}$ is:

$2^{\frac{1}{3}} + 2^{\frac{-1}{3}}$ का परिमेयकरण गुणनखंड ज्ञात करें।

(a) $2^{\frac{2}{3}} - 1 + 2^{\frac{-1}{3}}$ (b) $2^{\frac{1}{3}} - 1 + 2^{\frac{-1}{3}}$

(c) $2^{\frac{2}{3}} - 1 + 2^{\frac{-2}{3}}$ (d) $2^{\frac{1}{3}} + 1 + 2^{\frac{-1}{3}}$

Soln: $\left(2^{\frac{1}{3}}\right) + \left(2^{-\frac{1}{3}}\right)$

$\downarrow \quad \downarrow$

a b

$(a + b)(a^2 - ab + b^2) = a^3 + b^3$

$\left(2^{\frac{1}{3}} + 2^{-\frac{1}{3}}\right)\left(2^{\frac{2}{3}} - 1 + 2^{-\frac{2}{3}}\right) = 2 + \frac{1}{2}$

$\downarrow$

RF

$\therefore$ (c) Answer

15 LINE METHOD (रेखा विधि)

[I] Line Method Integers में:-

इस method में हम Unit Digit को Unit Digit से तथा 10th Digit को 10th digit से Addition or Subtraction करते है and so on ....

98789 – 34512 – 42173 = 22104

Step (1): 9 – 2 – 3 = **4**

Step (2): 8 – 1 – 7 = **0**

Step (3): 7 – 5 – 1 = **1**

Step (4): 8 – 4 – 2 = **2**

Step (5): 9 – 3 – 4 = **2**

22104 Ans

Ex.1: 73219 – 8399 + 3507 – 996 = ?

Soln: Step 1: 9 – 9 + 7 – 6 = **1**

Step 2: 1 – 9 + 0 – 9 = –17 = **3**

20 उधार Next या 100th Digit से

Step 3: 2 – 3 + 5 – 9 = –5 – 2

↘ उधार जो लिया था

= –7

= **3** (10 – 7)

Step 4: 3 – 8 + 3 = –2 – 1

↘ उधार जो लिया था

= –3

= **+7** (10 उधार next से)

Step 5: 7 – 1 = **6**

↘ उधार जो लिया था

67331 Answer

☞ जो हम उधार लेते है उसे Next digit से Minus कर देते है। जैसे 10 उधार लिया तो Minus 1 करते है और यदि 20 उधार लिया तो Minus 2 करते है। यदि carry होता है तो उसे Next Digit में Add कर देते है।

[II] Line Method Decimal में:-

Decimal के बाद **Equal Digit** होनी जरूरी है, यदि नहीं है तो **zero** लगाकर **equal digit** बना लेते हैं।

Ex.: 983.189 – 79.006 + 43.938 – 76.770 = ?

Soln: 9 – 6 + 8 – 0 = (1)1 = **1**
→ carry

8 – 0 + 3 – 7 = 4 + 1 = **5**
↘ carry

1 – 0 + 9 – 7 = **3**

3 – 9 + 3 – 6 = –9 = **1**

(10 उधार next से)

8 – 7 + 4 – 7 = –2 – 1 = –3 = **7**
↘ उधार

(10 उधार next से)

9 – 1 = **8**
↘ उधार

871.351 Ans

16 'n' SUBSTITUTION METHOD ('n' प्रतिस्थापन विधि)

[I] 10 Seconds Method:-

जब कोई **series** दी हो और उसकी **value Basic** से **1** से **1.5** मिनट में **solve** होती है। ऐसे में **time** बचाने के लिए **'n' substitution method use** करके **Answer 10–15 seconds** में **Mark** किया जा सकता है।

Ex.1: 0.4 + 0.44 + 0.444 + ... n times = ?

(a) $\frac{4}{9}\left[8n-1+\frac{1}{10^n}\right]$ (b) $\frac{4}{81}\left[9n-1+\frac{1}{10^n}\right]$

(c) $\frac{4}{81}\left[9n-1-\frac{1}{10^n}\right]$ (d) $\frac{4}{9}\left[8n-1-\frac{1}{10^n}\right]$

Soln: $\underbrace{0.4}_{n=1} + 0.44 + 0.444 + ... + n$

n = 1 Sum = 0.4

☞ अब option check करेंगे n = 1 रखने पर जिसका sum 0.4 होगा वही Answer होगा।

Options

(a) $\frac{4}{9}\left[8(1)-1+\frac{1}{10}\right] = \frac{4}{9} \times 7.1$ ✗

(b) $\frac{4}{81}\left[9(1)-1+\frac{1}{10^1}\right] = \frac{4}{81} \times 8.1 \Rightarrow \boxed{0.4}$

(c) $\frac{4}{81}\left[9(1)-1-\frac{1}{10^1}\right] = \frac{4}{81} \times 7.9$ ✗

(d) $\frac{4}{9}\left[8(1)-1-\frac{1}{10^1}\right] = \frac{4}{9} \times 6.9$ ✗

☞ (a), (c) और (d) match नहीं कर रहे हैं सिर्फ option (b) में n = 1 रखने पर $\boxed{0.4}$ प्राप्त हो रहा है इसलिए option (b) Answer है।

Note:	**Sum**	**nth term**
n = 1	**0.4**	**0.4 (पहली term)**
n = 2	**0.84**	**0.44 (दूसरी term)**

0.4 + 0.44

☞ **nth term के सवालों में, जब n = 2 लेते है तो 2 term का sum करके option verify करते है। जब 2 option match करें तो n की value बढ़ा कर check करें।**

Ex.2: (1) + (2 + 3 + 4) + (5 + 6 + 7 + 8 + 9) + ... n bracket = ?

(a) $\frac{n(n+1)(n+2)}{6}$ (b) $\frac{n^2(n^2+1)}{2}$

(c) $n(n+1)(n+2)$ (d) $\frac{n(n+1)(2n+1)}{6}$

Soln: (1) + (2 + 3 + 4) + (5 + 6 + 7 + 8 + 9) + ... n brackets

Put n = 1, Sum = 1

Check options

☞ n = 1 रखने पर option (a), (b) और (d) में 1 प्राप्त हो रहा है। तीनों Option Match कर रहे हैं।

☞ अब n = 2 रखते हैं।

Sum = (1) + (2+3+4) = 10

Option (a) $\frac{2(2+1)(2+2)}{6} = 4$ ✗

(b) $\frac{2^2(2^2+1)}{2} = 10$ ✓

(c) $2 \times 3 \times 5 = 30$ ✗

(d) $\frac{2(2+1)(2\times2+1)}{6} = 5$ ✗

☞ Only option (b) = 10 satisfies that's why option (b) is Answer.

17 SERIES(श्रृंखला) Σ

[I] Common Series:-

Ex.1: $\frac{1}{\boxed{1}\times 2}+\frac{1}{2\times 3}+.......+\frac{1}{9\times\boxed{10}}=?$

Soln: ⇒ इस श्रृंखला **(Series)** में नीचे दिए गए **Numbers** लगातार हैं।

⇒ हर **(Denominator)** का अंतर **(Difference)** ऊपर अंश **(Numerator)** में है, तो हम इसे निम्नलिखित **method** से **solve** करेंगे।

$$\boxed{\frac{1}{\text{पहले पद की पहली संख्या}}-\frac{1}{\text{आखिरी पद की आखिरी संख्या}}}$$

$$\frac{1}{1}-\frac{1}{10}\Rightarrow\boxed{\frac{9}{10}}\text{ Ans}$$

Ex.2: $\frac{1}{15}+\frac{1}{35}+.....+\frac{1}{143}=?$

Soln: $\frac{1}{3\times 5}+\frac{1}{5\times 7}+.....\frac{1}{11\times 13}$

☞ हर (Denominator) का Difference 2 है और अंश (Numerator) में 1, तो ऊपर Difference 2 बनाने के लिए हम 2 से गुणा और 2 से भाग करेंगे।

$$\frac{1}{2}\left[\frac{2}{3\times 5}+\frac{2}{5\times 7}+.....+\frac{2}{11\times 13}\right]\Rightarrow\frac{1}{2}\left[\frac{1}{3}-\frac{1}{13}\right]=\frac{1}{2}\times\frac{10}{39}=\boxed{\frac{5}{39}}\text{ Ans}$$

Note: Exam में हमें इतना सब नहीं करना है। जब अंतर **(Difference)** ऊपर नहीं है तो नीचे लगा दो **(1/अंतर)** और फिर वैसे ही **solve** करो जैसे करते हैं।

[II] Trending Series:-

जब नीचे हर **(Denominator)** में तीन **Number** हों:

$$\frac{1}{n(n+a)(n+b)}=\frac{1}{b}\left[\frac{1}{n(n+a)}-\frac{1}{(n+a)(n+b)}\right]$$

n → I, (n + a) → II, (n + a) → II, (n + b) → III

b → **III और I का अंतर (Difference)**

Ex.: $\frac{1}{1\times2\times3}+\frac{1}{2\times3\times4}+\ldots+\frac{1}{100\times101\times102}=?$

Soln: हम जानते हैं कि,

$$\frac{1}{n(n+a)(n+b)}=\frac{1}{b}\left[\frac{1}{n(n+a)}-\frac{1}{(n+a)(n+b)}\right]$$

$$\Rightarrow \frac{1}{2}\left[\frac{1}{1\times2}-\frac{1}{101\times102}\right] \Rightarrow \boxed{\frac{2575}{10302}} \text{ Ans}$$

[III] Root वाली Series:-

Ex.: $\frac{1}{1+\sqrt{2}}+\frac{1}{\sqrt{2}+\sqrt{3}}+\ldots.+\frac{1}{\sqrt{99}+\sqrt{100}}=?$

Soln: इस तरह के सवालों में Basic से करेंगे तो Time खराब होगा।

☞ ऐसे सवालों को Pen free करते हैं। जब हर $(\text{Denominator})^2$ का Difference $(\sqrt{2^2}-\sqrt{1^2}=\sqrt{100^2}-\sqrt{99^2}=1)$ अंश (Numerator) में हो तो

$$\sqrt{\text{आखिरी पद की आखिरी संख्या}}-\sqrt{\text{पहले पद की पहली संख्या}}$$

$\Rightarrow \sqrt{100}-\sqrt{1}=10-1=\boxed{9}$ Ans

[IV] ± की Alternate Series:-

Ex.: $\frac{1}{\sqrt{9}-\sqrt{8}}-\frac{1}{\sqrt{8}-\sqrt{7}}+\frac{1}{\sqrt{7}-\sqrt{6}}-\frac{1}{\sqrt{6}-\sqrt{5}}+\frac{1}{\sqrt{5}-\sqrt{4}}=?$

Soln: जब signs ± Alternative place पर हों और हर (Denominator) का Difference अंश (Numerator) में हो, तो इस तरह के सवालों को Pen Free करते हैं।

$$\sqrt{\text{पहले पद की पहली संख्या}}+\sqrt{\text{आखिरी पद की आखिरी संख्या}}$$

$=\sqrt{9}+\sqrt{4}=3+2=\boxed{5}$ Ans

[V] Some Special Properties of Series:-

1. $S_n = 1.3 + 3.5 + 5.7 + 7.9 + \ldots..$ **n terms**

$$S_n=\frac{n}{3}(4n^2+6n-1)$$

2. $S_n = 3+7+13+21+31+\ldots.$ **n terms**

$a_n = n^2 + n + 1$

$$\boxed{S_n=\frac{n}{3}\left[n^2+3n+5\right]}$$

3. $\frac{1}{1.3}+\frac{1}{3.5}+\frac{1}{5.7}+.....\frac{1}{(2n-1)(2n+1)}$

or

$\frac{1}{a(a+d)}+\frac{1}{(a+d)(a+2d)}+.....\frac{1}{a+(n-1)d(a+nd)}$

☞ **Sum** $= \frac{1}{d}\left(\frac{1}{a}-\frac{1}{a+nd}\right)$

Sum $= \frac{1}{\text{diff. between (first - second)}}\left[\frac{1}{\text{पहले पद की पहली संख्या}}-\frac{1}{\text{आखिरी पद की आखिरी संख्या}}\right]$

4. $\frac{1}{1.3.5}+\frac{1}{3.5.7}+\frac{1}{5.7.9}+....\text{n term}$

☞ **Sum** $= \frac{1}{(t-1)d}\left[\frac{1}{\text{first 2 no. of first part}}-\frac{1}{\text{last 2 no. of last part}}\right]$

t → जितने No. का multiply हो रहा है series में वह t होता है यहाँ पर t = 3 है।
d → difference between first and second /common difference

5. $\underbrace{\frac{1}{1.3.5.7}}_{\text{4 terms}}+\frac{1}{3.5.7.9}+\frac{1}{5.7.9.11}+.....\text{n terms}$

☞ **Sum** $= \frac{1}{(t-1)d}\left[\frac{1}{\text{first 3 no. first part}}-\frac{1}{\text{last 3 no. last part}}\right]$

Here t = 4, d = 2

6. $\sqrt{1+\frac{1}{1^2}+\frac{1}{2^2}}+\sqrt{1+\frac{1}{2^2}+\frac{1}{3^2}}+....\sqrt{1+\frac{1}{n^2}+\frac{1}{(n+1)^2}}$

☞ **Sum** $= (n+1)-\frac{1}{(n+1)}$

7. **1 + (1 + 2) + (1 + 2 + 3) + ... + (1 + 2 + 3 + ... n)**

☞ **Sum** $= \frac{n(n+1)(n+2)}{6}$

18 FACTORS (गुणनखंड)

Factors (गुणनखंड)

Proper Factor
↓
वो गुणनखंड जो **1** और उस संख्या **(No. itself)** के अलावा हों, उन्हें **Proper Factor** कहते हैं।

Improper Factor
↓
1 और उस संख्या **(No. itself)** को **No.** का **Improper Factor** कहते हैं।

Ex: 15
↳ 15 = 1, [3, 5] और 15
↓
3 और 5, 15 के Proper Factors है।

15
↳ 15 = (1), 3, 5 और (15)
1 और 15, 15 के Improper Factor है।

[I] Special Properties of Factors:-

$N = a^p \times b^q \times c^r$

1. **Number of Factor,** $N_f = (p + 1)(q + 1)(r + 1)$
2. **No. of odd factors (विषम गुणनखंड की संख्या)** (O_f)
   = (Power of odd no.+1) × (Power of odd no.+1) × ....
3. **No. of Even factors (सम गुणनखंड की संख्या)** $(E_f) = N_f - O_f$
   = (Power of odd+1) × (Even power same)
4. **Sum of factors (गुणनखंड का योग)** (S_f)
   $$= \frac{a^{p+1} - 1}{a - 1} \times \frac{b^{q+1} - 1}{b - 1} \times \frac{c^{r+1} - 1}{c - 1}$$
5. **Average of factors (गुणनखंड का औसत)** $(A_f) = \frac{S_f}{N_f}$
6. **Product of factors (गुणनखंड का गुणनफल)** $(P_f) = (\text{Number})^{\frac{N_f}{2}}$

Ex.: 108

Soln: $N = 108 = 2^2 \times 3^3$

$N_f = (2 + 1)(3 + 1) = 3 \times 4 = 12$

$O_f = (3 + 1) = 4$

$E_f = 12 - 4 = 8$

$E_f = (3 + 1) \times 2 = 8$

$$S_f = \frac{2^{2+1} - 1}{2 - 1} \times \frac{3^{3+1} - 1}{3 - 1} = \frac{2^3 - 1}{1} \times \frac{3^4 - 1}{2} = 7 \times \frac{\overset{40}{\cancel{80}}}{\cancel{2}} = 280$$

$$A_f = \frac{280}{12} = \frac{70}{3}$$

$$P_f = (108)^{\frac{12}{2}} = (108)^6$$

[II] Factors निकालने का Fast Method:-

Ex.: 108

Soln: Step 1: $\sqrt{108} \simeq$ **10.कुछ**

Step 2: 10 से पहले सभी संख्या निकालो जो **108** को भाग करें

1, 2, 3, 4, 6, 9

Step 3: अब ये देखों इन्हें किससे गुणा किया जाए की **108** बन जाए

1	2	3	4	6	9
108	54	36	27	18	12

$\therefore$ 12 factors हो जाएंगे

(1, 2, 3, 4, 6, 9, 108, 54, 36, 27, 18, 12)

19 SMALLEST & LARGEST (सबसे छोटा और सबसे बड़ा)

[I] $abcd^e$, abc^{de}, a^{bcde}, abcde का Special Concept:-

जब सभी **option same digit** से बने हों और सभी में **same number of Digits** हों।

Ex.1: Which is Smallest?

(a) 9876^5 (b) 987^{65} (c) 9^{8765} (d) 98765

Soln: जिसकी power सबसे बड़ी होगी वो number सबसे बड़ा (Largest) and vice-versa (विलोमतः) Option (d) में सबसे छोटी power है। इसलिए Option (d) smallest होगा।

Ex.2: Which is Largest?

(a) 3333^3 (b) 333^{33} (c) 33^{333} (d) 3^{3333}

Soln: जिसकी power सबसे बड़ी होगी वो number सबसे बड़ा (Largest) and vice-versa (विलोमतः) option (d) की power सबसे ज्यादा है इसलिए largest हुआ।

Option (a) की power सबसे कम है इसलिए Smallest हुआ।

$$d > c > b > a$$

∴ Largest [Option (d)] Answer

Ex.3: Which is Smallest?

(a) 234^{567} (b) 2345^{67} (c) 23^{4567} (d) 2^{34567}

Soln: Option (b) में सबसे छोटी power है इसलिए option (b) smallest हुआ।

[Option 'b'] Ans

20 PERFECT SQUARE (पूर्ण वर्ग)

[I] Perfect Square जांचने के 6 Golden Rules:-

1. इकाई की संख्या (Unit Digit):-

2, 3, 7, 8 $\rightarrow$ Unit Digit कभी नहीं हो सकती है।

2. अंकों का योग (Digital Sum):-

Perfect Square का DS 1, 4, 7, 9 होता है लेकिन DS 1, 4, 7, 9 होने का मतलब यह जरूरी नहीं है कि number Perfect Square है। हम ये जरूर बोल सकते हैं जिसका DS 1, 4, 7, 9 नहीं है वो कभी Perfect Square नहीं हो सकता।

Ex.: 13, 28

13 का DS 4 और 28 का DS 1 है फिर भी यह Perfect Square नहीं है।

3. 8 की Divisibility द्वारा:-

N $\rightarrow$ Unit digit $\rightarrow$ Even number $\rightarrow \frac{N}{8}$

$\rightarrow$ $\boxed{\text{Remainder} = 0, 4}$ $\longrightarrow$ Perfect square

Odd number $\rightarrow \frac{N}{8} =$ $\boxed{\text{Remainder} = 1}$ $\rightarrow$ Perfect square

4. 10th Digit Rule द्वारा:-

- पूर्ण वर्ग संख्या (Perfect Square no.) = 10th Place Digit
  $\downarrow$
  हमेशा सम (Even) होगा
- इकाई का अंक (Unit Digit) यदि 5 है तो 10th Place Digit हमेशा 2 होगा।
- इकाई का अंक (Unit Digit) 6 है तो $\rightarrow$ 10th Digit
  $\downarrow$
  हमेशा Odd (विषम) होगा

5. यदि Last के 2 Digit (1 – 24) के Square के Last 2 digit के समान नहीं है, तो Non perfect होगा। इस Method से हमें केवल Perfect Square नहीं होने के बारे में पता लगता है पर ये जरूरी नहीं जो इसे follow करें वह पूर्ण वर्ग हो:–

$68^2 \rightarrow 46\underline{24}$ परंतु $1\underline{24}$ Perfect Square नहीं हैं।

- उपरोक्त Rules द्वारा हम पूर्ण वर्ग (Perfect Square) की जांच कर सकते है।
- यदि सिर्फ चौथा नियम (4th Rule) follow करें तो भी ये नहीं होगा क्योंकि सभी Rules का follow करना must है।

6. **ऐसे Number के विषम गुणनफल (Odd Factors) होते हैं और Middle Number उस Number का Square Root होता है।**

Ex.: 81

Soln: Factors → 1, 3, 9, 27, 81

$\sqrt{81} = 9$ Ans

Some Questions on Perfect Square:-

Ex.1: 33 Perfect Square है या नहीं?

Soln: (1) इकाई अंक (Unit) Digit → 3 हैं। इसलिए Perfect Square नहीं है।

(2) Digital Sum → 3 + 3 = 6 है, इसलिए Perfect Square नहीं है।

Ex.2: 23 Perfect Square है या नहीं?

Soln: Unit Digit 3 है, इसलिए Perfect Square नहीं है।

Ex.3: 25 Perfect Square है या नहीं?

Soln: (1) Unit Digit 5 है

(2) D.S. → 25 ⇒ 2 + 5 ⇒ 7

(3) 8 की Divisibility = $\frac{25}{8}$ → Remainder = 1

(4) 10th Digit Rule द्वारा

⇒ 10th Digit Even है

➲ उपरोक्त सभी Rules 25 के लिए follow कर रहे हैं अर्थात 25 एक Perfect Square है

Ex.4: 256 Perfect Square है या नहीं?

Soln: (1) Unit Digit 6 है।

(2) DS → 256 → 2 + 5 + 6 ⇒ 4

(3) 8 की Divisibility द्वारा

→ $\frac{256}{8}$ → R → 0

(4) 10th Digit Rule

☞ चूंकि Unit Digit 6 है और 10th Digit विषम (Odd) है।

➲ उपरोक्त सभी Rules 256 के लिए follow कर रहे हैं इसलिए 256 एक पूर्ण वर्ग (Perfect Square) है।

Ex.5: Which is Perfect Square?

(a) 196393 (b) 889235 (c) 996366 (d) 106276

Soln: Option (a) Perfect Square नहीं है क्योंकि Unit Digit (इकाई अंक) 3 है।

Option (b) Perfect Square नहीं है क्योंकि 10th Digit (दहाई अंक) 3 है।

OR DS = 8

Option (c) Perfect Square नहीं है क्योंकि DS 3 है।

Option (d) ही Perfect Square होगा।

[II] $11^2, 111^2, 1111^2, 11111^2$, ... Seconds में:-

जब भी कभी 1, 11, 111, 1111, ... आदि का वर्ग (Square) करना हो, तो जितने अंक हैं उतने तक गिनती लिखो फिर Reverse Counting लिखो, इस प्रकार इन numbers का Square बगैर Calculate किए निकल जाएगा।

$$1^2 = 1$$
$$11^2 = 121$$
$$111^2 = 12321$$
$$1111^2 = 1234321$$
$$111111111^2 = 12345678987654321$$
$$\vdots \qquad \vdots$$

[III] Perfect Square की Special गजब Properties:-

- **If $(11)^2 = 121, (101)^2 = 10201, (1001)^2 = 1002001$**
- **If $(21)^2 = 441, (201)^2 = 40401, (2001)^2 = 4004001$**
- **If $(31)^2 = 961, (301)^2 = 90601, (3001)^2 = 9006001$**
- **If $(12)^2 = 144, (102)^2 = 10404, (1002)^2 = 1004004$**

Note: यहाँ हमने देखा कि जब 11 का Square किया तो 121 आया वही जब हमने 11 के बीच में 1 zero लगाया (101) फिर Square किया तो पहले number और बीच वाले number के मध्य में एक–एक zero आ गए यानि 10201 हो गया।

- जब हमने 1001 का Square किया यानि पहली और आखिरी संख्या (Number) के मध्य 2 zero लगाए तो 11 के Square (121) के बीच भी यानि पहले और बीच वाले number के मध्य दो–दो zero आ गए (1002001).
- इसी प्रकार इन ऊपर दिए गए numbers के Square में हुआ है।

[IV] $(333)^2$, $(666)^2$, $(999)^2$ की गजब Technique:-

Ex.1: $(9999)^2 = ?$

Soln.:Step 1. 9 के अंक गिनो
यहाँ N = 4 हैं

Step 2. 9 का वर्ग (Square) लिखेंगे
$\Rightarrow 9^2 = 81$

और उसे N – 1 (4 – 1 = 3) का space देकर अलग–अलग (Separate) लिख देंगे।

...... 8 1
N–1

Blank space 8 के आगे–पीछे कर लेंगे।

Step 3. अब Blank space को भरेंगे।

8 में +1 करके आगे वाले Blank में भरेंगे और 1 में –1 करके 1 के आगे वाले Blank में भरेंगे।

9 9 9 8 0 0 0 1

8 + 1 = 9

1 – 1 = 0

99980001 Ans

Ex.2: $(6666)^2 = ?$

Soln: यहाँ भी same trick use होगी
N = 4
N – 1 = 4 – 1 = 3 Blank
$6^2 = 36$

4 4 4 3 5 5 5 6

3 + 1 = 4 6 – 1 = 5

44435556 Ans

Ex.3: $(3333)^2 = ?$

Soln: $3^2 = 09$ N = 4
N – 1 = 4 – 1 = 3 Blank

1 1 1 0 8 8 8 9

0 + 1 = 1 9 – 1 = 8

11108889 Ans

[V] $(x\,0\,y)^2 = (908)^2, (703)^2, \ldots\ldots$:-

y = 1 से 9 हो, तो

Step 1: y^2 करेंगे और right side लिखेंगे।

Step 2: x^2 करेंगे और left side लिखेंगे।

Step 3: $xy \times 2$ करके Right & Left side के बीच में लिखेंगे।

Ex.1: $(301)^2 = ?$

Soln: $(301)^2$

Step 2 $(3)^2$ | **Step 3** | **Step 1** $(1)^2$

09 |3×1×2| 01

⇒ 9 |06 |01

⇒ 90601 Ans

[∵ Single digit में आगे 0 लगा देते हैं 06, 01 ______]

Ex.2: $(408)^2 = ?$

Soln: $(408)^2$

Step 2 $(4)^2$ | **Step 3** | **Step 1** $(8)^2$

|4×8×2|

16 64 64

⇒ 166464 Ans

Ex.3: $(902)^2 = ?$

Soln: $(902)^2$

Step 2 $(9)^2$ | **Step 3** | **Step 1** $(2)^2$

|9×2×2|

81 36 04

⇒ 813604 Ans

[VI] $67^2, 667^2, 6667^2, \ldots\ldots\ldots$ Seconds में:-

$(ab)^2 = a^2\ |2ab|\ b^2$

$(67)^2 =$

36 | 84 | 49

↓

4489

☞ दूसरे शब्दों में $7^2 = \underline{4}\,\underline{9}$ है जितनी बार 6 है उतने चार, चार से पहले आएंगे और उतने ही 8, 9 से पहले आएंगे।

$(67)^2 = 4489$

$(667)^2 = 444889$

$(6667)^2 = 44448889$

[VII] Perfect Square की अनदेखी Properties:-

Property 1

Square of a natural number can only end in 1, 4, 5, 6, 9, or even number of zeroes. i.e. (00, 0000, 000000)

किसी भी प्राकृतिक संख्या के वर्ग के अंत में केवल **1, 4, 5, 6, 9** तथा सम संख्या में **0** (जीरो) होंगे।

Property 2

Ten's digit of every perfect square is even unless square is ending in 6 in that case ten's digit will be odd.

दहाई का अंक किसी भी (प्रत्येक) पूर्ण वर्ग संख्या का सम होगा जबकि यदि पूर्ण वर्ग **6** से अंत हो इस प्रकार में दहाई का अंक विषम होगा।

Ex: ④9 1②1 256 4⑧4

⑥4 1④4 196 9④1

4④1 10②4

Property 3

A number will not be perfect square if its digital sum is not 1, 4, 7 or 9. (Reverse may or may not be true)

कोई भी संख्या पूर्ण वर्ग नहीं होगी यदि उसके अंकों का योग **1, 4, 7** या **9** नहीं है। (इसका उल्टा कथन सही भी हो सकता है और नहीं भी)

➲ **DS**

$1 \rightarrow 1^2 = 1 \rightarrow 1$ $2 \rightarrow 2^2 = 4 \rightarrow 4$ $3 \rightarrow 3^2 = 9 \rightarrow 9$

$4 \rightarrow 4^2 = 16 \rightarrow 7$ $5 \rightarrow 5^2 = 25 \rightarrow 7$ $6 \rightarrow 6^2 = 36 \rightarrow 9$

$7 \rightarrow 7^2 = 49 \rightarrow 4$ $8 \rightarrow 8^2 = 64 \rightarrow 1$ $9 \rightarrow 9^2 = 81 \rightarrow 9$

21 PRIME NUMBER
(अभाज्य संख्या)

Prime Number (अभाज्य संख्याएँ)

2, 3, 5, 7, 11, 13, 17, 19, 23, 29, 31, 37, 41, 43, 47, 53, 59, 61, 67, 71, 73, 79, 83, 89, 97

0 ⟶ 50 ⟶ 100

15 Prime Numbers ↓ **10 Prime Numbers**

↓

Total 25 Prime Numbers
(कुल 25 अभाज्य संख्या)

[I] 100% True Method to Find Prime Number:-

Step 1: सबसे पहले दिए गए **number** के **nearest perfect square (Number** से छोटा) निकालेंगे।

Step 2: फिर **Perfect square** के **Square Root** से छोटे सभी **Prime number** निकालेंगे।

Step 3: अब दिए गए **number** को सभी **Prime number** से ÷ करके देखेंगे। यदि **number** सभी **Prime number** से ÷ नहीं होता है, तो **number Prime number** है, अन्यथा नहीं।

Ex.1: Is 91 prime or not?

Soln: (1) 91 से छोटा Perfect square $81 = (9)^2$

(2) 9 से छोटे Prime no. → 2, 3, 5, 7

(3) $\frac{91}{2}, \frac{91}{3}, \frac{91}{5}, \boxed{\frac{91}{7}}$

↓

पूरी तरह ÷ हो गया है इसलिए 91 prime number नहीं है।

Ex.2: Is 211 prime or not?

Soln: (1) $196 = (14)^2$

(2) 2, 3, 5, 7, 11, 13

(3) $\frac{211}{2}, \frac{211}{3}, \frac{211}{5}, \frac{211}{7}, \frac{211}{11}, \frac{211}{13}$

चूँकि 211 किसी भी Prime no. से ÷ नहीं हो रहा है इसलिए 211 prime number है।

[II] Special Properties of Prime Number (अभाज्य संख्याओं के कुछ खास गुण):-

1. **Prime Numbers** (अभाज्य संख्याएं) **between (1 – 50) $\Rightarrow$ 15**
2. **Prime Numbers** (अभाज्य संख्याएं) **between (1 – 100) $\Rightarrow$ 25**
3. **Prime Numbers** (अभाज्य संख्याएं) **between (1 – 200) $\Rightarrow$ 46**
4. **Prime Numbers** (अभाज्य संख्याएं) **between (1 – 500) $\Rightarrow$ 95**
5. **Prime Numbers** (अभाज्य संख्याएं) **between (1 – 1000) $\Rightarrow$ 168**
6. जुड़वां अभाज्य संख्याएं **(Twin Prime Numbers)**
   वह दो **Prime Numbers** जिनका अंतर **(Difference) 2** हो
   Eg. (3, 5) (11, 13), (17, 19) etc.
7. सबसे छोटी **2** अंकीय अभाज्य संख्या $\rightarrow$ **11**
8. सबसे बड़ी **2** अंकीय अभाज्य संख्या $\rightarrow$ **97**
9. सबसे छोटी **3** अंकीय अभाज्य संख्या $\rightarrow$ **101**
10. सबसे बड़ी **3** अंकीय अभाज्य संख्या $\rightarrow$ **997**

[III] How to Find Given Number is NOT Prime Number:-

(1) Prime no. की **Last Digit 1, 3, 7, 9** होती है लेकिन जिस **no.** की **Last Digit 1, 3, 7, 9** हो तो जरूरी नहीं कि वह **Prime Number** होगा। जैसे– **33** में **Last Digit 3** है और **49** में **Last Digit 9** है फिर भी यह **Prime Number** नहीं है। **Prime Number** की **Last Digit 2, 4, 6, 8, 0** कभी नहीं होगी **Except 2**।

(2) $\frac{N}{6}$ $\rightarrow$ शेषफल **(Remainder) = 1** या **5** हो तो **95% no. prime no.** होगा।

Ex.1: 227

Soln: 6) 227 (37
18
47
42
(5) Remainder

227 Prime no. है।

➲ $\frac{N}{6}$ कहाँ fail होगा

- Twin Prime की multiplication
- $(\text{Prime No.})^2$

Ex.2: 169

$169 \rightarrow (13)^2$

$\frac{169}{6} \Rightarrow R \longrightarrow 1$ है

लेकिन 169 Prime no. नहीं है।

Note: ये **technique option eliminate** करने में काम आती है।

CALCULATION के गुरुमंत्र

22 DIGITAL SUM
(अंकों का योग)

Digital Sum : A Magical Concept

Method पढ़ने से पहले बच्चों के मन में कुछ सवाल होते है जो निम्नलिखित हैं–

- **Digital Sum** क्या होता है?
- **Digital Sum** पढ़ना क्यों जरूरी है?
- **Digital Sum** को कैसे लगाते हैं?
- **Digital Sum** कब लगाया जाता है?
- क्या **Digital Sum** सभी **Questions** में लग पाएगा?
- **Digital Sum** को कब नहीं लगा सकते हैं?
- **Digital Sum** कौन–कौन से **Chapter** में लगेगा?
- **Digital Sum** कई बच्चे पेपर में क्यों नहीं लगा पाते?
- **Digital Sum Square Root** में कैसे लगेगा?
- **Digital Sum unitary method** में कितना लाभदायक?
- यदि **option same** हों तो क्या करें?
- **Indirect DS** क्यों जरूरी है?
- आपके इन सारे सवालों के जवाब इस **Chapter** के अंत तक आपको मिल जाएंगे, इस **Chapter** को अच्छे से समझें ये आपकी **Calculation** को बहुत हद तक आसान कर देगा।

[I] Digital Sum Concept:-

What is Digital Sum?

A single digit obtained by adding all the digits of a number is called digital sum. Digital Sum of a number is the remainder obtained by dividing the number by 9.

किसी संख्या के सभी अंकों को जोड़ने के बाद जो एक अंक आता है उसे **DS** कहते हैं। इसी को दूसरी भाषा में **9** से भाग करने पर जो **Remainder** बचे उसे **DS** कहते हैं।

Digital Sum

DS Add करके निकालना:-

(a) $12 \longrightarrow 1+2 \longrightarrow 3$

(b) $121 \longrightarrow 1+2+1 \longrightarrow 4$

(c) $356 \xrightarrow{3+5+6} 14 \longrightarrow 1+4 \rightarrow 5$

(d) $24 \longrightarrow 2+4 \longrightarrow 6$

(e) $2345 \longrightarrow 2+3+4+5 \longrightarrow 14 \xrightarrow{1+4} 5$

DS Remainder से निकालना:-

(a) $\frac{12}{9} \longrightarrow$ Remainder $\rightarrow 3$

(b) $\frac{24}{9} \longrightarrow$ Remainder $\rightarrow 6$

(c) $\frac{121}{9} \longrightarrow$ Remainder $\rightarrow 4$

[II] Basic Properties of Digital Sum:-

1. **Digital sum of a multiple of 9 is always 9.**

9 के सभी गुणजों का अंकों का योग हमेशा 9 रहता है।

			DS
1	$9 \times 1 = 9$	$\rightarrow$	9
2	$9 \times 2 = 18$	$\rightarrow$	$1+8=9$
3	$9 \times 3 = 27$	$\rightarrow$	$2+7=9$
4	$9 \times 4 = 36$	$\rightarrow$	$3+6=9$
5	$9 \times 5 = 45$	$\rightarrow$	$4+5=9$
6	$9 \times 6 = 54$	$\rightarrow$	$5+4=9$
7	$9 \times 7 = 63$	$\rightarrow$	$6+3=9$
8	$9 \times 8 = 72$	$\rightarrow$	$7+2=9$
9	$9 \times 10 = 90$	$\rightarrow$	$9+0=9$

☞ यदि किसी गुणा वाली **Calculation** में एक बार **9** आ जाए, तो **Answer** के अंकों का योग हमेशा **9** रहेगा।

Ex. $12345 \times 9 =$ DS $\rightarrow 9$

$13 \times 9 = \xrightarrow{117}$ DS 9 होगा

Note: Multiply में 9 का मतलब DS 9 है।

Ex 1. 549 $\times$ 97 = Answer का DS 9 ही आएगा

549 $\rightarrow$ ⑨

Ex 2. $\underbrace{966672}_{\downarrow} \times 1123$

9 आ गया मतलब Answer का DS 9 होगा

Ex 3. $1.67 \times \underbrace{18} \times 0.7545 \times 98107$

↳ इसमें 9 देखकर मुझे 100% पता लग गया कि Answer में 9 ही DS आएगा

2. **When we add 9 to a number, its Digital sum will not change therefore in order to calculate Digital sum we need to cancel out 9.**

जब हम किसी संख्या में 9 जोड़ते हैं, तो इसका अंकीय योग नहीं बदलेगा इसलिए अंकीय योग की गणना करने के लिए हमें 9 को काटना होगा।

Digital Sum

$\boxed{1} + 9 \rightarrow 10 \rightarrow \boxed{1}$

$\boxed{2} + 9 \rightarrow 11 \rightarrow \boxed{2}$

$\boxed{3} + 9 \rightarrow 12 \rightarrow \boxed{3}$

$\boxed{4} + 9 \rightarrow 13 \rightarrow \boxed{4}$

$\boxed{5} + 9 \rightarrow 14 \rightarrow \boxed{5}$

$\boxed{6} + 9 \rightarrow 15 \rightarrow \boxed{6}$

$\boxed{7} + 9 \rightarrow 16 \rightarrow \boxed{7}$

$\boxed{8} + 9 \rightarrow 17 \rightarrow \boxed{8}$

$\boxed{9} + 9 \rightarrow 18 \rightarrow \boxed{9}$

Note: Addition में 9 का मतलब 0 होता है:

1 + 9 = 1	**2 + 9 = 2**	**3 + 9 = 3**
4 + 9 = 4	**5 + 9 = 5**	**6 + 9 = 6**
7 + 9 = 7	**8 + 9 = 8**	**9 + 9 = 9**

Ex. $\underbrace{5400}_{0} + \underbrace{3600}_{0} + \underbrace{7200}_{0} + \underline{5}$

तीनों Part में 9 आ रहा है तो इसे 0 ही मानेंगे। Total का DS 5 होगा

Ex.:

(a) 123~~45~~ ⟶ 6 → digital sum

(b) ~~367~~215 ⟶ 6 → digital sum

(c) 4~~9~~21~~9~~ ⟶ 7 → digital sum

(d) 59991 ⟶ 6 → digital sum

(e) 5$\underline{2}$1$\underline{3}$4$\underline{9}$ ⟶ 6 → digital sum

(f) 7486352 ⟶ 8 → digital sum

(g) 637218 ⟶ 9 → digital sum

अगर सभी अंकों का योग मिलकर 9 होता है तो **Digital Sum 9** ही होगा

3. **Decimal and percentage do not have any impact on digital sum of a number.**

दशमलव तथा प्रतिशत का अंकों के योग पर कोई प्रभाव नहीं पड़ता है।

Reason: Denominator का DS 1 रहता है तो जो DS ऊपर वाले Numerator (अंश) का होता है वही Real DS बन जाता है।

$$73\% = \frac{73}{100} = \frac{10}{100} = \frac{1}{1} = 1$$

$$.73 = \frac{73}{100} = \frac{10}{100} = \frac{1}{1} = 1$$

4. **L.H.S का DS, R.H.S के DS के हमेशा equal (बराबर) होता है।**

(a) DS(a) + DS(b) = DS (a + b)

Ex.: 15 + 13 = 28

6 + 4 → 10=1   28 → 10=1

(b) DS(a) – DS(b) = DS(a – b)

Ex.: 87 – 23 = 64

15 – 5 → 10=1   64 → 10=1

(c) DS(a) × DS(b) = DS(a × b)

Ex.: 14 × 22 = 308

5 × 4 → 20 → 2   308 → 11=2

5. **अगर DS Negative आए तो 9 जोड़कर Positive बना लो।**

Ex.: 3742 – 3428 = 314

7 – 8   8

– 1 + (9) = 8 Verify

6. **Division में DS अलग रूप से लगता है।**

$$\frac{N}{1}, \frac{N}{2}, \frac{N}{3}, \frac{N}{4}, \frac{N}{5}, \frac{N}{6}, \frac{N}{7}, \frac{N}{8}, \frac{N}{9}$$

ये सब DS नीचे आ सकते हैं। Division में DS लगाने के लिए नीचे दिए गए नियम को याद करना पड़ेगा। इसके लिए नीचे 1 बनाना पड़ेगा।

भाई / भाई $\left\langle \frac{1}{1}, \frac{5}{2}, \frac{4}{7}, \frac{8}{8} \right.$

☞ जब भी नीचे **2** आए तो ऊपर **5** से गुणा, नीचे **7** आए तो ऊपर **4** से गुणा, नीचे **8** आए तो ऊपर **8** से गुणा और **vice-versa** और गुणा के बाद नीचे वाला भूल जाओ।

Ex.1: $\frac{300045}{415} = ?$

(a) 713 (b) 723 (c) 733 (d) 752

Soln: $\frac{3000\cancel{45}}{\underbrace{415}} = \frac{3}{1} = 3$

(a) 713 → 2 (DS) **(b) 723 → 3 (DS) (Answer हो जाएगा)**

(c) 733 → 4 (DS) (d) 752 → 5 (DS)

Ex. 2: $\frac{4536}{32} = ?$

(a) 141.55 (b) 141.05 (c) 140.05 (d) 141.75

Soln: $\frac{4536 \xrightarrow{DS}}{\underbrace{32}_{5} \xrightarrow{DS}} \frac{9}{5} \rightarrow$

Answer में DS 9 आएगा

(a) 141.55 → 7 (DS) (b) 141.05 → 2 (DS)

(c) 140.05 → 1 (DS) **(d) 141.75 → 9 (DS) Answer** हो जाएगा

$\frac{N}{3 / 6 / 9}$

☞ यदि नीचे **3, 6** या **9** अंकों का योग दिख रहा है तो पहले उसे काटकर हटाएं और यदि आखिर तक न हटे तो समझो **Answer Approx** में आएगा **DS** नहीं लगेगा।

Ex.3: $\frac{506142}{927} = ?$

(a) 556 (b) 546 (c) 507 (d) 536

Soln: $\frac{506142}{927} \Rightarrow$ divide by 9 (क्योंकि नीचे DS 9 है।)

$$\Rightarrow \frac{\frac{506142}{9}}{\frac{927}{9}} \Rightarrow \frac{56238}{103} \Rightarrow DS = \frac{6}{4}$$

$$\Rightarrow DS \rightarrow \frac{6 \times ⑦}{4 \times ⑦} = \frac{42}{28} = \boxed{6} \quad \textbf{Ans (b)}$$

$\underset{10=1}{28}$

Ex.4: $\frac{258762}{303} = ?$

(a) 804 (b) 824 (c) 954 (d) 854

Soln: Divide by 3 (क्योंकि नीचे DS 6 है।)

$$\Rightarrow \frac{86254}{101} = DS \rightarrow \frac{7 \times ⑤}{2 \times ⑤} \rightarrow \textbf{8 (DS) Ans (d)}$$

Note: World की जितनी भी **Accurate Calculation** हैं, सभी में **DS** मान्य है।

[III] DS कब नहीं लगा सकते:-

जवाब: जब **Answer Approx** में हो तो नहीं लगा सकते।
सवाल: अब एक और सवाल मन में उठा होगा कि ये कैसे पता करें कि **Answer Approx** में है?
जवाब: इसके लिए **Question** में **Nearest integer** या **Approx mention** होता है। इसके अलावा **Calculation** में काटने के बाद नीचे केवल 2^p, 5^q या $2^p \times 5^q$ हो तो **Answer Accurate** आता है नहीं तो **Approx** आता है।

Answer
- Accurate → Numerator / 2^p या 5^q या $2^p \times 5^q$
- Approx → $\frac{71 \times 13 \times 15}{14}$ (14 = 2 × 7) → Approx / DS नहीं लगेगा

Ex. 1: $\frac{\cancel{17345}}{3}$ इसमें 3 से नहीं कटेगा इसलिए Answer Approx में आएगा। DS नहीं लगेगा

Ex. 2: $\frac{163 \times \cancel{171}}{36}$
$36 = 4 \times \cancel{9}$

☞ 9 से 171 कट रहा है और Denominator में 2^P बच रहा है। इसका मतलब Answer Accurate आएगा और यहाँ DS 100% लगेगा। इस Concept को Decimal Chapter में पूरा Discuss किया हुआ है।

[IV] Exam Calculation के लिए कुछ खास ज्ञान :-

1. कई बार 2 options में DS same आता है, Answer भी उन्हीं में से कोई होता है, तो हम Last Digit, MG Concept या अन्य Calculation method use कर सकते हैं।

Ex: (a) 123 $\rightarrow$ 6
(b) 3012 $\rightarrow$ 6
(c) 1478 ×
(d) 23 ×

मान लेते हैं Answer का Digit Sum (6) है यहाँ (a) और (b) का DS match कर रहा है तो अन्य method लगाएंगे।

2. कई बार दो options का DS same होता है परंतु Answer तीसरा होता है।

Ex: (a) 123
(b) 3012
(c) 1478
(d) 23 ✓

मान लेते Answer का DS (5) है तो दो option (a) और (b) का DS same होने से यहाँ कोई फर्क नहीं पड़ेगा।

3. अगर किसी Question के options में एक जैसे अंक हों तो DS ना लगाएं क्योंकि यहाँ सभी का DS same होगा।

Ex: (a) 1453 (b) 3415 (c) 5143 (d) 4351

4. कई जगह DS का Indirect use होता है।

जब Principal (P) पर CI पूछा हो, तो हम Amount (A) के DS में से Principal (P) का DS घटाकर CI का DS जल्दी निकाल सकते हैं।

Ex.1: CI on Rs 4000 for 4 years @ 10%
(a) 1856.4 (b) 1600 (c) 1856 (d) 1756.6

Soln: P = 4000, R = 10%

$$A = 4000\left(\frac{11}{10}\right)^4$$

Amount $\leftarrow$ A = 1 $\longrightarrow$ DS
Principal $\rightarrow$ 4 $\longrightarrow$ DS
CI $\rightarrow 1 - 4 = -3 + 9 = 6 \rightarrow$ 6 DS **Option (a) Answer** होगा।

Ex.2: Net increment में special use:

10%, 20%, 30% → 71.6

$\frac{110}{100} \times \frac{120}{100} \times \frac{130}{100} \rightarrow \frac{6}{1} \big) 5$

6 – 1 = 5 Ans का DS होगा, 71.6 का DS 5 ही है।

[V] DS के अनोखे रहस्य:-

1. **Prime Number (अभाज्य संख्या) का DS 3, 6, 9 नहीं हो सकता Except Number 3.**
2. **Perfect square (पूर्ण वर्ग) DS हमेशा 1, 4, 7, 9 होगा।**
3. **Perfect Cube (पूर्ण घन) DS हमेशा 1, 8, 9 होगा।**
4. **3 या 3 के multiple की घात (Power) 2 या 2 से अधिक है, तो DS 9 होगा।**

[VI] Unitary Method में DS का अनोखा Role:-

If $a \rightarrow b$

Then $c \rightarrow \frac{bc}{a}$

तो **Answer** निकालने के लिए हम इस तरह से **DS** लगाएंगे $\frac{b(DS) \times c(DS)}{a(DS)}$

Ex.: 121 ⟶ 11616

100 ⟶ ?

(a) 8500 (b) 8400 (c) 9000 (d) 9600

Soln: $\underset{4}{\boxed{121}} \longrightarrow \overset{6}{\boxed{11616}}$

$\underset{1}{\boxed{100}} \longrightarrow \frac{6 \times 1 \times 7}{4 \times 7} = 6$ DS (नीचे 4 है तो उसके भाई 7 से गुणा करें और नीचे जाएं)

(a) 8500 → 4 (b) 8400 → 3 (c) 9000 → 9 (d) 9600 → 6

Ans (d) हो जायेगा।

Exercise

1. $637.28 - 781.47 + 257.39 = ?$

(a) 113.2 (b) 104.3 (c) 122.44 (d) 138.54

2. 44% of 125 + 75% of 840 = ?

(a) 600 (b) 666 (c) 685 (d) 765

3. $58 \times 96 \times 62 = ?$

(a) 345246 (b) 345226 (c) 345216 (d) 345236

4. $365 \times 459 \times 541 = ?$

(a) 90636435 (b) 90636445 (c) 90636455 (d) 90632365

5. $5025 \times 1001 - 333 \times 77 + 22 = ? \times 11$

(a) 572240 (b) 435570 (c) 366520 (d) 454127

6. Rita buys 5 sarees at an average cost of Rs 2250. If she buys three more sarees at an average cost of Rs 2750. What will be average of all the sarees she buys?

रीता 5 साड़ी को 2250 रुपये की औसत कीमत पर खरीदती है। यदि वह 3 और साड़ी 2750 रुपये की औसत कीमत से खरीदती है तो सारी साड़ियों की औसत कीमत क्या है?

(a) 2332.5 (b) 2437.5 (c) 2450 (d) 2500

7. (31% of 260) × ? = 12896

(a) 150 (b) 140 (c) 160 (d) 180

8. 53% of 120 + 25% of 862 = ?% of 500

(a) 92.5 (b) 55.82 (c) 63.68 (d) 38.89

9. $\dfrac{300045}{415} = ?$

(a) 713 (b) 723 (c) 733 (d) 752

10. $\dfrac{3695272}{644} = ?$

(a) 5728 (b) 5738 (a) 5749 (b) 5746

11. $\dfrac{4536}{32} = ?$

(a) 141.55 (b) 141.05 (c) 140.05 (d) 141. 75

12. $15 \times 1786 \div 19 = ? + 1234$

(a) 188 (b) 174 (c) 184 (d) 176

13. $\dfrac{8(3.75)^3 + 1}{(7..5)^2 - 6.5} = ?$

(a) 2.75 (b) 4.75 (c) 9/5 (d) 8.5

14. If x = 2, find $x^3 + 27x^2 + 243x + 631$

(a) 1233 (b) 1211 (c) 1231 (d) 1311

15. $\frac{408 \times 3058}{9452} = ?$

(a) 132 (b) 135 (c) 134 (d) 133

16. $\frac{4160.715}{3369} = ?$

(a) 1.315 (b) 1.235 (c) 1.035 (d) 1.225

17. Which of them is not a perfect square?

इनमें से कौन सा पूर्ण वर्ग नहीं है?

(a) 760384 (b) 749956 (c) 767376 (d) 735324

18. Which of them is not a perfect square?

इनमें से कौन सा एक पूर्ण वर्ग नहीं है?

(a) 552049 (b) 620944 (c) 717409 (d) 719014

19. $(1 + 20 \times 21 \times 22 \times 23) = ?$

(a) 441^2 (b) 451^2 (c) 461^2 (d) 471^2

20. $14^3 = ?$

(a) 2544 (b) 2644 (c) 2744 (d) 2844

21. $26^2 + 97^2 = ?$

(a) $27^2 + 93^2$ (b) $34^2 + 93^2$ (c) $79^2 + 62^2$ (d) $82^2 + 41^2$

22. If $\frac{x^2+1}{x} = 4\frac{1}{4}$, then $x^3 + \frac{1}{x^3} = ?$

(a) 529/16 (b) 527/64 (c) 4913/64 (d) 4097/64

23. If $A = \left(\frac{1}{0.4}\right) + \left(\frac{1}{0.04}\right) + \left(\frac{1}{0.004}\right) + \ldots\ldots + \text{upto 8 terms.}$

(a) 27272727.5 (b) 27777777.5

(c) 25555555.5 (d) 25252525.5

24. $\frac{5.6 \times 0.36 + 0.42 \times 3.2}{.8 \times 2.1} = ?$

(a) 3/2 (b) 2 (c) 1 (d) 3

25. $A = \frac{x^8 - 1}{x^4 + 1}$, $B = \frac{y^4 - 1}{y^2 + 1}$. If x = 2, y = 9 then. Find $A^2 + 2AB + AB^2$.

(a) 89125 (b) 98625 (c) 92425 (d) 96475

26. A and B have their annual average income is Rs 80,000. B and C have their annual average income is Rs 75,000. C and A have their annual average income is Rs 78,000. What is the annual income of A?

A और B की औसत वार्षिक आय 80,000 रुपये है तथा B और C की औसत वार्षिक आय 75,000 रुपये और A और C की औसत वार्षिक आय 78,000 रुपये है तो A की वार्षिक आय क्या है?

(a) 81,000 (b) 82,000 (c) 83,000 (d) 84,000

27. Value of $x^5 - 8x^3 + 16x^2 - 7x + 1$ at $x = 9$?

(a) 51858 (b) 51859 (c) 51849 (d) 51839

28. P = 5000, r = 18% per annum, t = 2 yr, A = ? (Compound Interest.)

(a) 6762 (b) 6862 (c) 6962 (d) 7062

29. CI on Rs 4000 for 4 yrs @ 10% per annum is

(a) 1856.4 (b) 1600 (c) 1856 (d) 1756.6

30. A chair listed at Rs 350 is available at successive discount of 25% and 10%. What is the selling price of chair?

एक कुर्सी की कीमत 350 रुपये अंकित की गई जिसे 2 लगातार छूट 25% और 10% पर बेच दिया गया तो कुर्सी का विक्रय मूल्य क्या है?

(a) 236.25 (b) 230.25 (c) 240.25 (d) 242.25

31. A sells on article at gain of 10% to B, B sells it to C at a gain of $7\frac{1}{2}$%. C disposes it off at loss of 25%. If price cost of manufacturer A was Rs 3200. Then price obtained by C is :

A ने एक वस्तु को B को 10% लाभ पर बेचा, B ने C को $7\frac{1}{2}$% लाभ पर बेचा तथा C ने उसे 25% की हानि पर बेच दिया। यदि निर्माता A की इस वस्तु का मूल्य 3200 रुपये था तो C द्वारा प्राप्त मूल्य ज्ञात कीजिए।

(a) 2800 (b) 2580 (c) 2670 (d) 2838

32. Rs 60,500 is divided among A, B and C such that A receives 2/9 as much as B and C together and B receives 3/7 of as much as A and C together. What is the share of C (in Rs)?

60,500 रुपये को A, B तथा C में इस प्रकार बाँटा जाता है कि A का भाग B तथा C के कुल भाग का 2/9 है, तथा B का भाग A तथा C के कुल भाग का 3/7 है। C का भाग (रुपये में) कितना है?

(a) 29,850 (b) 30,120 (c) 31,350 (d) 37,250

33. The ratio of four numbers A, B, C and D is 3 : 7 : 8 : 11 respectively. The sum of B and C is 25 more the sum of A and D. What is the value of (A + D)?

चार संख्या A, B, C और D का अनुपात क्रमशः 3 : 7 : 8 : 11 है। B और C का योग A और D के योग से 25 अधिक है। तो (A + D) का मान क्या है?

(a) 350 (b) 375 (c) 250 (d) 325

34. A sum of Rs x is divided among A, B and C such that the ratio of shares of A and B is 7 : 12 and that of B and C is 8 : 5. If the difference in the shares of A and C is Rs 214, then the value of x is:

x रु की धनराशि को A, B और C के बीच इस प्रकार विभाजित किया जाता है कि A और B के हिस्से का अनुपात 7 : 12 है और B और C का 8 : 5 है। यदि A और C के हिस्सों के बीच अंतर 214 रुपये है, तब x का मान है?

(a) 11,770 (b) 11,128 (c) 11,342 (d) 11,556

35. If by increasing the price of a ticket in the ratio 8 : 11 the number of tickets sold fall in the ratio 23 : 21 then what is the increase (in Rs) in revenue if revenue before increase in price of ticket was Rs 36,800?

यदि 8 : 11 के अनुपात में टिकट के मूल्य में वृद्धि की जाती है, तो बेची गई टिकट की संख्या में 23 : 21 के अनुपात में कमी आती है, तो राजस्व में कितनी वृद्धि (रुपये. में) हुई यदि टिकट के मूल्य में वृद्धि से पहले राजस्व 36,800 रुपये था?

(a) 21250 (b) 9400 (c) 7850 (d) 12850

36. Rs 86,581 is divided between A and B in the ratio of 9 : 2. The difference between 4 times the share of A and 10 times the share of B is:

86,581 रूपये को A और B के बीच 9 : 2 के अनुपात में विभाजित किया जाता है। A के हिस्से के 4 गुना और B के हिस्से के 10 गुना के बीच का अंतर क्या है?

(a) 1,35,936 (b) 1,25,936 (c) 1,36,952 (d) 1,25,963

37. A Sum of Rs x is divided among A, B and C such that the ratio of the shares of A and B is 7 : 12 and that of B and C is 8 : 5. If the difference in the shares of A and C is 219, then the value of x is:

A, B और C के बीच x रुपये की राशि इस तरह से विभाजित की जाती है कि A और B के शेयरों का अनुपात 7 : 12 है और B और C के शेयरों का अनुपात 8 : 5 है। यदि A और C के शेयरों में अंतर 219 है, तो x का मान क्या होगा?

(a) 21,901 (b) 11,607 (c) 15,321 (d) 17,231

38. Rs 63,800 is to be divided between A and B in the ratio 4 : 7. The difference between their share (in Rs) is:

63,800 रुपये को A और B के बीच 4 : 7 के अनुपात में विभाजित किया जाना है। उनके हिस्से का अंतर (रुपये में) है:

(a) 23,400 (b) 40,600 (c) 25,000 (d) 17,400

39. Rahul's salary is 40% less than Rakesh's salary. Deepak's salary is 80% more than Rahul's salary. If Deepak's salary is Rs 34560. Then what is the salary of Rakesh?

राहुल का वेतन राकेश के वेतन से 40% कम है। दीपक का वेतन राहुल के वेतन से 80% अधिक है। यदि दीपक का वेतन 34560 रुपये है, तो राकेश का वेतन क्या है?

(a) Rs 32000 (b) Rs 24000 (c) Rs 28000 (d) Rs 26000

40. Population of a town increases by 12% every year. If the population of town will be 188160 after 2 years, then what is its present population?

एक कस्बे की जनसंख्या प्रतिवर्ष 12% की दर से बढ़ती है। यदि 2 वर्ष बाद कस्बे की जनसंख्या 188160 होगी। तो उसकी वर्तमान जनसंख्या क्या है?

(a) 150000 (b) 160000 (c) 155000 (d) 165000

41. A lady saves 12% of her income. If she spends Rs 2,16,128. Her total income is:

एक महिला अपनी आय की 12% राशि की बचत करती है। यदि वह 2,16,128 रूपये खर्च करती है, तो उसकी कुल आय है:

(a) Rs 2,48,000 (b) Rs 2,42,063 (c) Rs 2,43,560 (d) Rs 2,45,600

42. The radius of a cylinder is increased by 60% and height of cylinder decreased by 20%. What is percentage increase in it's volume?

एक बेलन की त्रिज्या में 60% की वृद्धि होती है और बेलन की ऊंचाई में 20% कमी आती है। इसके आयतन में प्रतिशत वृद्धि कितनी है?

(a) 104.8% (b) 105.2% (c) 105.6% (d) 105.8%

43. A, B and C are three students. A got 18% more marks than B and 12% less than C. If B got 220 marks, then how much marks C has got?

A, B तथा C तीन छात्र हैं। A को B से 18% अधिक अंक तथा C से 12% कम अंक प्राप्त हुए। यदि B को 220 अंक प्राप्त हुए, तो C को कितने अंक प्राप्त होंगे।

(a) 230 (b) 295 (c) 240 (d) 290

44. A, B and C are three students. A got 36% less marks than B and 16% more marks than C. If B got 145 marks, then what are the marks got by C?

A, B तथा C तीन छात्र हैं। A को B से 36% कम अंक मिले तथा C से 16% अधिक अंक प्राप्त हुए। यदि B को 145 अंक प्राप्त हुए, तो C को कितने अंक प्राप्त हुए?

(a) 120 (b) 110 (c) 80 (d) 75

45. The population of a city increased by 30% in the first year and decreased by 15% in the next year. If the present population is 11,050 then the population 2 years ago was:

किसी शहर की जनसंख्या पहले वर्ष में 30% बढ़ी और अगले वर्ष 15% कम हुई। यदि वर्तमान जनसंख्या 11,050 है तो 2 वर्ष पहले की जनसंख्या क्या थी:

(a) 10,050 (b) 99,500 (c) 99,000 (d) 10,000

46. Ram spent 33% of his money. After spending 47% of the remainder, he was left with Rs 7,102. What is the amount he originally had?

राम ने अपने धन का 33% खर्च किया। शेष का 47% खर्च करने के बाद, उसके पास 7,102 रुपये बचे थे। उसके पास मूल रूप से कितनी राशि थी?

(a) 10 (b) 50 (c) 30 (d) 20

47. The interest on Rs 24,000 in 2 years compounded annually when the rates are 8% p.a. and 10% p.a. for two successive years is?

जब दो क्रमागत वर्षो के लिए ब्याज की दर 8%वार्षिक और 10% वार्षिक हैं, तो 2 वर्षो में वार्षिक रूप से संयोजित होने पर 24,000 रुपए की राशि पर ब्याज क्या है?

(a) Rs 3,994 (b) Rs 4,512 (c) Rs 5,040 (d) Rs 5,866

48. What is today's value of Rs 14739 payable in 3 years at 6.25% compound annual interest rate?

6.25% वार्षिक चक्रवृद्धि ब्याज की दर से 3 वर्षों में 14739 रुपए की देय राशि का वर्तमान मान कितना है?

(a) Rs 12184 (b) Rs 12288 (c) Rs 12473 (d) Rs 12148

49. What is the difference between the compound interest, when interest is compounded 5-monthly and the simple interest on a sum of Rs 12,000 for $1\frac{1}{4}$ years at, 12% per annum?

12 प्रतिशत प्रति वर्ष की दर से $1\frac{1}{4}$वर्ष के लिए 12,000 रुपये की राशि पर चक्रवृद्धि ब्याज और साधारण ब्याज के बीच का अंतर क्या है, जब चक्रवृद्धि ब्याज 5–मासिक संयोजित होता है?

(a) Rs 90 (b) Rs 91.50 (c) Rs 93 (d) Rs 92.50

50. The difference between compound interest and simple interest on Rs x at 6.5% per annum for 2 years is Rs 33.80. What is the value of x?

6.5% प्रतिवर्ष की दर से x रूपये पर 2 वर्ष के लिए चक्रवृद्धि ब्याज और साधारण ब्याज में 33.80 रूपये का अंतर है। x का मान क्या है?

(a) Rs 7800 (b) Rs 7500 (c) Rs 8000 (d) Rs 8500

51. Rs 2300 are invested for 3 years in a scheme of simple interest at a rate of 12% per annum. What is the amount obtained (in Rs) after 3 years?

2300 रु को 3 वर्ष के लिए साधारण ब्याज वाली एक योजना में 12% प्रतिवर्ष की ब्याज दर से निवेश किया गया। 3 वर्ष बाद कितना मिश्रधन (रुपये में) मिलेगा?

(a) 3128 (b) 3559 (c) 3724 (d) 2950

52. An amount invested at simple interest gives Rs 800 interest at 16% in 2 years. What is the principal (in Rs)?

एक राशि को 16% की दर से 2 वर्ष के लिए साधारण ब्याज पर निवेश करने से 800 रुपये ब्याज प्राप्त होता है। मूलधन (रुपये में) क्या है?

(a) 4000 (b) 3500 (c) 5000 (d) 2500

53. A sum of Rs x amounts to Rs 12,777.60 in 2 years at 15% p.a., when the interest is compounded eight-monthly. The value of x is :

x रूपये की एक धनराशि 15% वार्षिक ब्याज दर पर 2 वर्षों में 12,777.60 रूपये हो जाती है, जबकि ब्याज आठ-मासिक आधार पर चक्रवृद्धि किया जाता है। x का मान ज्ञात कीजिए।

(a) Rs 9800 (b) Rs 10400 (c) Rs 9600 (d) Rs 10200

54. A sum amounts to Rs 7,562 in 4 years and to Rs 8,469.44 in 5 years at a certain rate percent per annum, when the interest is compounded yearly. The rate of interest is:

जब ब्याज की गणना वार्षिक चक्रवृद्धि आधार पर होती है, तो कोई राशि किसी निश्चित वार्षिक ब्याज दर पर 4 वर्ष में 7,562 रूपये और 5 वर्ष में 8,469.44 रूपये हो जाती है। ब्याज दर ज्ञात करें।

(a) 12% (b) 15% (c) 20% (d) 8%

55. If the annual rate of simple interest increases from 11% to $17\frac{1}{2}\%$, then a person's yearly income increases by Rs 1,071.20. The principal amount invested (in Rs) is:

यदि वार्षिक साधारण ब्याज की दर 11% से बढ़कर $17\frac{1}{2}\%$ हो जाती है तो किसी व्यक्ति की वार्षिक आय 1,071.20 रूपये से बढ़ जाती है। निवेशित मूल राशि (रूपये में) ज्ञात करें।

(a) 19,120 (b) 16,480 (c) 17,250 (d) 10,710

Digital Sum: Answer Key

1. (a)	10. (b)	19. (c)	28. (c)	37. (b)	46. (d)
2. (c)	11. (d)	20. (c)	29. (a)	38. (d)	47. (b)
3. (c)	12. (d)	21. (c)	30. (a)	39. (a)	48. (b)
4. (a)	13. (d)	22. (d)	31. (d)	40. (a)	49. (b)
5. (d)	14. (a)	23. (b)	32. (c)	41. (d)	50. (c)
6. (b)	15. (a)	24. (b)	33. (a)	42. (a)	51. (a)
7. (c)	16. (b)	25. (b)	34. (c)	43. (b)	52. (d)
8. (b)	17. (d)	26. (c)	35. (b)	44. (c)	53. (c)
9. (b)	18. (d)	27. (b)	36. (b)	45. (d)	54. (a)
					55. (b)

SHORT SOLUTIONS

1. (a) $\underline{637.28} - 781.47 + 257.39$ Apply digital sum concept

$\rightarrow 8 - 9 + 8 \Rightarrow 7$

Option (a) का DS 7 है वही Answer होगा।

2. (c) Apply DS concept

44% of 125 + 75% of 840

$$\Rightarrow \underbrace{8 \times 8}_{64} + \underbrace{3 \times 3}_{9}$$

$1 + 0 = \boxed{1}$

Option (c) 685 का DS 1 है वही Answer होगा।

3. (c) Apply DS concept →

$\underline{58} \times \underline{96} \times \underline{62}$

$\underline{4 \times 6} \times 8$

$24 \Rightarrow 6 \times 8 = 48$

$= 12 = \boxed{3} \rightarrow$ DS

Option (c) 345216 का DS 3 है वही Answer होगा।

4. (a) Apply digital sum concept →

$\underline{365} \times 459 \times 541$

$5 \times 9 \times 1 = 9$

Option (a) 90636435 का DS 9 है वही Answer होगा।

5. (d) Apply DS concept

5025 × 1001 – 333 × 77 + 22 = ?? × 11

↓ 3 × 2 – 9 + 4 ⟶ 2 × ⑤ ⇒ 10 = 1 (5 DS Ans होना चाहिए)

1 ⇒ Digital Sum

Option (d) 454127 का DS 5 है वही Answer होगा।

6. (b) $\text{Average} = \dfrac{5 \times 2250 + 3 \times 2750}{8}$

Apply digital sum concept

$5 \times 2250 + 3 \times 2750$

$5 \times 9 + 15 \rightarrow 15 \rightarrow \boxed{6}$ digital sum

ऊपर 6 नीचे 8, तो 8 से ऊपर गुणा करके Answer का DS (6 × 8 = 48 = 3) आ जाएगा।

Option (b) 2437.5 का DS 6 है वही Answer होगा।

7. (c) $\dfrac{31}{100} \times 260 \times ? = 12896$

↓

$4 \times 8 \times ? = 8$

$32 \rightarrow 5 \times ? = 8$

$? = \dfrac{8 \times 2}{5 \times 2} = 16 \rightarrow 7$

Option (c) 160 का DS 7 है वही Answer होगा।

8. (b) 6 + 4

⇑ ⇑

$? = \dfrac{53\% \text{ of } 120 + 25\% \text{ of } 862}{500}$

Apply Digital Sum Concept

$\dfrac{1 \times 2}{5 \times 2} = \boxed{2}$

Option (b) 723 का DS 3 है वही Answer होगा।

9. (b) $\Rightarrow \dfrac{300045}{415} \longrightarrow \dfrac{3}{1} \Rightarrow \boxed{3}$

Option (b) 723 का DS 3 है वही Answer होगा।

10. (b) $\dfrac{3695272}{644} \begin{array}{l}\longrightarrow 7\times\textcircled{2}\\ \longrightarrow 5\times\textcircled{2}\end{array} \to \dfrac{5}{1}$

Option (b) 5738 का DS 5 है वही Answer होगा।

11. (d) $\dfrac{4536}{32} \Rightarrow \dfrac{9}{5} \to \boxed{9}$

Option (d) 141.75 का DS 9 है वही Answer होगा।

12. (d) Apply DS Concept

$15 \times 1786 \div 19 = ? + 1234$

$\downarrow \quad \downarrow$

$6 \times 4 \qquad ? + 1$

$6 = ? + 1$

$? = 5$

Option (d) 176 का DS 5 है वही Answer होगा।

13. (d) Apply DS Concept

$\dfrac{8(3.75)^3 + 1}{(7.5)^2 - 6.5} \Rightarrow \dfrac{8 \times 9 + 1}{9 - 2} \Rightarrow \dfrac{1 \times \textcircled{4}}{7 \times \textcircled{4}} \Rightarrow \boxed{4}$

Option (d) 8.5 का DS 4 है वही Answer होगा।

14. (a) Put x = 2,

$2^3 + 27 \times 2^2 + 243 \times 2 + 631$

Apply digital sum concept

$8 + 9 + 9 + 1 = \boxed{9}$

Option (a) 1233 का DS 9 है वही Answer होगा।

15. (a) Apply DS concept

$3 \longleftarrow \dfrac{408 \times 3058}{2 \longleftarrow 9452} \to 7$

$\Rightarrow \dfrac{21}{2} = \dfrac{3 \times \textcircled{5}}{2 \times \textcircled{5}} \Rightarrow \boxed{6}$

Option (a) 132 का DS 6 है वही Answer होगा।

16. (b) $\dfrac{4160.715}{3369}$ divide by 3

$\Rightarrow \dfrac{1386.905}{1123} \Rightarrow \text{DS} \to \dfrac{5}{7} \Rightarrow \dfrac{5 \times \textcircled{4}}{7 \times \textcircled{4}} = \boxed{2}$

Option (b) 1.235 का DS 2 है वही Answer होगा।

17. (d) Option (d) यह Perfect Square नहीं हो सकता। (DS 6 है और Perfect Square का DS 1, 4, 7, 9 होता है)

(a) 1 (b) 4 (c) 9

18. (d) 719014, Second last digit 1 (Odd digit) के बाद 6 नहीं है तो ये पूर्ण वर्ग नहीं होगा

19. (c) Apply DS Concept

$(1 + 2 \times 3 \times 4 \times 5)$

$\Rightarrow 1 + 3 \longrightarrow \boxed{4}$

Option (c) 461^2 का DS 4 है वही Answer होगा।

20. (c) $14^3 = (5)^3 = 125 \rightarrow \boxed{8}$

Option (c) 2744 का DS 8 है वही Answer होगा।

21. (c) Apply DS Concept

$\underline{26}^2 + \underline{97}^2$

$1 + 4 = \boxed{5}$

or

Square mirror concept statement

$(ab)^2 + (cd)^2 = (ba)^2 + (dc)^2$

Here, $a^2 + c^2 = b^2 + d^2$

Square mirror concept:

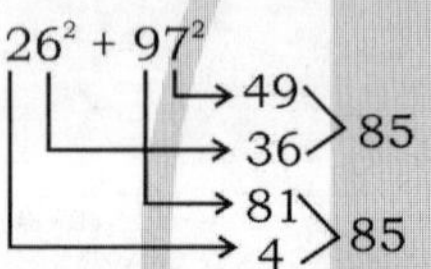

If this condition is fullfill then

$26^2 + 97^2 = 62^2 + 79^2$

Option (c) $79^2 + 62^2$ का DS 5 है वही Answer होगा।

22. (d) $\dfrac{x^2+1}{x} = 4\dfrac{1}{4}$

$\dfrac{x^2+1}{x} = \dfrac{4^2+1}{4}$, $\boxed{x = 4}$

$4^3 + \dfrac{1}{4^3} \Rightarrow 64 + \dfrac{1}{64} \Rightarrow \dfrac{64^2+1}{64} =$

$\dfrac{64^2+1}{64}$ की Unit digit (numerator) 7 होगी।

Option (d) $\dfrac{4097}{64}$ का DS 2 है वही Answer होगा।

Method 2:

Apply DS Concept

$64 + \dfrac{1}{64} \Rightarrow \text{DS} \rightarrow 2$

23. (b) $A = \frac{1}{0.4} + \frac{1}{0.04} + \frac{1}{0.004}$ — upto 8 terms

DS of A $\Rightarrow$ $7 \times 8 = 56 \rightarrow \boxed{2}$

Option (b) 27777777.5 का DS 2 है वही Answer होगा।

24. (b) Apply DS Concept

$$\frac{5.6 \times 0.36 + 0.42 \times 3.2}{.8 \times 2.1}$$

Divide by 3 in Numerator & Denomenator

$$\frac{5.6 \times .12 + .14 \times 3.2}{.8 \times .7}$$

$$\Rightarrow \frac{6+7}{2} \Rightarrow \frac{4 \times \textcircled{5}}{2 \times \textcircled{5}} = \boxed{2}$$

Option (b) 2 Answer हो जायेगा।

25. (b) $A = \frac{2^8 - 1}{2^4 + 1} \Rightarrow 2^4 - 1 \rightarrow \boxed{6}$ DS

$B = \frac{9^4 - 1}{9^2 + 1} \Rightarrow 9^2 - 1 = \boxed{8}$ DS

$A^2 + 2AB + AB^2$

$\Rightarrow 6^2 + 2.6.8 + 6.8^2$

$\Rightarrow 9 + 6 + 6 \longrightarrow \boxed{3}$ DS

Option (b) 98625 का DS 3 है वही Answer होगा।

26. (c) Apply DS Concept $\rightarrow$

$A + B + C \rightarrow 80 + 75 + 78 \rightarrow 8$

$\frac{B+C}{2} \longrightarrow 75 \xrightarrow[=12]{7+5} 3 \longrightarrow \textcircled{6}$ DS

$\downarrow$

(B + C)

A + B + C — (B + C)

$= 8 - 6 = 2$ $\boxed{A = 2}$

Option (c) 83000 का DS 2 है वही Answer होगा।

27. (b) Put x = 9,

$9^5 - 8 \times 9^3 + 16 \times 9^2 - 7 \times 9 + 1$

DS $\Rightarrow$ 9 – 9 + 9 – 9 + 1 $\Rightarrow$ 1

Option (b) 51859 का DS 1 है वही Answer होगा।

28. (c) $A = P\left(1+\frac{R}{100}\right)^n = 5000\left(1+\frac{18}{100}\right)^2$

$\Rightarrow$ DS $\rightarrow$ $\boxed{5}$

Option (c) 6962 का DS 5 है वही Answer होगा।

29. (a) $A = 4000\left(\frac{110}{100}\right)^4$

DS(A) = 4 × 7 = $\boxed{1}$ $\rightarrow$ 1 + 9 = $\boxed{10}$

CI = A – P = 10 – 4 = $\boxed{6}$

Option (a) 1856.4 का DS 6 है वही Answer होगा।

30. (a) SP = $\frac{350 \times 75 \times 90}{100 \times 100}$

DS of SP = $\boxed{9}$

Option (a) 236.25 का DS 9 है वही Answer होगा।

31. (d) $= 3200 \times \frac{110}{100} \times \frac{107.5}{100} \times \frac{75}{100}$

DS $\Rightarrow$ 5 × 2 × 4 × 3 $\rightarrow$ 3

Option (d) 2838 का DS 3 है वही Answer होगा।

32. (c) $\frac{A}{B+C} = \frac{2}{9}) \times 10$

$\frac{B}{A+C} = \frac{3}{7}) \times 11$

Sum को same करने के लिए

A : B : C
20 : 33 : 57

11 → 1 + 1
2 → DS

Total → 110 ⟶ 60500

$\underbrace{57}_{\boxed{1+2=3}} \longrightarrow \frac{2\times 3}{2} = \frac{6\times⑤}{2\times③} = 30$

DS 3

☞ अब option से देखना है किसका Digital Sum 3 है जो option (c) 31350 Answer हो जाएगा।

☞ इस Question के दो option का DS same है लेकिन वो Answer नहीं है।

☞ अगर इस Question में DS का use नहीं किया जाए तो कम से कम 20 से 25 second का अधिक समय लगता।

33. (a) (B + C) (A + D)
15 : 14

1 ⟶ 25 ⟶ 7 – DS

$\underbrace{14}_{\boxed{5}} \longrightarrow \frac{7\times 5}{1} = \underbrace{35}$

3 + 5 = DS = 8

☞ जिस option का Digit Sum (8) होगा वही option हमारा Answer हो जाएगा जो option (a) 350 में है।

34. (c) A B C
14 : 24 : 15

1 ⟶ 214 → 7

$\underbrace{53}_{8} \longrightarrow \frac{8\times 7}{1} = 56 \Rightarrow 5 + 6 = 11 \rightarrow 1 + 1 = 2$ DS

Option (c) 11342 का DS 2 है वही Answer होगा।

35. (b)

$$\begin{array}{lcl} P \rightarrow & 8 & : \quad 11 \\ No \rightarrow & 23 & : \quad 21 \\ \hline Total \quad 23 \times 8 & & 21 \times 11 \end{array}$$

$$23 \times 8 \longrightarrow \overset{8}{\cancel{36}}\,800 \text{ (Given)}$$

$$\frac{\underbrace{21 \times 11}_{6} - \underbrace{23 \times 8}_{4}}{2} \rightarrow \frac{8 \times 2 \times ⑦}{\cancel{4} \times ⑦} = DS\ 4$$

☞ जिस option का DS (4) होगा वही हमारा Answer हो जाएगा जो option (b) 9400 Answer हो जाएगा।

इस Question में हमने Indirect DS का use किया है।

36. (b)

$$11 \longrightarrow 86581$$

$$16 \longrightarrow$$

$(9 \times 4 - 2 \times 10)$

☞ इस प्रश्न में हम देखते हैं कि लगभग option (a) को छोड़कर सभी options का DS same (8) है तो पहले DS avoid करें।

☞ DS Avoid के साथ–साथ हम Last Digit Concept पर Swtich करते हैं तो $\frac{1 \times 6}{1} =$ जिसका last digit 6 हो वो option Answer होगा। लेकिन जब (a) और (b) का last digit same है तब options (b) और (a) का DS अलग होगा। $\frac{7 \times 5}{\cancel{2}}$ जिस option का DS 8 होगा वही Answer हो जाएगा। जो option (b) 125936 Answer हो जाएगा।

37. (b)

A : B : C

14 : 24 : 15

$$1 \longrightarrow \underbrace{219}_{2+1+9=3}$$

$$\underbrace{53}_{5+3=8} \longrightarrow 3 \times 8 = 6\ DS$$

☞ जिस option में DS 6 होगा वही Answer हो जाएगा। जो option (b) 11607 Answer हो जाएगा।

38. (d)

$$11 \longrightarrow 63800$$

$$3 \longrightarrow \frac{8 \times 3}{2} = \frac{24}{2} = \frac{6 \times ⑤}{2 \times ⑤} = 6 \times 5 = 3\ DS$$

☞ जिस option का DS 3 होगा वही Answer हो जाएगा जो option (d) 17400 है।

39. (a) Rahul Rakesh Deepak
60 100 108

Deepak Salary 108 $\longrightarrow$ 34560

$$100 \longrightarrow \frac{34560}{108} \times 100$$

☞ सबसे पहले 3/6/9 को काटकर नीचे से काटकर DS लगाना है।

$$100 \rightarrow \frac{1280 \times ⑦}{4 \times ⑦}$$

2 × 7 = DS 5 होगा option (a) 32000 Answer हो जाएगा।

40. (a) $$\frac{\boxed{112}}{100} \times \frac{\boxed{112}}{100} \longrightarrow 188160$$

$$\frac{6}{\not{7}} \times 4 = 6 \text{ DS}$$

☞ जिस option का DS (6) होगा वही हमारा Answer हो जाएगा जो option (a) 150000 है।

इस Calculation में कम से कम 1 minute का समय बचेगा DS की help लेकर।

41. (d) $\frac{88}{7} \longrightarrow \frac{216128}{2}$ Saving → 12%

$100\% \longrightarrow \frac{2}{\not{7}} \times 4 = 8\text{ DS}$ Expenditure → 88%

☞ जिस option का DS (8) होगा वही Answer हो जाएगा। लेकिन यहाँ दो options (b) और (d) का DS (8) है अब Last digit का use करेंगे

$$\frac{216128 \times 100}{88} = 242063 \rightarrow \text{option (b) को लेकर देखा}$$

जिससे पता लगता है कि last digit 3 नहीं होगा इसलिए ये option कट जाएगा option (d) 245600 Answer हो जाएगा।

42. (a) $v \propto r^2h$

New volume $160 \times 160 \times 80 \rightarrow$ DS 5
Old volume $100 \times 100 \times 100 \rightarrow$ DS 1

DS 5 – 1 = 4 होगा

☞ जिस option में percentage का DS 4 होगा वही option Answer हो जाएगा इसलिए option (a) 104.8% Answer हो जाएगा।

43. (b) A B C

$\downarrow \quad \downarrow \quad \downarrow$

220

$\downarrow$

118%

DS ⟵ 4

$\frac{88\%}{7} \longrightarrow$ DS 4

$100\% \longrightarrow \frac{4 \times 1 \times ④}{7 \times ④} = \frac{7}{1}$ DS

100 = 4 × 4 = 7 DS

☞ जिसका DS 7 होगा वो Answer होगा। जो option (b) 295 Answer हो जाएगा।

44. (c) A B C

DS (1) 145

64%

$116\% \longrightarrow 1$

$100\% \longrightarrow \frac{1 \times ⑧}{8 \times ⑧}$ = DS 8

☞ यहाँ कुछ नहीं किया सीधा DS का use किया। जिस option का DS (8) हो वो Answer होगा इसलिए option (c) (80) Answer हो जाएगा।

45. (d) ④ × ④ $7 \longrightarrow$ DS $\frac{7 \times ④}{7 \times ④} = 28 = 1$ DS

$130 \times 85 \longrightarrow 11050$

$100 \quad 100 \longrightarrow ?$

☞ जिस option का DS (1) होगा वही option Answer हो जाएगा। इसलिए option (d) 10,000 Answer हो जाएगा।

46. (d) $\frac{\overset{4}{67}}{100} \times \frac{\overset{8}{53}}{100} \longrightarrow 7{,}102$

$\longrightarrow \frac{1 \times 2}{5} = 2$

☞ जिस option का DS (2) होगा वही Answer होगा, इसलिए option (d) 20 Answer हो जाएगा।

47. (b) 2400 × 18.8%

6 × 8 = 48 → 3DS $\left[\because 10 + 8 + \frac{10 \times 8}{100} = 18.8\%\right]$

☞ जिस option का DS (3) होगा वही Answer होगा, इसलिए option (b) 4512 Answer हो जाएगा।

48. (b) $17 \times 17 \times 17 \longrightarrow 14739$ $\left[6.25\% = \frac{1}{16}\right) \frac{17}{16}\Big]$

$\overline{16} \times 16 \times 16 \longrightarrow \frac{6 \times 1 \times 8}{8} = DS \to 3$

☞ जिस option का DS (3) होगा वही option Answer होगा। इसलिए option (b) 12288 है।

49. (b) $1\frac{1}{4} \longrightarrow 15$ month

$5 \longrightarrow 3$ बार की cycle.

12000 [15.7625 – 15] %

3 × 2 = 6 DS

☞ जिस option का DS 6 होगा वही Answer हो जाएगा इसलिए option (b) 91.50 है।

50. (c) (Diff.) $\underbrace{42.25\%}_{4} \longrightarrow \underbrace{33.80}_{5}$

$100\% \longrightarrow \frac{5 \times 7}{4 \times 7} = 35 = 8$ DS

☞ जिस option का DS (8) होगा वही हमारा Answer हो जाएगा। इसलिए option (c) 8000 Answer है।

51. (a) 2300 × 136%

DS 5

☞ जिस option का DS (5) होगा वही Answer हो जाएगा जो option (a) 3128 Ans है।

52. (d) $\underbrace{32\%}_{5} \longrightarrow \underbrace{800}_{8}$

$100\% \longrightarrow \frac{8 \times ②}{5 \times ②} = 16 = 7$ DS

☞ जिस option का DS (7) होगा वही Answer हो जाएगा इसलिए option (d) 2500 Answer है।

53. (c) 12 M $\longrightarrow$ 15%

8 M $\longrightarrow$ 10%

2 साल मतलब 24 महीने 3 बार की cycle लगेगी।

$\underbrace{133.1\%}_{8} \longrightarrow \underbrace{12777.60}_{3}$

$100\% \longrightarrow \frac{3 \times ⑧}{8 \times ⑧} = 24 = 6$ DS

☞ जिस option का DS 6 होगा वही हमारा Answer हो जाएगा इसलिए option (c) 9600 Answer है।

54. (a) $\frac{8469.44 - 7562}{7562} \times 100$

$\frac{6 \times \textcircled{5}}{2 \times \textcircled{5}} = \frac{30}{10}$

$6 \times 5 = 30 = DS\ (3)$

☞ जिस option का DS 3 होगा वही Answer होगा इसलिए option (a) 12% Answer है।

55. (b) $\underbrace{6.5\%}_{2} \longrightarrow \underbrace{1071.20}_{2}$

$100\% \longrightarrow \frac{2 \times 1 \times \textcircled{5}}{2 \times \textcircled{5}} = 10 = 1DS$

☞ जिस option का DS (1) होगा वही Answer हो जाएगा इसलिए option (b) 16480 Answer है।

23 11 RDS METHOD (11 RDS विधि)

जिस तरह से **9** का **Digital Sum** काम करता है, अंकों को जोड़कर प्राप्त एक संख्या **Remainder** (शेषफल) देती है, उसी प्रकार से एक ऐसा शानदार **Method Remainder** (शेषफल) निकालने का संख्या **11** के लिए भी काम करता है। जिसे **11 RDS** कहा जाता है।

☞ सबसे पहले **11** से भाग **(Divide)** करने पर **Remainder** निकालना सीखते हैं पूरा **Method** इसी पर टिका है।

Step: Right Side से **Alternate Digit Left** की ओर जाते हुए **Add** करें और **Subtract** करें।

Ex. 1: 6021394 को 11 से Divide करने पर क्या Remainder (शेषफल) होगा?

Soln: 6 0 21 394

$+6 - 0 + 2 - 1 + 3 - 9 + 4 = 5$ Remainder (शेषफल)

Ex. 2: 9314526 को 11 से Divide करने पर क्या Remainder (शेषफल) होगा?

Soln: 9 31 45 26

$+9 - 3 + 1 - 4 + 5 - 2 + 6 = 12 \longrightarrow \frac{12}{11} \rightarrow 1$ Remainder (शेषफल)

जो **Remainder** मिला उसे **11 RDS** बोलते हैं पहले **Example** में जो **5** है और दूसरे में **1** है।

11RDS = Remainder (शेषफल)

[I] 11 RDS के Basic Rules:-

1. **Possible 11 RDS** की **value 0, 1, 2, 3, 4, 5, 6, 7, 8, 9, 10** हो सकती है।
2. कुछ **Case** में ये **Negative** भी मिल सकता है जिसमें **11** जोड़ **(Add)** करके **Positive Remainder** (शेषफल) या **11RDS** निकाल सकते हैं।

$-1 \xrightarrow{+11} 10$

$-2 \xrightarrow{+11} 9$

$-3 \xrightarrow{+11} 8$

$-4 \xrightarrow{+11} 7$

$-5 \xrightarrow{+11} 6$

$-6 \xrightarrow{+11} 5$

$-7 \xrightarrow{+11} 4$

$-8 \xrightarrow{+11} 3$

$-9 \xrightarrow{+11} 2$

$-10 \xrightarrow{+11} 1$

Ex.: 1 2 3 9 5

+1 – 2 + 3 – 9 + 5 = –2 मतलब +9 Remainder होगा

3. **11 के Multiple का 11 RDS या Remainder 0 होगा**

Ex.: 9873 × 22 ⟶ Remainder 0

4. **Percentage do not have any impact on 11 RDS**

59% ⟶ Remainder 9 – 5 = 4

59 ⟶ Remainder 9 – 5 = 4

% का मतलब $\frac{1}{100}$ होता है तो यहाँ नीचे 100 को 11 से भाग करने पर 1 बचता है इसलिए 11 RDS पर कोई फर्क नहीं पड़ता है।

5. **Decimal का 11 RDS पर बहुत फर्क पड़ता है क्योंकि Decimal (दशमलव) हटाने पर नीचे 100, 1000, 10,000 ..... कितनी भी Zero आ सकती हैं, तो जरूरी नहीं नीचे 1 शेषफल बचे। इसलिए पूरे ज्ञान के बाद ही Decimal में 11 RDS Method लगाएँ अन्यथा ना लगाएँ।**

6. **अगर 11 से बड़ा Remainder बचता है तो उसमें से 11 घटाकर जो बचेगा वो असली 11 RDS होगा।**

Ex.: 3265528 ⇒ +3 – 2 + 6 – 5 + 5 – 2 + 8 = 13

∴ 13 – 11 = 2 Remainder

7. **11 RDS अगर Odd no. of digits है तो + (Add) से लिखना शुरू करें Left Side से, Even no. of digits हैं तो – (Minus) से लिखना शुरू करें आसानी होगी।**

(a) 23143612 [Even number of digits]

Left side से (2 + 1 + 3 + 1) = 7 इसके आगे – (minus) sign ∴ –7

Left side से (3 + 4 + 6 + 2) = 15 ∴ +15

15 – 7 = +8 RDS

Even number of digits में Left side से – (minus) से शुरूआत

(b) 3486742 (Odd number of digits)

Left side से (3 + 8 + 7 + 2) = +20

Left side से (4 + 6 + 4) = 14 इसके आगे – sign ∴ 14

20 – 14 = +6 RDS

Odd number of digits में Left side से + (Plus) से शुरूआत

[II] Universal Property of 11 RDS:-

किसी भी **Calculation** में **11 RDS, LHS** और **RHS** दोनों जगह **same** होते हैं चाहे आप **Addition (+), Subtraction (–) Multiplication (×)** या **Division (÷)** कुछ भी करें।

अब इसको **Examples** से समझते हैं:

1. Addition (जोड़):-

Ex: 1. 29 + 38 = 67

Soln: 29 + 38 = 67

↓ ↓

LHS 7 + 5 = 12 ⇒ 12 – 11 = 1 RDS

RHS –6 + 7 = 1 RDS

∴ LHS = RHS

Ex: 2. 1263 + 4852 = 6115

Soln: LHS [–1 + 2 – 6 + 3] + [–4 + 8 – 5 + 2]

[–2] + [1]

–1 ⇒ –1 + 11 = +10 RDS

RHS [–6 + 1 – 1 + 5] = –1 ⇒ +10 RDS

∴ LHS = RHS

2. Subtraction (घटाव):-

Ex:1. 79 – 23 = 56

Soln: 79 – 23 = 56

↓ ↓

LHS 2 – 1 = +1 RDS

RHS –5 + 6 = +1 RDS

∴ LHS = RHS

Ex:2. 15863 – 4869 = 10994

Soln: LHS [+1 – 5 + 8 – 6 + 3] – [–4 + 8 – 6 + 9]

[1] – [7]

–6 ⇒ –6 + 11 = +5 RDS

RHS 1 – 0 + 9 – 9 + 4

= 5 RDS

∴ LHS = RHS

3. Multiplication (गुणा):-

Ex:1. 26 × 38 = 988

Soln: LHS 4 × 5 = 20 ⇒ 20 – 11 = 9 RDS

RHS +9 – 8 + 8 ⇒ +9 RDS

∴ LHS = RHS

Ex: 2. 2896 × 478 = 1384288

Soln: LHS [–2 + 8 – 9 + 6] × [+4 – 7 + 8]

3 × 5

= 15 ⇒ 15 – 11 = 4 RDS

RHS +1 – 3 + 8 – 4 + 2 – 8 + 8

⇒ 4 RDS

∴ LHS = RHS

4. Division (भाग):-

भाग करते हुए हमे कुछ चीजे ध्यान रखनी है, नीचे हमेशा शेषफल **(Remainder)** **1** बचना चाहिए अगर **1** नही बच रहा तो उसे नीचे दिये गए नियम से **1** बनाना होगा। नीचे अगर **100** है तो आप **Direct 11 RDS** लगा सकते हैं ऊपर।

भाई / भाई → $\frac{1}{1}, \frac{6}{2}, \frac{4}{3}, \frac{9}{5}, \frac{8}{7}, \frac{10}{10}$ (याद कर लो इसे)

☞ एक भाई नीचे आता है तो दूसरे भाई से ऊपर **Multiply** कर दो और नीचे भूल जाओ क्योंकि नीचे आपने **1** बना दिया है।

Ex:1. $\frac{91287}{1863} = 49$

Soln: LHS $\frac{[+9-1+2-8+7]}{[-1+8-6+3]} = \frac{9}{4}$

☞ नीचे 4 को हटाने के लिए ऊपर 3 से Multiply करें और नीचे वाला भूल जाएँ और Remainder निकाल लो।

$9 \times 3 = 27 \Rightarrow -2 + 7 = 5$ RDS

RHS $-4 + 9 = 5$ RDS

$\therefore$ L.H.S = R.H.S

Ex:2. $\frac{6230034}{729} = 8546$

Soln: LHS $\frac{[6-2+3-0+0-3+4]}{[7-2+9]} = \frac{8}{14} = \frac{8}{3}$

☞ नीचे 3 तो उसका भाई 4 से ऊपर Multiply करें और नीचे वाला भूल जाएँ और Remainder निकाल लो।

$8 \times 4 = \underset{\smile}{32} = 2 - 3 = -1 \Rightarrow +10$ RDS

RHS $-8 + 5 - 4 + 6 = 11 - 12 = -1 \Rightarrow +10$ RDS

$\therefore$ L.H.S = R.H.S

[III] 11 RDS Method का Exam में Important Use:-

1. **सभी Perfect Square Number का 11 RDS केवल 0, 1, 3, 4, 5, 9 हो सकता है।**
2. **जब दो option में 9 का Digital Sum same होता है तो हम 11 RDS Method लगा कर उसे आसान कर सकते हैं।**
3. **Unitary Method में Important use है 11 RDS का**

$$\mathbf{a \rightarrow b}$$
$$\mathbf{c \rightarrow \frac{bc}{a}}$$

$\mathbf{\frac{bc}{a}}$ **को 11 RDS से Solve कर सकते हैं**

Ex.1: 39 $\longrightarrow$ 4992

49 $\longrightarrow$?

(a) 6272 (b) 6144 (c) 6722 (d) 6072

Soln: $\frac{4992 \times 49}{39} \Rightarrow \frac{[-2] \times [5]}{6} = \frac{-10}{6} = \frac{-10+11}{6} = \frac{+1}{6}$

नीचे 6 तो ऊपर भाई 2 से multiply और नीचे वाला भूल जाओ

$\therefore$ 1 × 2 = 2 RDS

(a) 6272 = 4 – 13 = –9 ⇒ –9 + 11 ⇒ +2 RDS Answer verify

Ex.2: 621 ⟶ 427869

1242 ⟶ ?

(a) 855738 (b) 857538 (c) 854738 (d) 853738

Soln: $\frac{427869 \times 1242}{621} = \frac{(19-17)\times(4-5)}{(7-2)} = \frac{2\times(-1)}{5} = \frac{-2}{5}$

$\Rightarrow \frac{11-2}{5} = +9 \times 9 = 81 = \frac{81}{11}$

$\therefore$ 4 RDS

नीचे 5 तो ऊपर भाई 9 से Multiply और नीचे भूल जाओ

(a) 855738 = 20 – 16 = +4 RDS

$\therefore$ Ans verify

4. लगातार Increase, Decrease या CI में 11 RDS का Important use है

Ex.: $43713000 \times \frac{120}{100} \times \frac{130}{100} \times \frac{140}{100} = 95469192$

Soln: LHS [4 – 14] × (1 – 2) × (1 – 3) × (1 – 4)

–10 × –1 × –2 × –3

60 $\therefore$ 5 RDS

RHS [–9 + 5 – 4 + 6 – 9 + 1 – 9 + 2] = –17 = –6 = 11 – 6 $\therefore$ 5 RDS

$\therefore$ Answer Verify

24 MG CONCEPT (एमजी कंसेप्ट)

MG Concept (Multiple Given Concept)

- MG Concept क्या है?
- ऐसा Concept किसी Book में नहीं है?
- MG Concept पढ़ना जरूरी क्यों है?
- क्या MG Concept पेपर में लग पाएगा?
- Reverse MG Concept क्या है?
- अगर options same हों तो क्या करें?
- क्या MG Concept Arithmetic & Advance दोनों में लग पाएगा?

  इन सभी प्रश्नों का जवाब इस Chapter के आखिर तक मिल जाएगा।
- MG Concept Calculation के लिए रामबाण है उसके लिए जिसने इसे 100% समझा है।

[I] Basic Properties of MG Concept:-

1. Addition

( ) ÷ x   **(x का मतलब कोई भी Number)**

+( ) ÷ x

÷ x

☞ **कोई भी दो Numbers जो x से Divide हो रहे हैं तो इनको Add करने बाद जो परिणाम (Result) आएगा वो भी x से Divide होगा।**

Example:

56	÷ 7 से भाग हो रहा है
+140	÷ 7 से भाग हो रहा है
196	÷ तो ये भी 7 से भाग होगा

2. Subtraction

$$\begin{array}{r} (\ ) \div \mathbf{y} \\ -(\ ) \div \mathbf{y} \\ \hline \div \mathbf{y} \\ \hline \end{array}$$

(y का मतलब कोई भी Number)

☞ **यदि ऊपर वाली संख्या जो y से Divide हो रही है नीचे वाली संख्या भी y से Divide हो रही है तो संख्याओं को Subtract करने के बाद जो Answer आएगा वो भी y से Divide होगा।**

Example:

6666	÷ 11 से divisible है
−1331	÷ 11 से divisible है
5335	÷ तो 11 से divisible होगा

3. Multiplication

जब दो या दो से अधिक Number Multiply होते हैं तो हम देखते हैं कि दोनों में से किसी में कोई भी ऐसी संख्या मिल जाए जो उस संख्या को भाग करती हो, तो Answer में उसी संख्या का Multiple Mark कर देते हैं। जो उसे भाग कर रही होती है।

Example 1:

$$\underbrace{123}_{\downarrow \atop \div\boxed{3}} \times \underbrace{4242}_{\downarrow \atop \div\boxed{3}} = \div 9 \text{ Ans}$$

☞ यदि दो Number 3 से भाग हो रहे हैं तो Answer के अंदर 9 का multiple आएगा।

Example 2:

1.5% → 450

11% → ??

Note: आखिरी में **(.) decimal, (0) zero** और **(%) percentage** हटाकर **multiple** देखा जाता है **99% case** में।

☞ Example (2) के देखने पर हमको पता लग रहा है कि (450) के अंदर (9) आ रहा है और (1.5) को देखने पर (3) नजर आ रहा है जब दो (3) × (3) से गुणा होते है तब (9) आता है। एक (3) से एक (3) कट जाएगा तो Answer के अंदर 3 का multiple आएगा और 11 को देखना किसी भी संख्या से नहीं कट रहा है तो Answer 11 का multiple भी होगा।

[II] Most used Calculation में MG Concept का Role:-

ये तीन तरीके की **Calculation** ऐसी है जिसको आप **Maths Solve** करते वक्त सबसे ज्यादा देखते हैं और इसमें समय भी लगता है।

Note: Multiple (गुणज) mark करते वक्त ये जरूर देखें कि जिसका गुणज ऊपर देखकर **mark** कर रहे हैं वह **Number** नीचे से न कटे।

Type 1:

$\dfrac{p\times q\times r}{s\times t}$ $\rightarrow$ **Numerator** (अंश), $\rightarrow$ **Denominator** (हर)

Example : $\dfrac{15\times 38\times 40}{6\times 4}$

- Example को solve करने के लिए देखना है ऊपर अंश (Numerator) में number जो नीचे हर (Denominator) से न कटे, जो हमे (15) के अंदर (5) नजर आ रहा है तो Answer में 5 का Multiple होगा।
- Numerator के (15) में (3) आ रहा और Denominator के (6) में (3) आ रहा है तो Answer के अंदर 3 नहीं आएगा।
- Numerator में (38) में (19) नजर आ रहा है लेकिन Denominator में 19 नजर नहीं आ रहा है इसलिए Answer में 19 का Multiple आएगा।
- (15) और (40) के अंदर दो 5 नजर आ रहे हैं और Denominator में (5) नहीं है इसलिए Answer में 25 का Multiple भी आएगा।

Type 2:

[x × y × z] × ab%

Example : 2453 × 108%

- Example के अंदर (108) में (9) नजर आ रहा है तो Answer के अंदर 9 का Multiple आएगा।
- 2453 संख्या के अंदर (11) नजर आ रहा है तो Answer के अंदर (11) का Multiple भी आएगा।

Type 3:

a → b
c → ?

Example: 16 ⟶ (66000)
(17) ⟶ ?

- इस calculation का मतलब $\dfrac{66000\times 17}{16}$ होता है।
- माना (16) को (Position 1) और (17) को (Position 2) और (66000) को (Position 3). Multiple mark करने के लिए (Position 2) और (Position 3) में ऐसा number देखो जो (Position 1) से न कटे।

☞ अब (Position 3) में (11) नजर आ रहा जो (Position 1) से नहीं कटेगा तो Answer 11 का multiple होगा (Position 2) में (17) है जो (Position 1) से नहीं कट रहा तो Answer 17 का भी multiple होगा।

[III] Priority Multiples:-

Maximum multiples 3, 7, 9, 11, 13, 17 या Prime Number के देखे जाते हैं। ऐसा इसलिए क्योंकि इनका multiple देखना आसान रहता है, यदि Answer फँस जाए तो हम 2^P या 5^P पर जाते हैं।

Example:

3 ⟶ 4545

20 ⟶ ?

(a) 30300 (b) 32010 (c) 4020 (d) 33000

☞ Example को देखने पर (4545) के अंदर (9) नजर आ रहा है और उसके सामने एक (3) बच जाएगा तो Answer के अंदर 3 का multiple आएगा लेकिन option देखने से पता लगता है कि सारे option 3 के multiple हैं।

☞ अब दोबारा से Example को देखने पर (4545) के अंदर हमने देखा है कि इसके अंदर (5) आ रहा है लेकिन (25) नहीं आ रहा फिर हमने देखा कि (20) के अंदर एक (5) आ रहा और (4545) के अंदर एक (5) आ रहा जो multiply होकर 25 बन जाएगा तो जिस Answer में 25 का multiple होगा तो दो option (a) और (d) मिल जाते हैं और दो option eliminate हो जाते हैं।

☞ अब दोबारा हमने देखा दो option (a) और (d) में दो (5) का multiple नजर आ रहा है और option (d) के अंदर 125 का multiple आ रहा है। अब देखना यह है कि क्या हमारा Answer (25) का multiple है या 125 का multiple, Question के देखने पर (4545) के अंदर केवल (5) नजर आ रहा (25) नहीं। लेकिन (20) के देखने पर एक (5) नजर आ रहा है तो दो संख्याओं के (5) × (5) को multiply करने पर Answer (25) का multiple होगा न कि (125) का multiple होगा जो हमारा option (a) Answer आ जाएगा।

[IV] 25, 125 या 625 के multiple (बड़े काम की चीज):-

(a) $453\underline{0} \div 5$

(b) $467\underline{00} \div 25$

(c) $72\underline{375} \div 125$

(d) $6\underline{1250} \div 625$

Note: कई जगह 5 की power का खेल option eliminate करने में बहुत काम आएगा।

[V] तुरंत Mark करने वाले Multiple:-

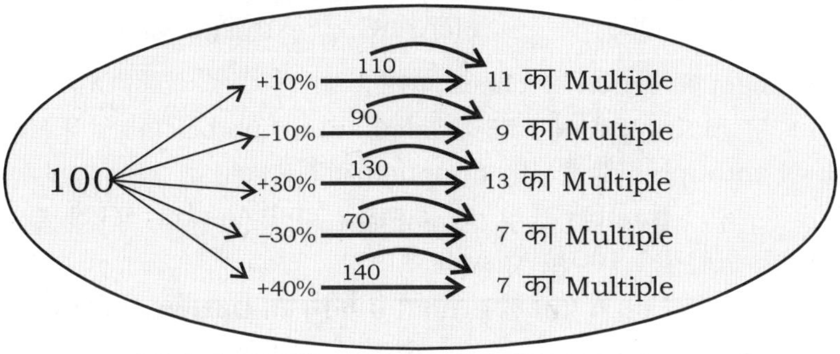

[VI] Mensuration में 11 के multiple का असली सच:-

कुछ बच्चों के मन का भ्रम है कि **Mensuration** के अंदर **11** का **multiple** देखो और **Answer mark** करो जो बिना **logic** को देखे लगाना गलत है।

Note: Mensuration में **11** का **multiple** वहीं कर सकते हैं जहाँ उसके साथ **7** का **multiple** हो अन्यथा नहीं लगा सकते।

Example 1:

➲ $\pi r^2 h \longrightarrow \frac{22}{7} \times \overset{\div 7}{(\ )} \times \overset{\div 7}{(\ )}$

☞ यहाँ 7 का multiple जरूरी है किसी एक जगह। यदि 7 का multiple नहीं होगा तो Answer Approx आएगा Accurate नहीं।

☞ यदि दो option 11 के multiple दिखें तो अन्य number का multiple check करें।

Example 2:

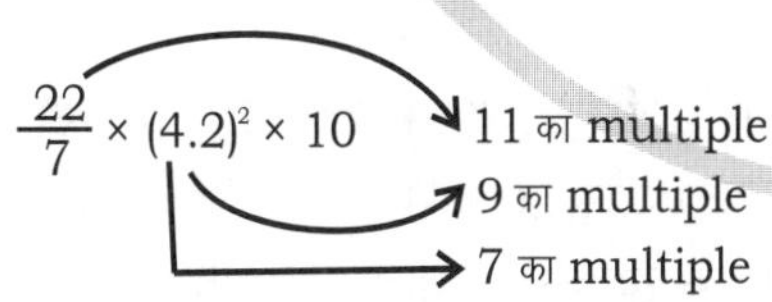

☞ यदि दो options एक जैसे मिल जाएं तो ये देखें कि क्या किसी और number का multiple देखा जा सकता है अन्यथा Number का DS, last digit या approx काम आ जाता है।

[VII] Reverse MG Concept:-

कई बार आप **Reverse MG Concept** लगा सकते हैं जिससे ये पता लगता है कि ये वाला **option Answer** क्यों नहीं हो सकता।

Example:

➲ (abcd)×(efgh)=?

(a) 5434 (b) 3303 (c) 7147 (d) 4950

Soln. Reverse MG concept में option से check करेंगे।

☞ (a) option में 11 का multiple है और हमने Calculation Number (abcd × efgh) में देखा अगर 11 का multiple नहीं है, तो (a) option नहीं है।

☞ (b) और (d) में 9 है अगर number में 9 नहीं है तो ये दोनों Answer नहीं हैं

☞ अब option (c) बच गया यही 100% Answer है।

Note: Reserve MG Concept से हम ये पता लगा सकते हैं कौन सा Option Ans नहीं होगा।

Exercise

1. If Rs 3,162 is divided in the ratio of 3 : 7 : 11 : 13 among A, B, C and D respectively, what will be the share of D?

यदि 3,162 रुपये को A, B, C और D के बीच क्रमश: 3 : 7 : 11 : 13 के अनुपात में विभाजित किया जाता है, तो D का हिस्सा ज्ञात कीजिए।

(a) Rs 1,306 (b) Rs 1,136 (c) Rs 1,209 (d) Rs 999

2. Two numbers are respectively 25% and 65% more than a third number. The ratio of the two numbers is:

दो संख्याएँ तीसरी संख्या से क्रमश: 25% और 65% अधिक हैं। उन दोनों संख्याओं का अनुपात क्या होगा?

(a) 25 : 42 (b) 16 : 17 (c) 16 : 19 (d) 25 : 33

3. In an MBA selection process, the ratio of selected to unselected candidates was 11 : 2. If 40 less had applied and 20 less selected, the ratio of selected to unselected would have been 10 : 1. How many candidates had applied for the process?

एमबीए चयन प्रक्रिया में, चयनित और अचयनित उम्मीदवारों का अनुपात 11 : 2 था। यदि 40 कम व्यक्तियों ने आवेदन किया होता और 20 कम चुने गए होते, तो चयनित और अचयनित उम्मीदवारों का अनुपात 10 : 1 होता। इस प्रक्रिया में कितने उम्मीदवारों ने आवेदन किया था?

(a) 220 (b) 260 (c) 300 (d) 340

4. The entry ticket at a fun park was increased in the ratio 7 : 9, due to which footfalls fell in the ratio 13 : 11. What is the new daily collection (in Rs), if the daily collection before the price hike was Rs 2,27,500?

एक फन पार्क की एंट्री टिकट में 7 : 9 के अनुपात में वृद्धि हुई, जिसके कारण ग्राहकों की संख्या में 13 : 11 के अनुपात में कमी आई। प्रतिदिन होने वाला नया कलेक्शन क्या होगा यदि कीमत बढ़ने के पहले प्रतिदिन 2,27,500 रु का कलेक्शन (रु में) होता है?

(a) 2,37,500 (b) 2,47,500 (c) 2,32,500 (d) 2,42,500

5. A number is first increased by $16\frac{2}{3}\%$ and then decreased by 15% to get 238. What is 37.5% of that number?

238 प्राप्त करने के लिए किसी संख्या को पहली बार $16\frac{2}{3}\%$ बढ़ाया और फिर 15% घटाया जाता है। उस संख्या का 37.5% क्या है?

(a) 150 (b) 75 (c) 120 (d) 90

6. If selling price and cost price of an article are Rs 684.25 and Rs 595 respectively, then what is the profit percentage?

यदि किसी वस्तु का विक्रय और क्रय मूल्य क्रमशः 684.25 रुपए और 595 रुपए है, तो लाभ प्रतिशत क्या है?

(a) 15 (b) 10 (c) 12.5 (d) 20

7. A wholesaler sells a jacket to a retailer at a profit of 5% and the retailer sells it to a customer at a profit of 10%. If the customer pays Rs 4,158, what had it cost (in Rs) to the wholesaler?

एक थोक व्यापारी 5% के लाभ पर खुदरा व्यापारी को एक जैकेट बेचता है और खुदरा व्यापारी 10% के लाभ पर ग्राहक को इसे बेचता है। यदि ग्राहक 4,158 रु का भुगतान करता है, तो थोक व्यापारी का लागत मूल्य (रु में) क्या था?

(a) 3,500 (b) 3,400 (c) 3,300 (d) 3,600

8. A buys an article at Rs 1,800 and sells it after giving two successive discounts of 10% and 20%. What will be the selling price (in Rs) of the article?

A एक वस्तु को 1,800 रुपये में खरीदता है और 10% और 20% की दो क्रमिक छूट देने के बाद इसे बेच देता है। वस्तु का विक्रय मूल्य (रुपये में) कितना होगा?

(a) 1,296 (b) 1,668 (c) 1,728 (d) 1,336

9. An oil refinery buys oil at Rs 3,600 per barrel. There is 10% wastage. If the refinery wants to earn 5% profit then at what price should it sell including 8% tax on selling price? (in Rs per barrel)

एक तेल रिफायनरी 3,600 रूपए प्रति बैरल से तेल खरीदती है। जिसमें से 10% व्यर्थ हो जाता है। यदि रिफायनरी 5% का लाभ कमाना चाहती है, तो विक्रय मूल्य पर 8% कर शामिल करने के बाद किस कीमत पर बेचना होगा? (प्रति बैरल रुपयों में)

(a) 3,674 (b) 3,711 (c) 4,219 (d) 4,536

10. The divisor is 24 times the quotient and 8 times the remainder. If the quotient is 18, then the dividend is:

भाजक, भागफल का 24 गुना और शेषफल का 8 गुना है। यदि भागफल 18 है, तो भाज्य है:

(a) 7830 (b) 7630 (c) 7840 (d) 7450

11. If the amount obtained by A by investing Rs 9,100 for three years at a rate of 10% p.a., on simple interest is equal to the amount obtained by B. By investing a certain sum of money for five years at a rate of 8% p.a., on simple interest, then 90% of the sum invested by B (in Rs) is?

यदि A द्वारा साधारण ब्याज पर, वार्षिक 10% की ब्याज दर से तीन वर्षों के लिए 9,100 रुपये की निवेश करके प्राप्त की गई धनराशि, B द्वारा साधारण ब्याज पर, वार्षिक 8% की ब्याज दर से पांच वर्षों के लिए एक निश्चित राशि का निवेश करके प्राप्त की गई राशि के बराबर है, तो B द्वारा निवेश की गई राशि का 90% रुपये में ज्ञात करों?

(a) 7,800 (b) 7,605 (c) 8,540 (d) 8,450

12. The difference between 63.5% of a number and 37.75% of the same number is 952.75. What is 55% of that number?

एक संख्या के 63.5% और समान संख्या के 37.75% के बीच का अंतर 952.75 है। उस संख्या का 55% क्या है?

(a) 1035 (b) 2000 (c) 2035 (d) 1000

13. The population of a country has been growing at a rate of 4% every decade. If the projected population of the country in 2030 is given as 1,58,18,400. What was the population of the country in 2000?

एक देश की जनसंख्या 4% प्रति दशक की दर से बढ़ रही है। यदि 2030 में देश की अनुमानित जनसंख्या 1,58,18,400 है, तो 2000 में उस देश की जनसंख्या कितनी थी?

(a) 1,40,65,200 (b) 1,40,62,500 (c) 1,40,62,000 (d) 1,40,56,200

14. The value of 18% of 15% of 25/9 of 3800 is :

3800 के 25/9 के 15% के 18% का मान ज्ञात करें।

(a) 285 (b) 582 (c) 583 (d) 385

15. 9/40 converted to percentage is:

9/40 को प्रतिशत मे व्यक्त कीजिए।

(a) 22.5 (b) 22 (c) 2.5 (d) 2

16. The population of a town has increased by 5% at the end of the first year and decreased by 4% at the end of second year. If the population at the end of second year was 55,12,248, then the population at the beginning of first year was:

एक नगर की जनसंख्या में प्रथम वर्ष के अंत में 5% तक वृद्धि हुई और दूसरे वर्ष के अंत में 4% तक कमी आई । यदि दूसरे वर्ष के अंत में वहां की जनसंख्या 55,12,248 थी तो प्रथम वर्ष के शुरू में जनसंख्या रही होगी?

(a) 55,72,950 (b) 56,23,012 (c) 54,68,500 (d) 53,00,420

17. 2000 empolyees are assigned the task to complete a project. At the end of first year, the number of employees decreased by 15% and at the end of second year the number of employees again decreases by 10%. However, the number of employees is increased by 10% at the end of the third year to complete the project on time. What is the number of employees working in the fourth year?

2000 कर्मचारियों को एक परियोजना को पूरा करने का कार्य सौंपा गया है। पहले वर्ष के अंत में, कर्मचारियों की संख्या 15% कम हो जाती है और दूसरे वर्ष के अंत में कर्मचारियों की संख्या पुनः 10% कम हो जाती है। हालांकि, परियोजना को समय पर पूरा करने के लिए तीसरे वर्ष के अंत में कर्मचारियों की संख्या 10% बढ़ा दी जाती है। चौथे वर्ष में काम करने वाले कर्मचारियों की संख्या कितनी है?

(a) 1786 (b) 1683 (c) 1783 (d) 1685

18. What is the simple interest on Rs 35000 at $\frac{18}{7}\%$ per annum for a period of 9 months?

35000 रुपए पर $\frac{18}{7}\%$ प्रति वर्ष की दर से 9 महीने की अवधि के लिए साधारण ब्याज क्या है ?

(a) Rs 675 (b) Rs 600 (c) Rs 875 (d) Rs 700

19. The compound interest on a certain sum of money at 11% for 2 years is Rs 6963. Its simple interest (in Rs) at the same rate and for the same period is:

किसी धनराशि पर 11% की दर से 2 वर्षों का चक्रवृद्धि ब्याज 6963 रुपए है। समान अवधि और समान दर पर इसका साधारण ब्याज (रुपये में) है:

(a) Rs 6500 (b) Rs 6600 (c) Rs 6750 (d) Rs 6000

20. A sum of Rs 1200 is invested at compound interest (compounded half yearly). If the rate of interest is 10% per annum, then what will be the amount after 18 months?

1200 रु. की राशि चक्रवृद्धि ब्याज (चक्रवृद्धि छमाही) की दर से निवेश की जाती है। यदि ब्याज की दर 10% प्रति वर्ष है, तो 18 महीने के बाद राशि क्या होगी?

(a) Rs 1389.15 (b) Rs 1185.45 (c) Rs 1563.25 (d) Rs 1295.35

21. What is the compound interest for a sum of Rs 20000 in 2 years, if the rate of interest is 18% per annum?

यदि ब्याज की दर 18% प्रति वर्ष हो, तो 20000 रु का 2 वर्ष में चक्रवृद्धि ब्याज कितना होगा ?

(a) Rs 7748 (b) Rs 7848 (c) Rs 7648 (d) Rs 7948

22. $A = \frac{x^8 - 1}{x^4 + 1}$ and $B = \frac{y^4 - 1}{y^2 + 1}$. If x= 2 and y = 9, then what is the value of $A^2 + 2AB + AB^2$.

$A = \frac{x^8 - 1}{x^4 + 1}$ तथा $B = \frac{y^4 - 1}{y^2 + 1}$. है। यदि x = 2 और y = 9, है, तो $A^2 + 2AB + AB^2$ का मान क्या है?

(a) 96475 (b) 98625 (c) 92425 (d) 89125

23. The area of a circular cricket ground is 24.64 hectares. Find the cost of making rope boundary at the rate of Rs 5.40 per metre.

एक वृत्ताकर क्रिकेट मैदान का क्षेत्रफल 24.64 हेक्टेयर है। अगर रस्सी से मैदान की सीमा बनाई जाए, तो 5.40 रु प्रति मीटर की दर से लागत का पता लगाएं?

(a) Rs 9,600 (b) Rs 9,504 (c) Rs 9,802 (d) Rs 9,876

24. Find the volume (in cm^3) of a hemisphere of diameter 21 cm.

21 सेमी व्यास वाले एक अर्द्धगोले का आयतन (सेमी³ में) ज्ञात करें।

(a) 2235.5 (b) 2425.5 (c) 2040 (d) 1860

25. The circumference of the base of a right circular cone is 44 cm and its height is 24 cm. The curved surface area (in cm^2) of the cone is:

किसी लंब वृत्तीय शंकु के आधार की परिधि 44 सेमी है और इसकी ऊंचाई 24 सेमी है। शंकु का वक्र पृष्ठीय क्षेत्रफल (सेमी² में) ज्ञात कीजिए।

(a) 572 (b) 528 (c) 550 (d) 440

26. The volume of a hemisphere is $2425\frac{1}{2}$ cm^3. Find its radius.

एक अर्धगोले का आयतन $2425\frac{1}{2}$ सेमी³ है। इसकी त्रिज्या ज्ञात कीजिए।

(a) 10 cm (b) 12 cm (c) 10.5 cm (d) 9.5 cm

27. The volume of a hemisphere is 155232 cm^3. What is the radius of the hemisphere?

एक अर्धगोले का आयतन 155232 सेमी³ है। इस अर्धगोले की त्रिज्या क्या है?

(a) 40 cm (b) 42 cm (c) 38 cm (d) 36 cm

28. The ratio of four numbers A, B, C and D is 3 : 7 : 8 : 11 respectively. The sum of B and C is 25 more the sum of A and D. What is the value of (A + D)?

चार संख्या A, B, C और D का अनुपात क्रमशः 3 : 7 : 8 : 11 है। B और C का योग A और D के योग से 25 अधिक है। तो (A + D) का मान क्या है?

(a) 350 (b) 375 (c) 250 (d) 325

29. The monthly salaries of A and B are in the ratio 9 : 10. If both of them get a salary increment of Rs 6,000 per month, the new ratio becomes 21 : 23. What is the new monthly salary of A?

A और B के मासिक वेतनों का अनुपात 9 : 10 है। यदि उन दोनों के वेतन में 6,000 रुपये प्रतिमाह की वृद्धि होती है, तो नया अनुपात 21 : 23 हो जाता है। A का नया मासिक वेतन क्या है?

(a) Rs 38,000 (b) Rs 40,000 (c) Rs 38,500 (d) Rs 42,000

30. The ratio of present ages of P and Q is 7 : 9. Before 10 years the ratio of their ages was 5 : 7. What is Q's present age (in years)?

P और Q की वर्तमान आयु का अनुपात 7 : 9 है। 10 वर्ष पहले इनकी आयु का अनुपात 5 : 7 था। Q की वर्तमान आयु (वर्षों में) कितनी है?

(a) 35 (b) 45 (c) 25 (d) 55

31. The greatest number of 5 digits that is exactly divisible by each of 8, 12, 15 and 20 is:
5 अंकों की सबसे बड़ी संख्या कौन सी है जो 8, 12, 15 और 20 में से प्रत्येक से पूर्णतः विभाज्य है:
(a) 99940 (b) 99980 (c) 99960 (d) 99950

32. What is the sum (in Rs) of money which will become Rs 201840 at the rate of 16% per annum at compound interest in two years?
वह धनराशि (रु. में) क्या है जो दो वर्षों में 16% की वार्षिक ब्याज दर से चक्रवृद्धि ब्याज पर 201840 रु. हो जाएगी?
(a) 1,60,000 (b) 1,50,000 (c) 1,80,000 (d) 2,00,000

33. If Rs 12000 is invested for 2 years at compound interest (compounded annually) at the rate of 20% per annum, what is the interest?
यदि 12000 रु. को 20% प्रति वर्ष की दर से चक्रवृद्धि ब्याज (वार्षिक रूप से संयोजित) पर 2 वर्ष के लिए निवेश किया गया है, तो ब्याज कितना है?
(a) Rs 5280 (b) Rs 4280 (c) Rs 4800 (d) Rs 5640

34. A sum amounts to Rs 7727.104 at the rate of 12% per annum compounded annually after three years. What is the value of principal (in Rs)?
एक राशि 12% की वार्षिक दर से 3 वर्ष बाद वार्षिक संयोजित करने पर 7727.104 रु. हो जाती है। मूलधन का मान (रु. में) क्या है?
(a) 5000 (b) 5200 (c) 5350 (d) 5500

35. The amount (in Rs) received at 10% per annum compound interest after 3 years is Rs 1,19,790 . What was the principal?
10% प्रतिवर्ष ब्याज की दर से 3 वर्षों के पश्चात अर्जित धनराशि चक्रवृद्धि ब्याज से 1,19,790 रु. है। मूलधन (रु में) क्या था?
(a) 90,000 (b) 1,00,000 (c) 80,000 (d) 75,000

36. If $a^2 + b^2 = 169$ and $ab = 60$, $(a > b)$ then the value of $a^2 - b^2$ is:
यदि $a^2 + b^2 = 169$ और $ab = 60$, $(a > b)$, तो $a^2 - b^2$ का मान है:
(a) 149 (b) 129 (c) 119 (d) 139

37. If $x - 2y = 3$ and $xy = 5$ then find the value of $x^2 - 4y^2$.
यदि $x - 2y = 3$ और $xy = 5$, तो $x^2 - 4y^2$ का मान है:
(a) 22 (b) 21 (c) 23 (d) 20

38. What will be the average of the first 5 positive even numbers divisible by 9?
प्रथम 5 धनात्मक सम संख्याएँ जोकि 9 से विभाज्य है, का औसत क्या होगा?
(a) 50 (b) 54 (c) 48 (d) 62

39. The height of a right circular cone is 24 cm and the radius of its base is 7 cm. What is the cost of painting the curved surface area of the cone at the rate of Rs 6 per cm²? (Take $\pi = 22/7$)

एक लंब वृत्तीय शंकु की ऊंचाई 24 सेमी है और इसके आधार की त्रिज्या 7 सेमी है। 6 रु. प्रति सेमी^{2} की दर से शंकु के वक्र पृष्ठीय क्षेत्रफल को रंगने की लागत कितनी है? ($\pi = 22/7$)

(a) Rs 3,600 (b) Rs 3,300 (c) Rs 880 (d) Rs 4,200

40. Find the volume (in cm^3) of a right circular cylinder of diameter 21 cm and height 10 cm.

21 सेमी व्यास और 10 सेमी ऊंचाई वाले एक लम्ब वृत्तीय बेलन का आयतन (घन सेमी में) ज्ञात करें।

(a) 3118 (b) 3275 (c) 3621 (d) 3465

41. If 3.96 cubic dm of lead is to be drawn in to a cylindrical wire of diameter 0.6 cm, then the length of the wire (in metres), is:

यदि 3.96 घन डेसीमीटर लेड द्वारा व्यास 0.6 सेमी व्यास की बेलनाकार तार बनाई जाती है, तो तार की लंबाई (मीटर में) है:

(a) 130 m (b) 140 m (c) 125 m (d) 126 m

42. The volume of wood required to make a closed box of thickness 2.5 cm with external dimensions 90 cm × 75 cm × 50 cm is:

बाहरी माप 90 सेमी × 75 सेमी × 50 सेमी के साथ 2.5 सेमी मोटाई के एक बंद बॉक्स बनाने के लिए कितने आयतन की लकड़ी की आवश्यकता होगी?

(a) 46720 cm^3 (b) 36170 cm^3 (c) 69750 cm^3 (d) 49050 cm^3

43. 18 metre deep well with diameter 7 metre is dug and the earth from digging is spread evenly to form a platform 18 metre × 14 metre, the height of the platform is:

7 मीटर व्यास वाला 18 मीटर गहरा एक कुआं खोदा गया है। खुदाई से निकली मिट्टी को 18 मीटर × 14 मीटर का समतल प्लेटफार्म तैयार करने के लिए समान रूप से फैलाया जाता है। प्लेटफार्म की ऊंचाई कितनी होगी?

(a) 2.75 m (b) 3.05 m (c) 3.2 m (d) 2.6 m

44. 60 discs each of diameter 21 cm and thickness 1/3 cm are stacked one above the other to form a right circular cylinder. What is its volume in m^3?

60 डिस्क, जिनमें से प्रत्येक का व्यास 21 सेमी और मोटाई 1/3 सेमी हैं, को एक के ऊपर एक करके रखा जाता है, जिसके परिणामस्वरूप एक लम्बवृत्तीय बेलन निर्मित होता है। इसका आयतन घन मीटर में कितना होगा?

(a) 4.25×10^{-2} (b) 8.05×10^{-3} (c) 7.62×10^{-2} (d) 6.93×10^{-3}

45. The sides of a triangular park are 35 m, 53 m and 66 m. The cost of levelling the park at the rate of Rs 9.25/m^2 is:

एक त्रिभुजाकार पार्क की भुजाएँ 35 मीटर, 53 मीटर और 66 मीटर है। 9.25 रुपये/मीटर^2 की दर से पार्क को समतल करने की लागत कितनी होगी?

(a) Rs 8,584 (b) Rs 8,547 (c) Rs 8,621 (d) Rs 8,510

46. The inner and outer radius of a circular track are, respectively, 23 m and 29 m. The cost of levelling the track at Rs 7/m^2 is:

एक वृत्ताकार पथ की आंतरिक और बाहरी त्रिज्या क्रमशः 23 मीटर और 29 मीटर हैं। 7 रुपये प्रति वर्ग मीटर की दर से ट्रैक को समतल करने की लागत है:

(a) Rs 3,284 (b) Rs 5,300 (c) Rs 7,215 (d) Rs 6,864

47. Find the height of a cuboid whose volume is 330 cm^3 and base area is 15 cm^2.

उस घनाभ की ऊँचाई कितनी है, जिसका आयतन 330 सेमी^{3} और आधार का क्षेत्रफल 15 सेमी^{2} है?

(a) 22 cm (b) 21 cm (c) 19 cm (d) 24 cm

48. A hollow cylinder of thickness 0.7 cm and height 15 cm is made of iron. If inner radius of cylinder is 3.5 cm, then what is the total surface area (in cm^2) of the hollow cylinder?

एक लोहे से बने खोखले बेलन की चौड़ाई 0.7 सेमी तथा ऊँचाई 15 सेमी है। यदि बेलन की आंतरिक त्रिज्या 3.5 सेमी है, तो खोखले बेलन का कुल पृष्ठीय क्षेत्रफल (सेमी^{2} में) क्या है?

(a) 812.12 (b) 768.42 (c) 759.88 (d) 828.42

MG Concept : Answer-key

1. (c)	9. (d)	17. (b)	25. (c)	33. (a)	41. (b)
2. (d)	10. (a)	18. (a)	26. (c)	34. (d)	42. (c)
3. (b)	11. (b)	19. (b)	27. (b)	35. (a)	43. (a)
4. (b)	12. (c)	20. (a)	28. (a)	36. (c)	44. (d)
5. (d)	13. (b)	21. (b)	29. (d)	37. (b)	45. (b)
6. (a)	14. (a)	22. (b)	30. (b)	38. (b)	46. (d)
7. (d)	15. (a)	23. (b)	31. (c)	39. (b)	47. (a)
8. (a)	16. (c)	24. (b)	32. (b)	40. (d)	48. (c)

SHORT SOLUTIONS

1. (c) Method-1: MG Approach

☞ Question पूछा गया है D का हिस्सा क्या होगा और Ratio में D की value 13 दी है उससे पता लगता है कि Answer के अंदर 13 का multiple आएगा जो option (c) में है इसलिए 1,209 Answer होगा। सीधे देखना है और Answer mark कर देना है।

Method-2:

$34 \longrightarrow 3162$

$13 \longrightarrow \frac{3162 \times 13}{34}$

☞ जब हम (3162) को देखते हैं, तो 3162 में 3 नजर आ रहा है लेकिन (34) के अंदर 3 का multiple नहीं होगा। इसलिए Answer बिना calculation करके mark कर पायेंगे।

2. (d) Method-1: Normal Approach

~~125~~ : ~~165~~ : 100

25 : 33 Answer

Method-2:

125 : 165 को option में देखो कि कौन सा option 165 को भाग करेगा जो option (d) में (25 : 33✓) है।

3. (b) Normal Method:

Total Selected

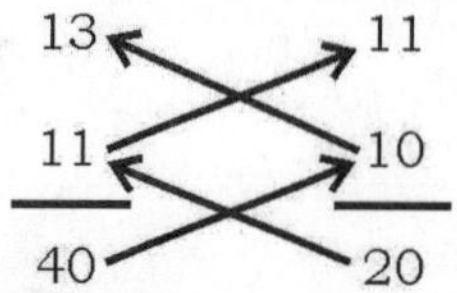

$[13 \times 10 - 11 \times 11] = 9$ unit

$[40 \times 10 - 20 \times 11] = 180$

$9 \text{ unit} \Rightarrow 180$

$13 \text{ unit} \Rightarrow 260$ Answer

Method-2: MG Approach:

- Total पूछा गया Question में तो total (11 + 2) = (13) का multiple option Answer होगा, जो option (b) (260) है।
- यदि दो option होते 13 के multiple होते तो फिर total (40) घटाने पर 11 का multiple होता option (b) (260 – 40) = 220, 11 का multiple है।

4. (b) 13 × 7 ⟶ 227500

9 × 11 ⟶

↳ Answer will be the multiple of 9. Which you can see in option (b) 247500

यदि दो option होते तो हम 11 का multiple check करके mark करेंगे।

MG Concept का use करके हम 15 sec का समय बचा सकते हैं।

5. (d) $\frac{7}{6}\times\frac{17}{20}$

119 ⟶ 238

120 × 37.5% ⟶

37.5% → 3 → इसके अंदर (3) आ रहा है

120 → इसके अंदर (3) आ रहा है

तो Answer के अंदर 9 का multiple आएगा जो option (d) 90 Answer होगा।

पूरा calculate न करके हम MG Concept का use करके (10 sec) का समय बचा सकते हैं।

6. (a) $\frac{89.25}{595}$ ⟶ Profit

595 ⟶ ÷3

$\frac{89.25}{595}\times 100$

- Numerator में हमने (3) देखा और (3) Denominator से नहीं कट रहा है तो हमारा Answer जो होगा वो 3 का multiple होगा जो option (a) 15 है।

7. (d) ~~105~~ 35 × 110 ⟶ ~~4158~~ 1386 ⑨ का multiple

100 × 100 ⟶

Answer 9 का multiple होगा जो option (d) 3600 Answer होगा।

8. (a) 1800 × 90% × 80%

- Answer 9 का multiple होगा option (a) और (c) 9 के multiple है (b) और (d) eliminate हो जाएंगे।
- Last Digit Check करेंगे जिसका last digit (6) है जो option (a) 1296 Answer हो जाएगा।

9. (d) ( ) × 108%

↳ ÷ 9, Answer 9 का multiple होगा option (d)

4536 Ans.

बस इतना देखकर Answer Mark हो जाएगा 10 sec. का समय लगेगा।

10. (a) 24 × 18) (18

54

Dividend (भाज्य)

$= \underbrace{24 \times 18 \times 18}_{\div 9} + \underbrace{54}_{\div 9}$

Answer will be the multiple of 9.

11. (b) किसी राशि का 90% निकालना है मतलब Answer 9 का multiple होगा इसलिए option (b) 7605 Answer हो जाएगा।

12. (c) किसी संख्या का 55% का मतलब Answer के अंदर 11 का multiple होगा option (c) 2035 Answer हो जाएगा।

13. (b) 26 × 26 × 26 ⟶ 15818400

25 × 25 × 25 ⟶

☞ कम से कम Answer (625) से भाग होगा जो सिर्फ option (b) Answer हो जाएगा।

पूरी calculation न करने से कम से कम 30 sec का समय बच जाएगा।

14. (a) 18%, 9 से कट जाएगा (15%) के अंदर (3) बच जाएगा Answer 3 का multiple होगा option (c) और (d) eliminate हो जाएंगे।

☞ 3800 के अंदर 19 का multiple देखकर Answer mark कर सकते हैं, 15% में 5 है इसलिए (b) eliminate हो जाएगा और option (a) Answer हो जाएगा।

15. (a) 9 नीचे किसी number से नहीं कट रहा तो Answer के अंदर 9 आएगा ही आएगा इसलिए option (a) Answer हो जाएगा।

16. (c) $\overset{21}{\cancel{105}} \times 96 \longrightarrow 5512248$

$20\cancel{100} \times 100 \longrightarrow$

☞ 100 में दो 5 हैं और 20 में एक 5 है इसलिए Answer (125) का multiple होगा option (c) Answer हो जाएगा।

17. (b) $2000 \times \frac{85}{100} \times \frac{90}{100} \times \frac{110}{100}$

☞ 10% की कमी देखकर Answer 9 का multiple option Answer होगा जो option (b) 1683 Answer हो जाएगा।

☞ अगर 9 से भाग होने वाले दो options मिल जाए, तो 10% की बढ़त का मतलब 11 का multiple हम इसे देखकर भी Answer mark कर सकते हैं।

18. (a) $35000 \times \frac{18}{700} \times \frac{3}{4}$

☞ 9 का multiple होगा जो सिर्फ option (a) 675 है Answer यही हो जाएगा।

19. (b) ( ) ( ) → 6963

↓

माना Principal (P)

P × 22% =

↳ Answer 11 का multiple होगा जो option (b) 6600 Answer हो जाएगा।

20. (a) $1200 \times \left(\frac{105}{100}\right)^3$

☞ 12 में (3), 105 में (3) तो Answer 9 का multiple होगा जो सिर्फ एक option (a) है। यदि कोई और match कर जाता तो हम 105 में 7 के multiple से Answer mark करते।

21. (b) 20000 × 39.24

☞ Answer 9 का multiple होगा। जो सिर्फ option (b) 7848 है यही Answer हो जाएगा।

22. (b) $A = \frac{(x^4 - 1)\cancel{(x^4 + 1)}}{\cancel{(x^4 + 1)}} = x = 2 \Rightarrow 15$

$B = \frac{(y^2 - 1)\cancel{(y^2 + 1)}}{\cancel{(y^2 + 1)}} = y = 9 \Rightarrow 80$

$= \underbrace{15}^2 + 2 \times \underbrace{15} \times 80 + \underbrace{15} \times 80^2$

☞ Answer 3 का multiple होगा option (b) Answer हो जाएगा कम से कम 30 second का समय बच जाएगा।

23. (b) Area = $\pi r^2 = 24.64$

Perimeter = $2\pi r$

☞ Area के अंदर 11 का multiple है तो radius (7) की multiple होगी। यदि radius में (7) आएगा तो perimeter में भी (11) का multiple होगा। यदि cost निकालनी है ( ) × 5.40 ÷11 तो Answer (11) का multiple होगा और 9 का भी multiple होगा इसलिए option (b) (9504) Answer हो जाएगा।

24. (b) Volume of a Hemisphere = $\frac{2}{3}\pi r^3$

$$\frac{2}{3}\times\frac{22}{7}\times\left(\frac{21}{2}\right)^3$$

☞ Answer 9 का multiple होगा जो option (b) (2425.5) Answer हो जाएगा। Answer (11) व (7) का भी multiple होगा।

25. (c) जब perimeter 44 होता है तो radius (7) होती है। [7, 24, 25 triplet]

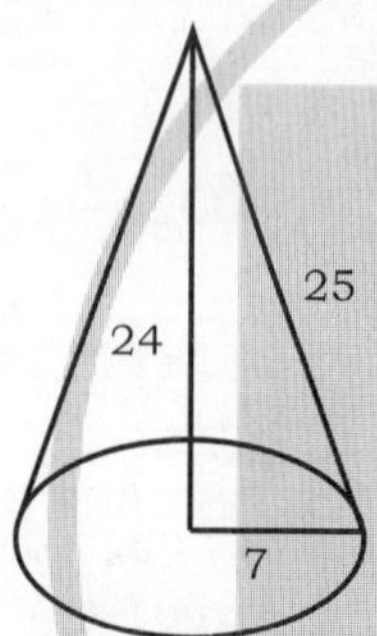

☞ $\pi r l$ में $\boxed{l = 25}$ का multiple जो option (c) Answer हो जाएगा।

26. (c) $\frac{2}{3}\pi r^3 = 2425.5$

☞ 2425.5, (11) का multiple है तो (r) 7 का multiple होगा जो option (c) 10.5 cm है। MG Concept से देखते ही 5 second में Answer mark कर देना है।

27. (b) $\frac{2}{3}\pi r^3 \rightarrow 155232$

☞ 155232, 11 का multiple है तो (r) 7 का multiple होगा। Option (b) (42) Answer हो जाएगा।

28. (a) $1 \longrightarrow 25$

$14 \longrightarrow$ Answer 7 का multiple होगा जो सिर्फ option (a) 350 है।

☞ सीधा देखने पर (11 + 3) = (14) → में (7) आ रहा है, तो Answer 7 का multiple 5 sec. में Answer आ जाएगा।

29. (d) A का नया मासिक वेतन पूछा गया है जो 21 का multiple होगा जो सिर्फ option (d) 42000 रु. है।

☞ MG Concept को use करके 20 sec. का समय बचाया जा सकता है।

30. (b) Q की Present age 9 unit है इसलिए Answer 9 का Multiple होगा। Option (b) 45 है वही Answer हो जाएगा।

31. (c) 12 में (3) है इसलिए Answer 3 का multiple होगा जो option (c) 99960 है।

32. (b) $29^2 \longrightarrow 201840$ $\left[16\% = \frac{4}{25}\Big) \frac{29}{25}\right]$

☞ $25^2 \longrightarrow$ Answer 3 का multiple होगा लेकिन 9 का नहीं – जो option (b) 150000 Answer हो जाएगा।

33. (a) 20% का successive rate $\left(20 + 20 + \frac{20 \times 20}{100} = 44\%\right)$, 44 में 11 का multiple है इसलिए Answer भी 11 का multiple होगा।

$\therefore$ Option (a) 5280 Answer होगा।

34. (d) $28^3 \rightarrow 7727.104$ $\left[12\% = \frac{3}{25}\Big) \frac{28}{25}\right]$

☞ $25^3 \rightarrow$ Answer 11 और 125 से भाग होगा जो option (d) 5500 Answer हो जाएगा।

35. (a) $133.1 \rightarrow 119790$

☞ $100 \rightarrow$ Answer 9 का multiple होगा। जो option (a) 90000 Answer हो जाएगा।

36. (c) (17) ( ) $(a + b) = \sqrt{169 + 2 \times 60} = 17$, $\mathbf{[a^2 - b^2 = (a + b) \times (a - b)]}$

↳ Answer 17 का multiple जो option (c) 119 Answer हो जाएगा।

37. (b) **Method-1:** $(x^2 - 4y^2) = (x - 2y)(x + 2y)$

Answer (3) का multiple होगा जो option (b) 21 है।

Method-2:

Value putting

$\boxed{x = 5,\ y = 1}$

38. (b) Answer 9 का multiple होगा – option (b) 54 Answer हो जाएगा।

39. (b) $\pi \times 7 \times 25 \times 6$

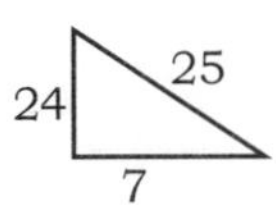

↳ Answer 11 व (3) का multiple होगा जो option (b) 3300 Answer हो जाएगा।

Formula को दिमाग में रखना है।

40. (d) Answer 9, 4 और 11 का multiple होगा जो option (d) 3465 है।

$$\left[\pi r^2 h = \frac{22}{7} \times \left(\frac{21}{2}\right)^2 \times 10\right]$$

41. (b) $\frac{3.96}{\frac{22}{7} \times (0.3)^2} = h$

☞ Answer (7) का multiple होगा जो option (b) 140 Answer हो जाएगा।

42. (c) $90 \times 75 \times 50$

$85 \times 70 \times 45$

☞ Answer 9 और 125 का multiple होगा।जो option (c) 69750 Answer हो जाएगा।

43. (a) $\frac{154 \times \cancel{18}}{4 \times \cancel{18} \times 14} =$ $\left(d = 7, \pi r^2 = \frac{154}{4}\right)$

☞ Answer 11 का multiple होगा जो option (a) 2.75 m Answer हो जाएगा।

44. (d) $154 \times \frac{9}{4} \times 20 \Rightarrow \frac{60}{3} \Rightarrow 20$

☞ Answer 9 का multiple होगा जो option (d) 6.93×10^{-3} Answer हो जाएगा।

45. (b) $s = \frac{35 + 53 + 66}{2} = 77$

$\sqrt{77 \times 42 \times 24 \times 11}$

☞ Answer 11 का multiple होगा जो option (b) 8547 Answer हो जाएगा।

46. (d) $\pi(R^2 - r^2) \times 6$

$\frac{22}{7} \times 52 \times 6 \times 7$

☞ Answer 11 का multiple होगा जो option (d) 6864 Answer हो जाएगा।

47. (a) Answer 11 का multiple होगा जो option (a) 22 Answer हो जाएगा।

48. (c) $2\pi h\,(7.7) + 2\pi(0.7)\,(7.7)$

☞ Answer 11 का multiple होगा जो option (c) 759.88 Answer हो जाएगा।

25 POINT ZERO PERCENT METHOD
(प्वाइंट जीरो प्रतिशत विधि)

इस **Method** में हम **Point Zero %** को **Ignore** करके एक **Number** निकालने की कोशिश करते हैं जो **option** में मिल जाए।

[I] दो प्रकार के Options जो Exam में आते है:-

Type 1	**Type 2**
↓	↓
(a) 42000 (b) 43500 (c) 44700 (d) 46000	(a) 0.02 (b) 20 (c) 2000 (d) 20000 ↓
(a) 2500 (b) 3100 (c) 4100 (d) 5800 ↓	इस **Type** के **options** जिसमें **same number** है उसमें हम **point zero percent method** नहीं लगा सकते हैं
इस **Type** के **options** जिसमें **same number** नहीं है उसमें हम **point zero percent method** लगा सकते हैं	

[II] Exam Calculation में इस Method का Special Use:-

निम्नलिखित प्रकार की **Calculation** जो हमें **Exam** में ज्यादातर करनी होती है।

(1) $\frac{a \times b \times c}{d \times e \times f}$

(2) $x\% \longrightarrow m$

$y\% \longrightarrow ?$

(3) $p \times q\%$

(4) **D.I** में

ये **Method Approx** और **Accurate** दोनों में काम करेगा। जो हमें **Option** के **according** देखना होगा।

Ex:1. 25000 × 40% = ?

(a) 15000 (b) 12000 (c) 10000 (d) 30000

Soln: 25 × 4 = 100

zero और % के sign को हम Ignore कर देंगे

☞ अब जिस option में only (1) दिखाई देगा zero को Ignore करने पर वो Answer हो जाएगा।

∴ (c) Answer

Ex.2: $\frac{18000}{0.04} = ?$

(a) 400000 (b) 450000 (c) 500000 (d) 600000

Soln: $\frac{18}{4} = 4.5$

☞ Zero और Decimal भूलकर 18/4 होता है, 4.5 को देखकर 45 Answer mark हो जाएगा।

∴ (b) Answer

Ex:3. 625000 × 6.4% = ?

(a) 40,000 (b) 42,000 (c) 43,000 (d) 44,000

Soln: इसमें हम 625 को ध्यान से देखे तो 6.25% नजर आ रहा है जो $\frac{1}{16}$ के बराबर है और 6.4% को हम 64 मान लेंगे।

625000 × 6.4%

6.25% ↓

↓ 64 (मान लिया)

$\frac{1}{\cancel{16}} \times \overset{4}{\cancel{64}}$

☞ जिस option में 4 होगा वो वह Answer हो जाएगा। point, zero या percent को हम ignore कर देंगे। ∴ (a) Answer

Ex.4: 375000 × 120% = ?

(a) 405000 (b) 450000 (c) 460000 (d) 420000

Soln: 375000 × 120%

↓

$37.5\% = \frac{3}{\cancel{8}} \times \overset{15}{\cancel{120}} = 45$

☞ जिस option में 45 होगा उसे Answer mark कर देंगे point, zero या percent को हम ignore कर देंगे।

∴ (b) Answer

Ex.5: $25000 \times 116.64\% = ?$

(a) 29060 (b) 29160 (c) 28006 (d) 27000

Soln: $\underbrace{25}000 \times 116.64\%$

$\downarrow$

$\frac{1}{\cancel{4}} \times \cancel{11664} = 2916$

☞ 2916 जिस option में दिखें उसे Answer mark कर दें। ∴ (b) Answer

आइये अब आप Concept समझ चुके हैं, Exam वाले Questions लेकर Concept को और मजबूत करते हैं।

Exercise

1. A sum of money is distributed among P, Q, R and S in the ratio 3 : 4 : 5 : 6, respectively. If R gets Rs 500 more than P, then the sum of all their shares (in Rs) is:

एक धनराशि को P, Q, R और S के बीच क्रमशः 3 : 4 : 5 : 6 के अनुपात में वितरित किया जाता है। यदि R को P से 500 रूपये अधिक मिलते हैं, तो उनके सभी हिस्सों का योग (रूपये में) होगा:

(a) 5000 (b) 7500 (c) 4500 (d) 6000

2. A sum of money is divided among A, B and C in the ratio 2 : 3 : 7, respectively. If the share of B is Rs 15,000, then what will be the difference in the shares of B and C?

एक धनराशि को A, B और C में क्रमशः 2 : 3 : 7 के अनुपात में बाँटा जाता है। यदि B का हिस्सा 15,000 रुपये है, तो B और C के हिस्सों में क्या अंतर होगा?

(a) Rs 20,000 (b) Rs 18,000 (c) Rs 50,000 (d) Rs 15,000

3. Three numbers are in the ratio $\frac{1}{4}:\frac{5}{9}:\frac{7}{12}$. The difference between the greatest and the smallest number is 180. Find the sum of all the three numbers.

तीन संख्याएं $\frac{1}{4}:\frac{5}{9}:\frac{7}{12}$ के अनुपात में हैं। सबसे बड़ी और सबसे छोटी संख्या के बीच का अंतर 180 है। तीनों संख्याओं का योग ज्ञात कीजिए।

(a) 650 (b) 800 (c) 500 (d) 750

4. Three persons start a business with capital in the ratio 1/3 : 1/4 : 1/5 . The first person withdraws half his capital after 4 months. What is the share of profit of the first person if the business fetches an annual profit of Rs 96,800?

तीन व्यक्ति 1/3 : 1/4 : 1/5 पूँजी के अनुपात में एक व्यवसाय शुरू करते हैं। पहला व्यक्ति 4 महीने बाद अपनी आधी पूँजी निकाल लेता है। पहले व्यक्ति के लाभ का हिस्सा क्या है यदि व्यवसाय 96,800 रुपये का वार्षिक लाभ प्राप्त करता है?

(a) Rs 32,000 (b) Rs 34,500 (c) Rs 36,000 (d) Rs 36,800

5. At a recruitment test, the candidates were tested for General Awareness (GA) and Quantitative Techniques (QT). 54% and 45% failed in GA and QT, respectively, while 16% failed in both. If 136 candidates passed in both, what was the total number of candidates?

एक भर्ती परीक्षा में, उम्मीदवारों की सामान्य जागरूकता (GA) और गणितीय तकनीक (QT) के लिए परीक्षण किया गया था। GA और QT में क्रमशः 54% और 45% असफल रहे, जबकि 16% दोनों में असफल रहे। यदि दोनों में 136 उम्मीदवार उत्तीर्ण हुए, तो उम्मीदवारों की कुल संख्या कितनी थी?

(a) 800 (b) 600 (c) 640 (d) 850

6. A certain sum is divided among A, B, C and D such that B's share is 1/3 of A's share, C's share is 40% of B's share, and D's share is 50% of C's share. If the difference between the shares of B and D is Rs 1600, then the sum is:

एक निश्चित राशि को A, B, C और D में इस प्रकार विभाजित किया जाता है कि B का हिस्सा A के हिस्से का 1/3 है, C का हिस्सा B के हिस्से का 40% है और D का हिस्सा C के हिस्से का 50% है। यदि B और D के हिस्सों के बीच का अंतर 1600 रूपये है, तो राशि कितनी है:

(a) 9600 (b) 9400 (c) 9000 (d) 9200

7. 11/5 of a number A is 22% of a number B. The number B is equal to 2.5% of a third number C. If the value of number C is 5500, then the sum of 40% of A and 20% of B is:

संख्या A का 11/5 संख्या B का 22% है। संख्या B एक तीसरी संख्या C, के 2.5% के बराबर है, यदि संख्या C का मान 5500 है, तो A के 40% और B के 20% का योग है:

(a) 360 (b) 330 (c) 320 (d) 300

8. Surekha spends 24% of her monthly income on groceries. 16% of it on rent and 55% of the remaining on children's education and others. If she saves Rs 5,940 in a month, then how much (in Rs) does she spend on rent?

सुरेखा अपनी मासिक आय का 24% किराने के सामान पर व्यय करती है। इसमें से 16% किराए पर और शेष का 55% बच्चों की शिक्षा और अन्य पर व्यय करती है। यदि वह एक महीने में 5,940 रूपये बचाती है, तो वह किराए पर कितना (रूपये में) व्यय करती है?

(a) Rs 3,520 (b) Rs 3,300 (c) Rs 3,960 (d) Rs 3,740

9. 15 kg grapes which contain 90 percent water were kept in sunlight. In presence of sunlight, the content of water reduces to 85 percent due to evaporation. Find the reduced weight of grapes?

15 किलो अंगूर जिसमें 90 प्रतिशत पानी होता है, उन्हें सूर्य के प्रकाश में रखा जाता है। सूर्य के प्रकाश की उपस्थिति में, वाष्पीकरण के कारण पानी का अवयव 85 प्रतिशत तक कम हो जाता है। अंगूर का घटा हुआ वजन ज्ञात कीजिये?

(a) 10 kg (b) 12 kg (c) 14 kg (d) 13 kg

10. Mr. Stark gave 30% of the money he had to Bruce. He also gave 30% of the remaining amount to each of Natasha, Captain and Vision. Half of the remaining amount he spent on miscellaneous items, and the remaining amount of Rs 14,000 he deposited in Marvel's fund. How much money did Mr. Stark initially have?

मिस्टर स्टार्क ने अपने पास मौजूद धन का 30% ब्रूस को दे दिया। उसने शेष राशि का 30% नताशा, कप्तान और विजन प्रत्येक को दिया। शेष राशि का आधा उसने विविध सामान पर खर्च किया, और शेष राशि उन्होंने मार्वल के फंड में 14,000 रूपये जमा किए। मिस्टर स्टार्क के पास शुरू में कितना पैसा था?

(a) Rs 4,00,000 (b) Rs 3,90,000 (c) Rs 3,00,000 (d) Rs 3,70,000

11. Aman gave 30% of his monthly income to his father and of the remaining income he gave 30% to his daughter and 25% to his wife. Aman invested the amount of money still remaining from his monthly income equally in three schemes. If he invested Rs 42,000 in each scheme, what is Aman's monthly income (in thousand)?

अमन ने अपनी मासिक आय का 30% अपने पिता को दिया। शेष आय का 30% अपनी बेटी को और 25% अपनी पत्नी को दिया। अमन ने अपनी मासिक आय में से शेष राशि को तीन योजनाओं में समान रूप से निवेश किया। यदि उसने प्रत्येक योजना में 42,000 रूपये का निवेश किया, अमन की मासिक आय (हजार में) क्या है?

(a) 200 (b) 500 (c) 400 (d) 300

12. 24% of Reena's salary is equal to 38% of Sunita's salary. Veena's salary is two-third of the total salary of Reena and Sunita. If Veena's salary is Rs 62,000, then Sunita's salary is:

रीना के वेतन का 24%, सुनीता के वेतन के 38% के बराबर है। वीना का वेतन, रीना और सुनीता के कुल वेतन का दो तिहाई है। यदि वीना का वेतन 62,000 रूपये है, तो सुनीता का वेतन क्या है?

(a) Rs 32,000 (b) Rs 38,000 (c) Rs 35,000 (d) Rs 36,000

13. A sum of Rs x amounts of Rs 6,900 at 5% p.a in a time in which a sum of Rs 9,000 amounts to Rs 10,080 at 4% p.a both at simple interest. The value of x is:

एक निश्चित समय में x रूपये की राशि 5% प्रति वर्ष की दर से 6,900 रूपये हो जाती है, उतने ही समय में 9,000 रूपये की राशि 4% प्रति वर्ष की दर से 10,080 रूपये हो जाती है, दोनों साधारण ब्याज पर हैं, तो x का मान क्या है?

(a) 5,800 (b) 6,400 (c) 6,000 (d) 6,500

14. Ankit invests some money at 9% simple interest for 2 years, and the same sum for 4 years at 10% per annum. He earns Rs 1,740 in all. The sum invested in each case is:

अंकित कुछ धनराशि को 2 वर्ष के लिए 9% साधारण ब्याज पर और उसी राशि को 4 वर्ष के लिए 10% प्रतिवर्ष की दर से निवेश करता है। वह कुल मिलाकर 1,740 रूपये कमाता है। प्रत्येक स्थिति में निवेश की गई राशि कितनी है?

(a) Rs 4,350 (b) Rs 3,000 (c) Rs 6,000 (d) Rs 4,500

15. What will be the compound interest on a sum of Rs 15,000 at the interest rate of 8% per annum in one year, interest compounded semi-annually?

15,000 रूपये की राशि पर एक वर्ष में 8% वार्षिक दर से अर्ध वार्षिक चक्रवृद्धि ब्याज क्या होगा?

(a) Rs 1,200 (b) Rs 16,224 (c) Rs 6,224 (d) Rs 1,224

16. The compound interest on a certain sum for 2 years at 15% per annum is Rs 3,641, when the interest is compounded 8 monthly. The sum is:
एक निश्चित राशि पर 15% वार्षिक ब्याज की दर से 2 वर्ष का चक्रवृद्धि ब्याज 3,641 रूपये है, जब चक्रवृद्धि ब्याज 8-मासिक रूप से संयोजित होता है। मूलधन है:
(a) Rs 10,000 (b) Rs 9,000 (c) Rs 9,600 (d) Rs 11,000

17. The compound interest obtained on Rs 6,250 for two years at the rate of interest 8% per annum, compounded annually, will be?
8% वार्षिक ब्याज की दर से दो वर्षों के लिए 6,250 रूपये पर प्राप्त वार्षिक रूप से संयोजित चक्रवृद्धि ब्याज क्या होगा?
(a) Rs 1,500 (b) Rs 1,020 (c) Rs 1,450 (d) Rs 1,040

18. A certain sum amounts to Rs 29,282 in the 4 years at 10% p.a. when the interest is compounded yearly. What is the simple interest (in Rs) on double of the sum for five years time at the same rate?
जब चक्रवृद्धि ब्याज वार्षिक तौर पर संयोजित होता है, तब एक निश्चित धनराशि 4 वर्षों में 10% प्रति वर्ष की दर से 29,282 रुपये हो जाती है। समान दर पर पांच वर्ष के लिए, इस धनराशि की दोगुनी धनराशि पर साधारण ब्याज (रुपये में) कितना है?
(a) 17,000 (b) 21,500 (c) 20,000 (d) 18,000

19. What is the compound interest on Rs 24,000 for 2 years at the rate of 10% per annum? (If interest is compounded annually)
यदि ब्याज को वार्षिक रूप से संयोजित किया जाता है, तो 24,000 रूपये पर 10% प्रति वर्ष की दर से 2 वर्षों के लिए चक्रवृद्धि ब्याज कितना होगा?
(a) Rs 5,040 (b) Rs 4,820 (c) Rs 6,080 (d) Rs 5,280

20. What is the compound interest of Rs 80,000 for 1 year at 10 percent per annum, compounded half yearly?
80,000 रूपये पर 1 वर्ष के लिए 10 प्रतिशत वार्षिक दर से चक्रवृद्धि ब्याज (यदि ब्याज की दर अर्द्धवार्षिक हो) क्या है?
(a) Rs 7,000 (b) Rs 8,800 (c) Rs 7,200 (d) Rs 8,200

21. Ramya lent a certain sum of money at 4% simple interest to Seema and in 8 years the interest amounted to Rs 3,400 less than the sum lent. Find the sum lent by Ramya to Seema?
राम्या ने सीमा को 4% साधारण ब्याज पर एक निश्चित राशि उधार दी। 8 वर्षों के बाद ब्याज, उधार दी गई राशि से 3,400 रूपये कम था। राम्या द्वारा सीमा को उधार दी गई राशि ज्ञात करें।
(a) Rs 5,000 (b) 6,100 (c) Rs 3,050 (d) 8,200

22. If the simple interest on a certain sum of money borrowed for 4 years at 9.5% per annum exceeds the simple interest on the same sum for 3 years at 12.5% per annum by Rs 225, then the sum borrowed is:
यदि 4 वर्षों के लिए 9.5% प्रति वर्ष की दर से ऋण पर ली गई किसी निश्चित राशि पर लगने वाला साधारण ब्याज, 3 वर्षों के लिए 12.5% प्रति वर्ष की दर से ऋण पर ली गई समान राशि पर लगने वाले साधारण ब्याज से 225 रूपये अधिक है, तो ऋण पर ली गई राशि है:
(a) Rs 42,000 (b) Rs 48,000 (c) Rs 35,000 (d) Rs 45,000

23. The 12% interest earned on a sum of money of Rs 2,60,000 is to be used for awarding 24 scholarships of equal value every year in a school. What is the value (in Rs) of each scholarship ?
2,60,000 रूपये की राशि पर अर्जित 12% ब्याज का उपयोग एक स्कूल में प्रतिवर्ष समान मूल्य की 24 छात्रवृत्तियां देने के लिए किया जाता है। प्रत्येक छात्रवृत्ति का मान (रूपये में) क्या है?
(a) 1250 (b) 1300 (c) 1150 (d) 1200

24. If the difference between the compound interest compounded annually and the simple interest on a certain sum of money for three years at 10% per annum is Rs 279, then the sum (in Rs) is:
यदि एक निश्चित राशि पर तीन वर्षों के लिए 10% प्रतिवर्ष की दर से चक्रवृद्धि ब्याज और साधारण ब्याज के बीच का अंतर 279 रूपये है, तो मूल राशि (रूपये में) क्या हैं?
(a) 9000 (b) 10000 (c) 8000 (d) 7500

25. The compound interest on a certain sum of money for 3 years, compounded annually , at a rate of interest of 10% per annum is Rs 1,324. The sum is:
एक निश्चित राशि पर 3 वर्षों के लिए 10% प्रतिवर्ष की दर से वार्षिक रूप से संयोजित चक्रवृद्धि ब्याज 1,324 रूपये है। तो धनराशि क्या है?
(a) Rs 4,000 (b) Rs 5,000 (c) Rs 5,500 (d) Rs 4,500

26. The simple interest on a sum of Rs 12,000 at the end of 5 years is Rs 6,000. What would have been the compound interest on the same sum at the same rate for 3 years when compounded annually?
5 वर्ष के अंत में 12,000 रूपये की राशि पर साधारण ब्याज 6,000 रूपये है। उसी राशि पर 3 वर्षों के लिए समान दर पर चक्रवृद्धि ब्याज कितना होगा जब ब्याज की दर को वार्षिक रूप से संयोजित किया जाए?
(a) Rs 3972 (b) Rs 3970 (c) Rs 2520 (d) Rs 3600

27. The height of A is 20% more than of B and the height of B is 20% less than that of C. The height of C is 30% more than that of D. If the difference between the height of C and A is 6.8 cm, then what is the height (in cm) of B?
A की ऊँचाई B की ऊँचाई से 20% अधिक है और B की ऊंचाई C से 20% कम है। C की ऊंचाई D की तुलना में 30% अधिक है। यदि C और A की ऊँचाई के बीच का अंतर 6.8 सेमी है, तो B की ऊँचाई (सेमी में) क्या है?
(a) 136 (b) 140 (c) 150 (d) 152

28. The population of a city in the year 2020 was 2,00,000. The rate of growth of population is 8% per annum. Find the population of that city in the years 2022.
वर्ष 2020 में एक शहर की जनसंख्या 2,00,000 थी। जनसंख्या वृद्धि की दर 8% प्रतिवर्ष है। वर्ष 2022 में उस शहर की जनसंख्या कितनी होगी ?
(a) 2,21,785 (b) 2,29,484 (c) 2,33,280 (d) 2,12,890

Point Zero Percent Method : Answer-key

1. (c)	6. (d)	11. (c)	16. (d)	21. (a)	26. (a)
2. (a)	7. (b)	12. (d)	17. (d)	22. (d)	27. (a)
3. (d)	8. (a)	13. (c)	18. (c)	23. (b)	28. (c)
4. (a)	9. (a)	14. (b)	19. (a)	24. (a)	
5. (a)	10. (a)	15. (d)	20. (d)	25. (a)	

SHORT SOLUTIONS

1. (c) $\times 9\begin{pmatrix} 2 \longrightarrow 500 \\ 18 \longrightarrow 45 \end{pmatrix}\times 9$ (Zero को भूल जायेंगे)

☞ Zero भूलकर 2 : 18 मतलब 1 : 9, एक की value 5 तो 9 की value 45 से शुरू जो option (c) 4500 Answer हो जाएगा।

2. (a) $3 \xrightarrow{\times 5} 15$

$4 \xrightarrow{\times 5} 20$

☞ Zero भूलकर Number पर focus करना है, जिस option के शुरू में 20 नजर आएगा उसे Answer Mark कर देंगे। जो कि option (a) 20,000 Answer हो जाएगा।

3. (d) $12 \xrightarrow{\times 1.5} 180$ (Zero को भूल जायेंगे)

$50 \xrightarrow{\times 1.5} 7.5$

☞ Zero भूलकर देखे तो 12 की value 18 के बराबर है जो उसका 1.5 गुना है ऐसे ही 50 को 5 मान लेंगे और 1.5 गुना लेंगे जो 7.5 है। जिस option में 7.5 नजर आएगा उसे Answer Mark कर देंगे जो option (d) 750 में है।

4. (a) $121 \xrightarrow{\times 8} 968\cancel{00}$ (zero को भूल जायेंगे)

$4\cancel{0} \xrightarrow{\times 8} \boxed{32}$

☞ zero को ignore कर देंगे तो 4 का 8 गुना 32 होता है जिस option में 32 नजर आएगा उसे Answer Mark कर देंगे। जो option (a) 32000 Answer होगा।

5. (a) [100 – (54 + 45 – 16) = 17]

$17\% \xrightarrow{\times 8} 136$

$100\% \xrightarrow{\times 8} \boxed{800}$

☞ Zero और % को ignore करेंगे। और देखेंगे कि 136,17 का 8 गुना है, तो 1 का 8 हो जाएगा, जिस option में 8 नजर आएगा उसे Answer Mark कर देंगे जो option (a) 800 Answer Mark कर देंगे।

6. (d) A : B : C : D

3 : 1 : 1 : 1

5 : 5 : 2 : 2

$\frac{2}{\cancel{30}} : \frac{2}{\cancel{10}} : \frac{2}{\cancel{4}} : \frac{1}{\cancel{2}}$

15 : 5 : 2 : 1

$4 \xrightarrow{\times 4} 1600$ (Zero को भूल जायेंगे)

$23 \xrightarrow{\times 4} 92$

☞ Zero को भूलकर option में 92 देखना है। जो option (d) 9200 Answer हो जाएगा।

7. (b) $400 \longrightarrow 5500$

$\downarrow \times 6 \qquad \downarrow \times 6$

$2.4 \longrightarrow 330$

☞ Point और zero को हम ignore कर देंगे देखेंगे कि 4 का 6 गुना 24 है। इसी प्रकार 55 का 6 गुना 330 हो जाएगा जिस option के शुरू में 33 नजर आएगा उसे Answer Mark कर देंगे जो option (b) 330 Answer हो जाएगा।

8. (a) $27 \xrightarrow{\times 22} 5940$

$16 \xrightarrow{\times 22} \boxed{3520}$

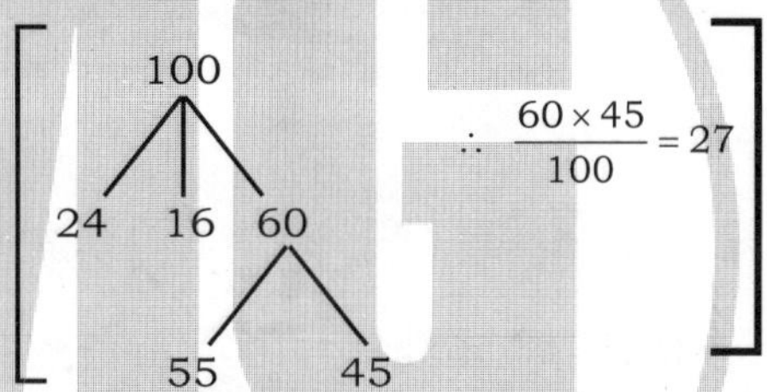

$\therefore \frac{60 \times 45}{100} = 27$

☞ 27 का 22 गुना 594 है। इसी प्रकार 16 का 22 गुना 352 हो जाएगा जिस option में 352 होगा उसे Answer Mark कर देंगे जो option (a) 3520 है।

9. (a) $15\% \longrightarrow 1.5$

$100\% \longrightarrow 10$

☞ 15 के सामने 1.5 है। जो कि उसका 10% नजर आ रहा है तो 100 का 10% हो जाएगा जिस option में 10 आएगा उसे Answer Mark कर देंगे। जो कि option (a) 10 kg है।

10. (a)

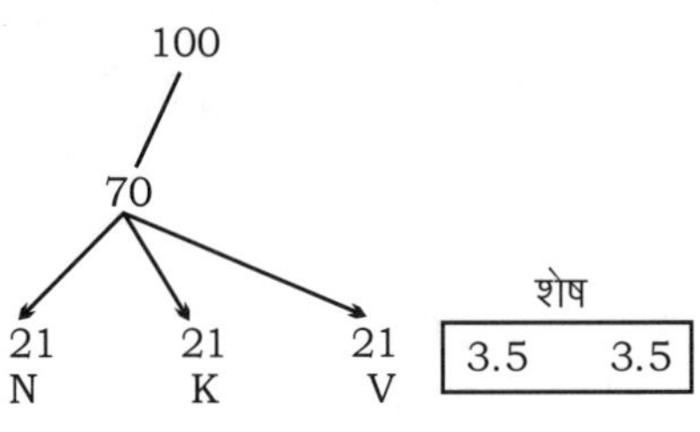

$3.5 \longrightarrow 14000$

$100 \longrightarrow 400000$

☞ Point और zero भूल कर 35 और 140 में 4 गुना का Relation है। 100 का 4 गुना 400 होगा जिस option में 4 नजर आएगा वो Answer हो जाएगा जो option (a) 4,00,000 को Answer Mark कर देंगे।

11. (c) 70%

30 + 25 = 55

Remaining $\frac{\cancel{45}}{\cancel{3}}$ 15

$\frac{70 \times 15}{100} = 10.5\% \xrightarrow{\times 4} 42000$

$100 \longrightarrow$ ④

☞ 4 गुना देखना है इसलिए option (c) 400 Answer हो जाएगा।

12. (d) R × 24 = 38 × S

$\frac{R}{S} = \frac{19}{12}\Big) \left[31 \times \frac{2}{3} = \frac{62}{3} = \text{Veena's salary}\right]$

$\frac{62}{3} \xrightarrow{\times 3} 62000$

$12 \xrightarrow{\times 3} 36$

☞ $\frac{62}{3}$ का 3 गुना 62 नजर आ रहा है तो 12 का 3 गुना 36 जिस option में दिखेगा, उसे Answer Mark कर देंगे। जो कि option (d) 36,000 Answer हो जाएगा।

13. (c) $115\% \xrightarrow{\times 6} 6900$

$100\% \xrightarrow{\times 6} \boxed{6}$

☞ 115 का 6 गुना 690 है। उसी प्रकार 1 का 6 गुना है जिस option में केवल शुरु में 6 होगा वही Answer होगा जो कि option (c) 6000 Answer Mark हो जाएगा।

14. (b) $58\% \xrightarrow{\times 3} 1740$

$100\% \xrightarrow{\times 3} 3000$

☞ 58 का 3 गुना 1740, 100 का 3 गुना 3000 option (b) Answer हो जाएगा।

15. (d) 15000 × 8.16%

☞ zero, decimal और percentage को भूलकर 816 का 1.5 गुना 1224 देखते ही Answer mark हो जाएगा।

16. (d) $33.1\% \xrightarrow{\times 11} 3641$

$100\% \longrightarrow 1100$

☞ 331 का 11 गुना 3641 नजर आ रहा है। 100 का 11 गुना 11000 option (d) Answer हो जाएगा।

17. (d) 6250 × 16.64%

$$\underbrace{625}0 \times 16.64\% \rightarrow \frac{1}{\cancel{16}} \times \overset{104}{\cancel{1664}}$$

☞ 625 को हम $\frac{1}{16}$ के नजरिए से देखे decimal और percentage को भूल जाना 1664 को 16 से Divide करेंगे तो 104 आएगा। Option (d) 1040 Answer हो जाएगा।

18. (c) 146.41% $\xrightarrow{\times 2}$ 29282

100% $\longrightarrow$

☞ दोगुना नजर आ रहा है। इसलिए option (c) 20000 Answer हो जाएगा।

19. (a) 24000 × 21%

24×21 = $\boxed{504}$ (यह दिमाग मे ही करना है)

☞ 504 जिस option में नजर आएगा उसे Answer Mark कर देंगे जो option (a) 5040 Answer हो जाएगा।

20. (d) 80,000 × 10.25%

8 × 1025 = 8200

☞ 82 देखकर Answer mark हो जाएगा। जो option (d) 8200 Answer हो जाएगा ।

21. (a) 68% $\longrightarrow$ 3400

100% $\longrightarrow$ 500

☞ 68 का 5 गुना 340 है 100 का 5 गुना 500 के आगे zero आएंगे। Option (a) 5000 Answer हो जाएगा।

22. (d) 0.5% $\longrightarrow$ 225

100% $\longrightarrow$

☞ 5 का 45 गुना 225, 100 का 45 गुना option (d) 45000 Answer हो जाएगा।

23. (b) $\frac{2,60,000 \times 12}{24}$ = 260000 × 0.5

☞ 26 × 5 = 130 सीधे देखकर Answer mark हो जाएगा। Option (b) 1300 Answer हो जाएगा।

24. (a) 3.1% $\longrightarrow$ 279

100% $\longrightarrow$ 9 गुना (Point को ignore कर देंगे)

☞ जिस Option के शुरूआत में 9 हो वो Answer होगा जो option (a) 9000 Answer हो जाएगा।

25. (a) 33.1% $\longrightarrow$ 1324

100% $\longrightarrow$ 4 गुना आगे zero आएंगे। (Point को ignore कर देंगे)

☞ जिस Option में शुरु में 4 दिखे Answer Mark कर देंगे।

26. (a) 12000 × 33.1%

12 × 331 = 3972 सीधा देखकर Answer आ जाएगा।

27. (a)

```
 A  :  B  :  C
 6  :  5  :  5
 4  :  4  :  5
---------------
24  : 20  : 25
---------------
```

(24 से 25 तक का अन्तर) 1

$$\times 20 \left(\begin{array}{l} 1 \longrightarrow 6.8 \\ 20 \longrightarrow \boxed{136} \end{array} \right) \times 20$$

☞ यहाँ देखेंगे कि 20, 1 का 20 गुना है, तो 68 का 20 गुना 136 आएगा (Point को Ignore करने पर)। जिस option में 136 आएगा वो हमारा Answer हो जाएगा। जो कि option (a) 136 Answer Mark कर देंगे।

28. (c) 200000 × 116.64%

2 × 11664 = 23328 (point, zero और percent को ignore करेंगे)

☞ 23328 जिस option में नजर आएगा उसे हम Answer Mark कर देंगे। जो option (c) 233280 Answer हो जाएगा।

26 LAST DIGIT (LD) METHOD (अंतिम अंक विधि)

1 2 3 4 5 6

[I] Type of options:-

(A) 4567	(A) 55360	(A) 242	(A) 1497
(B) 4658	(B) 54780	(B) 342	(B) 1477
(C) 4790	(C) 59550	(C) 316	(C) 1531
(D) 5812	(D) 51330	(D) 345	(D) 1486
↓ यदि **Last Digit** अलग–अलग हो	↓ यदि **Zero** को हटाने के बाद **Last Digit** अलग–अलग हो	↓ यदि दो **options** का **Last Digit same** हो लेकिन **Ans** उनमें से हो	↓ यदि दो **options** का **Last Digit same** हो लेकिन **Ans** उनमें से से न हो

[II] Exam Calculation में LD Method का प्रहार:-

Type-1:

$$\frac{p \times q \times r}{s \times t} = ?$$

Ex.: $\frac{143 \times 720 \times 148}{11 \times 26} = ?$

(a) 53270 (b) 53280 (c) 52360 (d) 52350

Soln: Last Digit Method भी Accurate Answer में Apply होगा Approx में नहीं होगा

$\frac{143 \times 720 \times 148}{11 \times 26} = \frac{80}{6} = 80$ सिर्फ Last digit पर काम किया है

Last में (80 या 30) आएंगे इसलिए Option (b) Answer हो जाएगा।

Type-2:

a ⟶ b

c ⟶ ?

Ex.: 17 ⟶ 3927

13 ⟶ ?

(a) 3003 (b) 3060 (c) 3032 (d) 3039

Soln: 17 ⟶ 3927

13 ⟶ (......)1

Step 1: 3 × 7 = 2① ⟶ unit

Step 2: $\frac{1}{7}$ = ( ) 7 को किससे multiply करें कि जिसका LD (1) Answer हो वो Number (3) है (7 × 3 = 21) तो LD (3) होगा। इसलिए Answer Option (a) होगा।

Type-3:

(pqr)ab% = ?

Ex.: 4791.8 × 13% = ?

(a) 622.983 (b) 622.934 (c) 622.987 (d) 622.986

Soln: L.D → 34 (ten's no.) Answer Option (b) होगा

Special Note:-

- **किसी option के last में zero हो तो आप zero भूलकर LD Method लगाएं।**
- **LD same है तो उससे पहले वाली digit देखें या Number of zeroes या Any other method लगाएं।**
- **Last में zero मिलने के chance हो तो last two digit से unit digit मिल जाती है।**

Eg.: 11 ⟶ 73480

4 ⟶ $\frac{20}{11}$ = 20 होगा

[III] Same LD Method में क्या करें:-

Ex.: 47 × 44 = ?

(a) 1978 (b) 2068 (c) 1798 (d) 1258

Soln:
(A) 1978
(B) 2068
(C) 1798
(D) 1258
} सभी option का Last digit same हो

47 × 44 8 LD same आ रहा सभी options में

अब हम tens digit पर focus करके Answer तक पहुँच सकते है।

⑥
47 × 44
8

8 + 6 = 14

+2 → हासिल

16 ten's digit 6 आएगा

Last Digit (LD) Method

Step 1: पास–पास वालों को गुणा करें 4 × 7 = 28 L.D (8) को दिमाग में रखें। 2 की carry कर लेंगे।

Step 2: दूर–दूर वालों को गुणा करें 4 × 4 = 1<u>6</u> L.D (6) और दिमाग में रखा अंक 8 को Add करेंगे तो 14 Last Digit 4 मिलेगा और 14 में carry 2 को जोड़ देंगे तो हमें 1<u>6</u> tens digit 6 मिल जाएगा।

Exercise

1. The height of A is 20% more than that of B, and the height of B is 20% less than that of C. The height of C is 30% more than that of D. If the difference between the heights of C and A is 6.8 cm, then what is the height (in cm) of B?

A की ऊँचाई, B की ऊँचाई से 20% अधिक है और B की ऊँचाई, C से 20% कम है। C की ऊँचाई, D की तुलना में 30% अधिक है। यदि C और A की ऊँचाई के बीच का अंतर 6.8 सेमी है, तो B की ऊँचाई (सेमी में) क्या हैं?

(a) 136 (b) 140 (c) 150 (d) 152

2. Surekha spends 24% of her monthly income on groceries. 16% of it on rent and 55% of the remaining on children's education and others. If she saves Rs 5,940 in a month, then how much (in Rs) does she spend on rent?

सुरेखा अपनी मासिक आय का 24% किराने के सामान पर व्यय करती है। इसमें से 16% किराए पर और शेष का 55% बच्चों की शिक्षा और अन्य पर व्यय करती है। यदि वह एक महीने में 5,940 रुपये बचाती है, तो वह किराए पर कितना (रुपये में) व्यय करती है?

(a) 3,520 (b) 3,300 (c) 3,960 (d) 3,740

3. In an election, the votes cast for two candidates were in the ratio 4 : 9. If the successful candidate received 984321 votes, then the total votes received by the unsuccessful candidate is:

एक चुनाव में, दो उम्मीदवारों के लिए डाले गए वोट 4 : 9 के अनुपात में थे। यदि सफल उम्मीदवार को 984321 वोट मिले, तो असफल उम्मीदवार को प्राप्त कुल वोट है:

(a) 4,37,476 (b) 4,37,575 (c) 9,12,586 (d) 4,21,979

4. The population of a city in the year 2020 was 2,00,000. The rate of growth of population is 8% per annum. Find the population of that city in the year 2022.

वर्ष 2020 में एक शहर की जनसंख्या 2,00,000 थी। जनसंख्या वृद्धि की दर 8% प्रतिवर्ष है। वर्ष 2022 में उस शहर की जनसंख्या कितनी होगी?

(a) 2,21,785 (b) 2,29,484 (c) 2,33,280 (d) 2,12,890

5. The population of a village decreases every year at the rate of 3%. If the present population is 28227, what was the population of the village two years ago?

एक गाँव की जनसंख्या प्रतिवर्ष 3% की दर से घटती है। यदि वर्तमान जनसंख्या 28,227 है, तो दो साल पहले गांव की जनसंख्या क्या थी?

(a) 31,868 (b) 30,560 (c) 30,000 (d) 32,472

6. 24% of Reena's salary is equal to 38% of Sunita's salary. Veena's salary is two-third of the total salary of Reena and Sunita. If Veena's salary is Rs 62,000, then Sunita's salary is:

रीना के वेतन का 24%, सुनीता के वेतन के 38% के बराबर है। वीना का वेतन, रीना और सुनीता के कुल वेतन का दो–तिहाई है। यदि वीना का वेतन 62,000 रुपये है, तो सुनीता का वेतन क्या है?

(a) Rs 32,000 (b) Rs 38,000 (c) Rs 35,000 (d) Rs 36,000

7. Savita spends 20% of her monthly income on groceries, 15% of the remaining on rent and then 60% of the left over on children's education and others. If she saves Rs 9,792 a month, then how much (in Rs) does she spend on rent?

सविता अपनी मासिक आय का 20% किराने पर व्यय करती है, शेष का 15% किराये पर और फिर शेष का 60% बच्चों की शिक्षा और अन्य पर व्यय करती है। यदि वह एक महीने में 9,792 रुपये की बचत करती है, तो वह किराये पर कितना व्यय (रूपये में) करती है?

(a) 3,960 (b) 4,320 (c) 4,450 (d) 4,200

8. The population of a country has been declining at 1% every decade. If the projected population of the country in 2030 is given as 1940598, what was the population of the country in 2000?

किसी देश की जनसंख्या प्रत्येक दशक में 1% की दर से घट रही है, यदि 2030 में उस देश की अनुमानित जनसंख्या 1940598 दी गई हो, तो वर्ष 2000 में देश की जनसंख्या कितनी थी?

(a) 19,99,990 (b) 20,00,450 (c) 20,00,000 (d) 20,00,616

9. Bhanu spends 20% of his monthly salary on rent, 10% on stationery, 14% on transport, 18% on electricity, and the balance of Rs 1,520 on remaining items. What is the monthly salary of Bhanu?

भानू अपने मासिक वेतन का 20% किराए पर, 10% स्टेशनरी पर, 14% यातायात पर, 18% बिजली पर और बचे हुए 1,520 रुपये अन्य वस्तुओं पर व्यय करता है, भानू का मासिक वेतन कितना है?

(a) Rs 6,000 (b) Rs 10,000 (c) Rs 4,000 (d) Rs 2,000

10. The population of a town is increasing at the rate of 5% per annum. What will be the population of the town on this basis after two years, if the present population is 16000?

एक कस्बे की आबादी 5% की वार्षिक दर से बढ़ रही है। इस आधार पर यदि कस्बे की वर्तमान आबादी 16000 है, तो दो वर्ष बाद इसकी आबादी कितनी होगी?

(a) 17640 (b) 17620 (c) 17600 (d) 17680

11. In an election, the winning candidate received 15744 votes, which are 48% of the electorate. The only other candidate received 22% of the electorate. What is the number of members who did not vote?

एक चुनाव में, विजयी उम्मीदवार को 15744 मत प्राप्त हुए, जो कुल मतों के 48% है। एकमात्र अन्य उम्मीदवार को 22% मत मिले। मतदान न करने वाले मतदाताओं की संख्या ज्ञात कीजिए।

(a) 9850 (b) 9840 (c) 9860 (d) 9870

12. A sum was invested at simple interest at x% p.a. for 2 years. Had it been invested at (x+4) %, for the same time, it would have fetched Rs 1,800 more. what is the simple interest on the same sum for $5\frac{2}{3}$ years at 8% p.a.?

एक राशि को साधारण ब्याज पर x% प्रतिवर्ष की दर से 2 वर्षों के लिए निवेश किया गया था। यदि इसे (x+4)% पर निवेश किया गया होता, तो उसी समय के लिए, इस पर 1,800 रूपये अधिक प्राप्त होते है। समान राशि पर $5\frac{2}{3}$ वर्ष के लिए 8% प्रति वर्ष की दर से साधारण ब्याज क्या होगा?

(a) Rs 10,200 (b) Rs 10,064 (c) Rs 10,336 (d) Rs 9,520

13. Suman lent Rs 6,400 to Rahul for three years and Rs 4,000 to Ganesh for 5 years on simple interest at the same rate of interest p.a. and received Rs 4,116 in all from both as interest. The interest paid by Ganesh is?

सुमन ने राहुल को 6,400 रुपये तीन साल के लिए और 4000 रुपये गणेश को 5 साल के लिए साधारण ब्याज पर समान वार्षिक ब्याज दर पर उधार दिए और ब्याज के रुप में दोनों से कुल मिलाकर 4,116 रुपये प्राप्त हुए। गणेश द्वारा भुगतान किया गया ब्याज है?

(a) 2,800 (b) 2,100 (c) 1,800 (d) 2,200

14. A sum amounts to Rs 11,616 in 2 years and to Rs 12,777.60 in 3 years, when the interest is compounded annually. The sum (in Rs) is:

जब ब्याज वार्षिक रूप से संयोजित होता है तो एक धनराशि 2 वर्ष में 11,616 रूपये तथा 3 वर्ष में 12,777.60 रूपये हो जाती है। वह धनराशि (रूपये में) क्या है?

(a) 8,500 (b) 8,400 (c) 9,000 (d) 9,600

15. What is the compound interest on Rs 24,000 for 2 years at the rate of 10% per annum. If interest is compounded annually?

यदि ब्याज को वार्षिक रुप से संयोजित किया जाता है, तो 24,000 रुपये पर 10% प्रति वर्ष की दर से 2 वर्षों के लिए चक्रवृद्धि ब्याज कितना होगा?

(a) Rs 5,040 (b) Rs 4,820 (c) Rs 6,080 (d) Rs 5,280

16. The compound interest on a certain sum of money for 3 years, compounded annually, at a rate of interest of 10% per annum is Rs 1,324. The sum is:

एक निश्चित राशि पर 3 वर्षों के लिए 10% प्रतिवर्ष की दर से वार्षिक रूप से संयोजित चक्रवृद्धि ब्याज 1,324 रुपये है। तो धनराशि ------ है।

(a) Rs 4,000 (b) Rs 5,000 (c) Rs 5,500 (d) Rs 4,500

17. A sum of x is divided between A, B , C and D such that the ratio of the shares of A and B is 3 : 2. that of B and C is 9 : 8 and that of C and D is 4 : 3. If the difference between the shares of B and D is Rs 708,then what is the value of x?

x रुपये की धनराशि को A, B, C और D के बीच इस प्रकार विभाजित किया जाता है कि A और B के हिस्सों का अनुपात 3 : 2 है, B और C के हिस्सों का अनुपात 9 : 8 है एवं C और D के हिस्सों का अनुपात 4 : 3 है। यदि B और D के हिस्सों के बीच का अंतर 708 रूपये है, तो x का मान क्या है?

(a) 8,732 (b) 8,496 (c) 8,850 (d) 8,614

18. A shopkeeper placed a supply order for jeans, shirts and t-shirts at the rates of Rs 500, Rs 350 and Rs 200 per piece, respectively. He buys articles of each type in the ratio 1 : 2 : 3 for Rs 46,800. For how many t-shirts did he place the order?

एक दुकानदार ने जींस, शर्ट और टी–शर्ट के लिए क्रमशः 500 रुपये, 350 रुपये और 200 रुपये प्रति पीस की दर से आपूर्ति का आर्डर दिया। वह प्रत्येक प्रकार की वस्तुएँ 1 : 2 : 3 के अनुपात में 46,800 रुपये में खरीदता है। उसने कितनी टी–शर्ट का आर्डर दिया?

(a) 104 (b) 26 (c) 78 (d) 52

19. The total number of students in three classes of an Engineering Institute is 885. The strength of the students in the first two classes are in the ratio of 4 : 9. The ratio of the number of students in the second and the third classes is 6 : 11. How many students are there in the class that has the maximum number of students?

एक इंजीनियरिंग संस्थान की तीन कक्षाओं में छात्रों की कुल संख्या 885 है। पहली दो कक्षाओं में छात्रों की संख्या 4 : 9 के अनुपात में है। दूसरी और तीसरी कक्षा में छात्रों की संख्या का अनुपात 6 : 11 है। उस कक्षा में कितने छात्र हैं जिसमें छात्रों की संख्या सबसे अधिक है?

(a) 594 (b) 495 (c) 954 (d) 459

20. Rs 86,581 is divided among A and B in the ratio of 9 : 2. The difference between 4 times the share of A and 10 times the share of B is ?

86,581 रूपये को A और B के बीच 9 : 2 के अनुपात में विभाजित किया जाता है। A के हिस्से के 4 गुना और B के हिस्से के 10 गुना के बीच का अंतर क्या है ?

(a) 1,35,936 (b) 1,25,936 (c) 1,36,952 (d) 1,25,963

21. The ratio of boys and girls in a school is 17 : 12, and the total number of students in the school is 1305. The number of boys in the school is:

एक स्कूल में लड़कों और लड़कियों का अनुपात 17 : 12 है, और स्कूल में छात्रों की कुल संख्या 1305 है। स्कूल में लड़कों की संख्या कितनी है?

(a) 650 (b) 765 (c) 750 (d) 70

22. Rs 63,404 is divided between A and B in the ratio 4 : 7. The difference between 5 times the share of A and 2 times the share of B is:

63,404 रुपये को A और B के बीच 4 : 7 के अनुपात में विभाजित किया जाता है। A के हिस्से के 5 गुना और B के हिस्से के 2 गुना के बीच का अंतर क्या है?

(a) 34,584 (b) 34,580 (c) 45,384 (d) 43,458

23. If 9685 is divided into three parts in such a way that one-fourth of the first part, one third of the second part and one-sixth of the third part are equal, then what is the first part?

यदि 9685 को तीन भागों में इस प्रकार विभाजित किया जाता है कि पहले भाग का एक–चौथाई, दूसरे भाग का एक–तिहाई और तीसरे भाग का एक–छठा भाग बराबर हो, तो पहला भाग क्या होगा?

(a) 4470 (b) 2980 (c) 2253 (d) 2235

24. A sum of Rs 12,992 is divided among A, B and C such that the ratio of the shares of A and C is 4 : 15 and that of the shares of A and B is 2 : 5. The difference (in Rs) between the shares of B and C is:

12,992 रुपये की धनराशि को A, B और C के बीच इस प्रकार विभाजित किया जाता है कि A और C के हिस्सों का अनुपात 4:15 और A और B के हिस्सों का अनुपात 2:5 है। B और C के हिस्सों के बीच का अंतर (रुपये में) है:

(a) 1,792 (b) 3,136 (c) 2,240 (d) 2,688

25. The ratio of boys and girls in a school is 6 : 7. If the total number of students in the school is 3289, then what is the number of girls?

एक विद्यालय में लड़के और लड़कियों का अनुपात 6 : 7 है। यदि विद्यालय में विद्यार्थियों की कुल संख्या 3289 है, तो लड़कियों की संख्या कितनी है?

(a) 1984 (b) 1771 (c) 1569 (d) 1876

26. A sum of Rs 6342 is divided amongst A, B, C and D in the ratio 3 : 4 : 8 : 6. What is the difference between the shares of B and D?

6342 रुपये की राशि को A, B, C और D के बीच 3 : 4 : 8 : 6 के अनुपात में बांटा गया है। B और D के भागों के बीच क्या अंतर है?

(a) Rs 302 (b) Rs 906 (c) Rs 604 (d) Rs 1510

27. Three partners A, B and C, share profits and losses in the ratio 3 : 4 : 7. If the profit for the year before charging 30% tax is Rs 1,10,166 what is B's share of profit after tax?

तीन साझेदार A, B और C लाभ और हानि को 3 : 4 : 7 के अनुपात में साझा करते हैं। यदि 30% कर लगाने से पहले वर्ष का लाभ 1,10,166 रूपये है, तो कर लगाने के बाद B के लाभ का हिस्सा कितना होगा?

(a) Rs 22,033.20 (b) Rs 24,673.10 (c) Rs 31,476 (d) Rs 9,442.80

28. A lady saves 12% of her income. If she spends Rs 2,16,128. Her total income is:

एक महिला अपनी आय की 12% राशि बचत करती है। यदि वह रुपये 2,16,128 खर्च करती है, तो उसकी कुल आय है:

(a) Rs 2,48,000 (b) Rs 2,42,063 (c) Rs 2,43,560 (d) Rs 2,45,600

29. After deducting 12% from a certain sum and then deducting 25% from the remainder, 2508 is left, then what is the initial sum?

एक निश्चित राशि में से 12% की कटौती करने के बाद और शेष में से 25% की कटौती करने के बाद 2508 शेष रह जाते हैं, तो प्रारंभिक राशि क्या है?

(a) 3500 (b) 3450 (c) 3970 (d) 3800

30. A borrowed a loan from B at 8% simple interest for 2 years and repaid the loan with interest totalling Rs 1,91,864. The amount of loan taken by A is:

A, B से 8% वार्षिक साधारण ब्याज की दर पर 2 वर्षो के लिए ऋण लेता है और 1,91,864 रुपए के कुल ब्याज के साथ ऋण चुकाता है। तो A द्वारा ली गयी ऋण की राशि क्या है?

(a) Rs 1,68,920 (b) Rs 1,66,492 (c) Rs 1,64,492 (d) Rs 1,65,400

31. A sum of Rs 8400 amounts to Rs 11046 at 8.75% p.a. simple interest in certain time. What is the simple interest on the sum of Rs 10,800 at the same rate for the same time?

8.75% प्रतिवर्ष के साधारण ब्याज पर रुपये 8,400 की राशि एक निश्चित समय में 11,046 रूपये हो जाती है। उसी ब्याज दर और उसी समय में 10,800 रुपये की राशि पर साधारण ब्याज क्या है?

(a) 3,402 (b) 3,204 (c) 3,024 (d) 3,420

32. The circumference of the base of a right circular cylinder is 62.8 cm and its volume is 8792 cm^3 . What is the curved surface area (in cm^2) of the cylinder? (Take $\pi = 3.14$)

एक लम्ब वृत्तीय बेलन के आधार की परिधि 62.8 सेमी है और इसका आयतन 8792 सेमी^{3} है। बेलन के वक्र पृष्ठ के क्षेत्रफल (सेमी^{2} में) क्या है? ($\pi = 3.14$ लीजिए)

(a) 1699.6 (b) 1695.6 (c) 1632.8 (d) 1758.4

33. By selling 18 table fans for Rs 11,664 a man incurs a loss of 10%. How many fans should he sell for Rs 17,424 to earn 10% profit?

18 टेबल पंखों को 11,664 रुपये में बेचने पर एक आदमी को 10% की हानि होती है। उसे 10% लाभ अर्जित करने के लिए 17,424 रुपये में कितने पंखे बेचने चाहिए?

(a) 18 (b) 22 (c) 20 (d) 23

34. If $a^3–b^3=3552$ and $a–b=6$ then $(a+b)^2 –ab$ is equal to:

यदि $a^3–b^3=3552$ और $a–b=6$ है, तो $(a+b)^2 –ab$ का मान क्या होगा।

(a) 592 (b) 636 (c) 568 (d) 618

35. Find the volume (in cm^3) of a right circular cylinder of diameter 42 cm and height 14 cm.

42 सेमी व्यास और 14 सेमी ऊँचाई वाले एक लम्बवृत्तीय बेलन का आयतन (सेमी^{3} में) ज्ञात कीजिए।

(a) 19,404 (b) 18,018 (c) 17,321 (d) 16,729

36. The volume of a hemisphere is 19404 cm^3. Find its diameter (in cm).

एक अर्द्धगोले का आयतन 19404 सेमी^{3} है। इसका व्यास (सेमी में) ज्ञात करें।

(a) 42 (b) 21 (c) 84 (d) 63

37. Find the volume (in cm^3) of a sphere of diameter 42 cm.

42 सेंटीमीटर के व्यास वाले एक गोले का आयतन (सेमी^{3} में) ज्ञात करें।

(a) 17779 (b) 36922 (c) 38808 (d) 13371

38. The radii of two circular faces of the frustum of a cone of height 10.5 cm are 5 cm and 3 cm respectively. What is its volume in cm^3?

10.5 सेमी ऊंचाई वाले एक शंकु के छिन्नक के दो वृत्ताकार पृष्ठों की त्रिज्या क्रमशः 5 सेमी और 3 सेमी है। इसका आयतन घन सेमी में क्या है?

(a) 564 (b) 552 (c) 545 (d) 539

39. A solid cuboid has dimensions 14 cm × 18 cm × 24 cm. A hemisphere of radius 3.5 cm is cut from the centre of each face of cuboid. What is the total surface area (in cm^2) of the remaining solid?

एक ठोस घनाभ के आयाम 14 से.मी. × 18 से.मी. × 24 से.मी. है। घनाभ के प्रत्येक सतह के केन्द्र से 3.5 से.मी. त्रिज्या वाला एक अर्धगोला काटा गया। शेष ठोस का कुल पृष्ठीय क्षेत्रफल (से.मी^{2} में) क्या होगा?

(a) 1902 (b) 1809 (c) 1706 (d) 2271

Last Digit Method: Answer Key

1. (a)	8. (c)	15. (a)	22. (a)	29. (d)	36. (a)
2. (a)	9. (c)	16. (a)	23. (b)	30. (d)	37. (c)
3. (a)	10. (a)	17. (d)	24. (c)	31. (a)	38. (d)
4. (c)	11. (b)	18. (c)	25. (b)	32. (d)	39. (d)
5. (c)	12. (a)	19. (b)	26. (c)	33. (b)	
6. (d)	13. (b)	20. (b)	27. (a)	34. (a)	
7. (b)	14. (d)	21. (b)	28. (d)	35. (a)	

SHORT SOLUTIONS

1. (a)

A	:	B	:	C
6	:	5	:	5
4	:	4	:	5
24		20		25

$1 \longrightarrow 6.8$

$20 \longrightarrow$ Last digit 6 आएगा जो option (a) 136 Answer हो जाएगा।

Note: इस Question में D का Relation Redundant है इसलिए उसे हमने consider नहीं किया है।

2. (a) Groceries + Rent = 40%

Children Education $\rightarrow \frac{60 \times 55}{100} = 33\%$

Remaining = 27% $\longrightarrow 5940$

$16 \longrightarrow \frac{4}{7} = (2)$

☞ अब 7 का किससे multiply करें जिसका L.D 4 आए वो Number 2 है तो जिस option का last digit 2 होगा वो हमारा Answer होगा। अब zero सभी option में आ रहा है तो zero को हटाकर देखें जो option (a) 3520 Answer हो जाएगा।

3. (a) $9 \longrightarrow 984321$

$4 \longrightarrow \frac{4}{9} = (6)$ $\left[\because 4 \times 1 = \frac{4}{9}\right]$

☞ 9 को किससे multiply करें कि last digit (4) वो number (6) है लेकिन यहाँ दो option फँस गए (a) और (c) अब देखना 9 से 984321 लगभग 11 गुना है तो 4 का लगभग 11 गुना option (a) 437476 Answer हो जाएगा।

4. (c) $200000 \times 116.64\%$

⑧

☞ Zero को हम नहीं लेते है इसलिए जिसका last digit (8) होगा वो Answer होगा। जो option (c) 2,33,280 है।

5. (c) $97 \times 97 \longrightarrow 28227$

$100 \times 100 \longrightarrow \frac{7}{9}$

☞ 9 को किससे multiply करें कि last digit (7) आए वो No. (3) है तो option (c) 30000 Answer हो जाएगा।

6. (d) $62000 \times \frac{3}{2} = 93000$

$\frac{\text{Reena}}{\text{Sunita}} = \frac{19}{12}$

Total 31 $\longrightarrow$ 93000

12 $\longrightarrow$ last digit (6) होगा जो option (d) 36000 Answer हो जाएगा।

7. (b) Spent on groceries = 20%

Spent on rent = $\frac{80 \times 15}{100} = 12$

Spent on children education 60% of 68 = 40.8

Remaining = 100 – 72.8 = 27.2

27.2 $\longrightarrow$ 9792

12 $\longrightarrow \frac{4}{2}$ = (7) या (2) हो सकता है।

☞ दो options (b) और (d) का LD same है अब zero count करों केवल एक zero और आएगा Answer वाले option में तो option (b) 4320 Answer हो जाएगा।

8. (c) $99 \times 99 \times 99 \longrightarrow 1940598$

$100 \times 100 \times 100 \longrightarrow \frac{8}{9}$ (2)

☞ 9 को (2) से गुणा करने पर (8) आएगा। इसलिए option (c) 2000000 Answer हो जाएगा।

9. (c) 38% $\longrightarrow$ 1520 [100 – (20 + 10 + 14 + 18) = 38]

100% $\longrightarrow \frac{2}{8}$

☞ 8 को 4 से multiply करने पर last digit (2) आएगा। इसलिए option (c) 4000 Answer हो जाएगा।

10. (a) $16000 \times \left(\frac{21}{20}\right)^2$

$\frac{6}{4}$

☞ 4 को (4) से multiply करने पर L.D (6) आता है। इसलिए option (a) 17640 Answer हो जाएगा।

11. (b) 48 $\longrightarrow$ 15744

30 $\longrightarrow \frac{2}{8}$

☞ (8) को (4) से multiply करने पर L.D (2) आता है। इसलिए option (b) 9840 Answer हो जाएगा।

12. (a) 8% $\longrightarrow$ 1800

$\frac{17}{3} \times 8 \longrightarrow 1800 \times \frac{17}{3} = \frac{6}{3}$

☞ 3 को किससे multiply करें कि last digit (6) आए वो number दो है और option (a) और (d) का last digit same (2) है। अब देखना कितने zero आएंगे तो दो zero आएंगे इसलिए option (a) 10,200 Answer हो जाएगा।

13. (b) R + G

192 200

392 $\longrightarrow$ 4116 $\begin{Bmatrix} 64 \times 3 = 192 \\ 40 \times 5 = 200 \end{Bmatrix}$

200 $\longrightarrow \frac{2}{2}$

☞ 2 को (1) से multiply करने पर LD (2) आएगा इसलिए option (b) 2100 Answer हो जाएगा।

14. (d) 121 $\longrightarrow$ 11616

100 $\longrightarrow$ Last digit (6) होगा जो option (d) 9600 Answer हो जाएगा।

15. (a) 24000 × 21%

☞ Last digit (4) होगा जो option (a) 5040 Answer हो जाएगा।

16. (a) 33.1% $\longrightarrow$ 1324

100% $\longrightarrow$ L.D (4) जिस option में होगा वो Answer हो जाएगा जो option (a) 4000 है।

17. (d)

$$\begin{array}{ccccccc} 3 & : & 2 & : & 2 & : & 2 \\ 9 & : & 9 & : & 8 & : & 8 \\ 4 & : & 4 & : & 4 & : & 3 \\ \hline 108 & & 72 & & 64 & & 48 \\ \hline 27 & : & 18 & : & 16 & : & 12 \end{array}$$

6 $\longrightarrow$ 708

73 $\longrightarrow \frac{4}{6}$

☞ 6 का multiply (4) से करने पर L.D (4) आता है। जो option (d) 8614 Answer हो जाएगा।

18. (c) 1800 $\longrightarrow$ 46800

3 $\longrightarrow \frac{4}{8}$

☞ 8 का (8) से multiply करने पर L.D (4) आता है। जो option (c) 78 है।

19. (b)

$$\begin{array}{ccccc} 4 & : & 9 & : & 9 \\ \frac{6}{\cancel{24}} & : & \frac{6}{\cancel{54}} & : & \frac{11}{\cancel{99}} \\ 8 & & 18 & & 33 \end{array}$$

8 : 18 : 33 = 59 $\longrightarrow$ 885

33 $\longrightarrow \frac{5}{9}$

☞ 9 को (5) से Multiply करने पर LD (5) आएगा इसलिए option (b) 495 Answer हो जाएगा।

20. (b) 11 $\longrightarrow$ 86581

16 $\longrightarrow$ 6

☞ LD (6) आएगा जो दो option (a) और (b) में है। अब DS Concept की help से Option (b) 1,25,936 Answer हो जाएगा।

21. (b) 29 $\longrightarrow$ 1305

17 $\longrightarrow \frac{5}{9}$

☞ 9 को (5) से multiply करने पर LD (5) आता है जो option (b) का है। इसलिए option (b) 765 Answer हो जाएगा।

22. (a) 11 $\longrightarrow$ 63404

6 $\longrightarrow$ LD (4)

☞ दो options का Last digit और DS same है तो देखना option (c) को pick करके 6 के लगभग 7.5 गुना दिख रहा है लेकिन 11 का 7.5 गुना 63404 नहीं है। इसलिए option (c) भी कट जाएगा option (a) 34584 Answer हो जाएगा।

23. (b) 13 $\longrightarrow$ 96(85)

4 $\longrightarrow \frac{40}{3}$

☞ 4 × 5 = 0 पता लगा कि Answer का LD (0) आएगा 85 × 4 = 340, 3 को 8 से multiply करने पर (4) आता है। इसलिए Option (b) 2980 Answer हो जाएगा।

24. (c) 29 $\longrightarrow$ 12992

5 $\longrightarrow$ 60

☞ (Last digit zero आएगी जो Option (c) 2240 Answer हो जाएगा।)

25. (b) 13 $\longrightarrow$ 3289

7 $\longrightarrow \frac{3}{3}$

☞ 3 को (1) से multiply करने पर Last digit (3) आएगा जो Option (b) 1771 Answer हो जाएगा।

26. (c) 21 $\longrightarrow$ 6342

2 $\longrightarrow \frac{4}{1}$

☞ Last digit (4) होगा जो Option (c) 604 का है इसलिए Answer हो जाएगा।

27. (a) 70%

↳ 15 : 20 : 35

110166 × 20% $\longrightarrow$ (2)

☞ Last digit 2 आएगा जो option (a) 22,033.20 Answer हो जाएगा।

28. (d) 88% $\longrightarrow$ 216128

100% $\longrightarrow \frac{8}{8}$

☞ 8 का (6) से multiply करने LD (8) आएगा जो दो options (c) और (d) का है अब Last में दो zero आएंगे यह देखकर option (d) 245600 Answer mark कर देंगे।

29. (d) 66 $\longrightarrow$ 2508

100 $\longrightarrow \frac{8}{6}$

☞ 6 को (8) से multiply करने पर last digit (8) आता है। इसलिए option (d) 3800 Answer हो जाएगा।

30. (d) 116 $\longrightarrow$ 191864

100 $\longrightarrow \frac{4}{6}$

☞ 6 को (4) से multiply करने पर last digit 4 आता है। इसलिए option (d) 165400 Answer हो जाएगा।

31. (a) 8400 $\longrightarrow$ 11046

10800 $\longrightarrow \frac{8}{4}$

☞ L.D 2 आना चाहिए जो दो options में है अब देखना है कि last में zero नहीं आएगा। इसलिए option (a) 3402 Answer हो जाएगा।

32. (d) $2\pi r = 2 \times 3.14 \times r = 62.8$

$r = 10$

$8792 = 3.14 \times 10 \times 10 \times h$

$h = \frac{8792}{314}$

☞ h की last digit 8 या तो 3 हो सकती है।

62.8×8

$\times 3$

L.D 4 ही आएगा

इसलिए option (d) 1758.4 Answer हो जाएगा।

33. (b) 9 $\longrightarrow$ 11664

11 $\longrightarrow \frac{11664 \times 11}{9}$

$\frac{1166④ \times 1①}{9} \longrightarrow$ 1⑧ पंखे

$1742④ \longrightarrow \frac{④ \times ⑧ \times 9}{④ \times ①} = \frac{2 \times 9}{4} = \frac{8}{4}$

☞ Last digit (2) आएगा इसलिए option (b) 22 Answer हो जाएगा।

34. (a) $\frac{3552}{6}$

☞ 6 को (2) से गुना करने पर (2) आएगा। इसलिए option (a) 592 Answer हो जाएगा।

35. (a) $\frac{22}{7} \times (21)^2 \times 14$

$\frac{8}{7}$ = LD (4) आएगा इसलिए option (a) 19404 Answer हो जाएगा।

36. (a) $\frac{2}{3} \times \frac{22}{7} \times \frac{d^3}{8} = 19404$

$$\frac{19404 \times 3 \times 7 \times 8}{2 \times 22} \quad \frac{2}{4}$$

☞ 4 को 8 से multiply करने पर LD (2) आया है। d^3 = (8), (2) का cube होता। इसलिए option (a) (42) Answer हो जाएगा।

37. (c) $\frac{4}{3} \times \frac{22}{7} \times (21)^3$

☞ LD (8) आएगा इसलिए option (c) Answer हो जाएगा जो 38808 है।

38. (d) $\frac{1}{\cancel{3}} \times \frac{22}{\cancel{7}} (9 + 25 + 15) \times \frac{\cancel{21}}{2}$

☞ LD (9) आएगा जो option (d) 539 Answer हो जाएगा।

39. (d) $12\pi r^2 - 6\pi r^2$

$6 \times \frac{22}{7} \times \left(\frac{7}{2}\right)^2 + 2(14 \times 18 + 14 \times 24 + 18 \times 24)$

☞ LD (1) आएगा इसलिए Option (d) 2271 Answer हो जाएगा।

27 APPROXIMATION METHOD (अनुमानित विधि)

सवाल: Approximation का use कहाँ किया जाता है?

जवाब: 1. Nearest to वाले Question में

2. बहुत Questions में पूरी Calculation की जरूरत नहीं पड़ती है।

3. DI में बहुत use होता है।

4. कई जगह ये लगाना पड़ता है भले ही बोला न गया हो।

5. 2 concepts को mix करके भी Approx लगाया जाता है।

सवाल: Approximation method कब लगाएँ?

जवाब: जब Option दूर–दूर हो तब ये तरीका रामबाण है, Option पास–पास में भी कई जगह लगा सकते है यदि Concept clear है तो।

Note: इस Method को Questions के माध्यम से ही समझना आसान होगा। आइये शुरू करते हैं।

Exercise

1. In an election, the votes cast for two candidates were in the ratio 4 : 9. If the successful candidate received 9,84,321 votes, then the total votes received by the unsuccessful candidate is:

एक चुनाव में, दो उम्मीदवारों के लिए डाले गए वोट 4 : 9 के अनुपात में थे। यदि सफल उम्मीदवार को 9,84,321 वोट मिले, तो असफल उम्मीदवार को प्राप्त कुल वोट है:

(a) 4,37,476 (b) 4,37,575 (c) 9,12,586 (d) 4,21,979

2. Rs 63,404 is divided between A and B in the ratio 4 : 7. The difference between 5 times the share of A and 2 times the share of B is:

63,404 रुपये को A और B के बीच 4 : 7 के अनुपात में विभाजित किया जाता है। A के हिस्से के 5 गुना और B के हिस्से के 2 गुना के बीच का अंतर है:

(a) 34,584 (b) 34,580 (c) 45,384 (d) 43,458

3. A, B and C are partners. They share profit in the ratio of 5 : 3 : 6. If A earns Rs 1,92,380 as his share of profit, then the share of C is:

A, B और C साझेदार हैं। वे 5 : 3 : 6 के अनुपात में मुनाफा बांटते हैं। यदि A को अपने हिस्से के मुनाफे के रूप में 1,92,380 रूपये मिलते हैं, तो C का हिस्सा है:

(a) Rs 2,30,856 (b) Rs 1,15,428 (c) Rs 82,449 (d) Rs 1,60,317

4. Three bottles of equal capacity have mixture of milk and water in ratio 5 : 7, 7 : 9 and 2 : 1 respectively. These three bottles are emptied into a large bottle. What is the percentage of milk in the new mixture?

तीन समान क्षमता की बोतलों में दूध तथा पानी के मिश्रण का अनुपात क्रमशः 5 : 7, 7 : 9 तथा 2 : 1 है। इन तीनों बोतलों को एक बड़ी बोतल में खाली कर दिया जाता है। इस नये मिश्रण में दूध का प्रतिशत कितना होगा ?

(a) 49.6 (b) 52.3 (c) 51.2 (d) 50.7

5. The ratio of the number of rural and urban workers (includes men and women only) in an office is 3 : 2. If 20% of rural and 25% of urban are women, then the percentage of men is:

एक कार्यालय में ग्रामीण और शहरी श्रमिकों (केवल पुरुषों और महिलाओं को शामिल किया गया है) की संख्या का अनुपात 3 : 2 है। यदि ग्रामीण श्रमिकों का 20% और शहरी श्रमिकों का 25% महिलाएं हैं, तो पुरुषों का प्रतिशत है:

(a) 67.50% (b) 82.50% (c) 78% (d) 58%

6. Three partners A, B and C, share profits and losses in the ratio of 3 : 4 : 7. If the profit for the year before charging 30% tax is Rs 1,10,166 what is B's share of profit after tax?

तीन साझेदार A, B और C, 3 : 4 : 7 के अनुपात में लाभ और हानि साझा करते है । यदि 30% कर लगाने से पहले वर्ष का लाभ 1,10,166 रूपये है, तो कर लगाने के बाद B के हिस्से का लाभ क्या है?

(a) Rs 24,673.10 (b) Rs 22,033.20 (c) Rs 9,442.80 (d) Rs 31,476

7. A man spends 70% of his income and saves the rest. If his income decreases by 30% and spending decreases by 20%, then what is the percentage change in his savings?

एक व्यक्ति अपनी आय का 70% खर्च करता है और शेष बचाता है। यदि उसकी आय में 30% की कमी आती है और खर्च 20% कम हो जाता है, तो उसकी बचत में प्रतिशत बदलाव क्या है?

(a) 66.66% decrease (b) 53.33 decrease
(c) 75% increase (d) 40% decrease

8. The Population of a city in the year 2020 was 2,00,000. The rate of growth of population is 8% per annum. Find the population of that city in the year 2022.

वर्ष 2020 में एक शहर कि जनसंख्या 2,00,000 थी। जनसंख्या वृद्धि की दर 8% प्रतिवर्ष है। वर्ष 2022 में उस शहर कि जनसंख्या कितनी होगी?

(a) 2,21,785 (b) 2,29,484 (c) 2,33,280 (d) 2,12,890

9. If A = 1300 and B = 1450, then B is approximately what percentage more than A?

यदि A = 1300 और B = 1450, तो B, A से लगभग कितने प्रतिशत अधिक है?

(a) 13.46% (b) 7.41% (c) 9.86% (d) 11.54%

10. A software company has only 3 divisions that have 20, 30 and 40 employees, respectively. If the working percentage of this during a weekend were 20%, 30% and 40% respectively, then the working percentage of the entire company during that weekend was approximately:

एक सोफ्टवेयर कंपनी में केवल 3 विभाग है, जिनमें क्रमशः 20, 30 और 40 कर्मचारी है। यदि किसी सप्ताहांत के दौरान इनका कार्य करने का प्रतिशत क्रमशः 20%, 30% और 40% है, तो उस सप्ताहांत (weekend) पूरी कंपनी का कार्य प्रतिशत लगभग कितना होगा?

(a) 32 (b) 3.2 (c) 0.032 (d) 0.0032

11. A number is increased by 18%. To obtain the old number, by how much percentage should it be decreased?

एक संख्या में 18% की वृद्धि की जाती है। पिछली संख्या प्राप्त करने के लिए इसे कितना प्रतिशत कम करना चाहिए?

(a) 16.88 (b) 15.25 (c) 17.3 (d) 14.28

12. A is 15% more than B. B is how much percent (correct up to two decimal places) less than A?

A, B से 15% अधिक है। B, A से कितना प्रतिशत (दो दशमलव स्थान तक) कम है?

(a) 17% (b) 16.14% (c) 13.04% (d) 6.14%

13. Rahul's salary is 40% less than Rakesh's salary. Deepak's salary is 80% more than Rahul's salary. If Deepak's salary is Rs 34,560. Then what is the salary of Rakesh?

राहुल का वेतन राकेश के वेतन से 40% कम है। दीपक का वेतन राहुल के वेतन से 80% अधिक है। यदि दीपक का वेतन 34,560 रुपये है, तो राकेश का वेतन कितना है?

(a) Rs 32,000 (b) Rs 24,000 (c) Rs 28,000 (d) Rs 26,000

14. Anu spends 90% of her income.If her expenditure increases by 25% and savings increased by 30% then by what percent does her salary increase?

अनु अपनी आय का 90% खर्च करती है। अगर उसका खर्च 25% बढ़ जाता है और बचत 30% बढ़ जाती है, तो उसके वेतन में कितने प्रतिशत की वृद्धि होती है?

(a) 25.5% (b) 24% (c) 22.5% (d) 20%

15. A rectangular portion of an airport runway was getting repaired for which an estimate was made on the basis of a rate Rs per square unit. But while doing the work, the length of the portion got increased by 10% and the breadth by 8%. Over and above this, there was an increase in the cost of the repair work to the extent of 15%. What was the overall percentage increase in the cost repair over the estimate?

एक हवाई पट्टी के एक आयताकार भाग की मरम्मत की जा रही है जिसके लिए रुपये प्रति वर्ग इकाई की दर से आकलन किया जाता है। लेकिन काम करते समय, भाग की लंबाई में 10% और चौड़ाई में 8% की वृद्धि हो जाती है। इसके अतिरिक्त, मरम्मत कार्य के खर्च में भी 15% तक की वृद्धि होती है। खर्च में आकलन की तुलना में कुल कितने प्रतिशत की वृद्धि होती है?

(a) 36.62% (b) 34.58% (c) 33% (d) 33.24%

16. The difference of two positive numbers is 1020. If 7.6% of the greater number is 12.4% of the smaller number, then the sum of the two numbers is equal to:
दो धनात्मक संख्याओं का अंतर 1020 है। यदि बड़ी संख्या का 7.6%, छोटी संख्या का 12.4% है, तो दोनों संख्याओं का योग बराबर है:
(a) 3250 (b) 4250 (c) 4520 (d) 3520

17. What percent of 2.4 m is 3.2 cm?
3.2 सेमी, 2.4 मीटर का कितना प्रतिशत है?
(a) 75% (b) 7.5% (c) $1000\frac{1}{3}\%$ (d) $1\frac{1}{3}\%$

18. Salary of A increased by 8% in the year 2015 as compared to 2014 and decreased by 6% in the year 2016 as compared to 2015. If his salary was Rs 2,34,778 in 2016. His salary (round off to nearest whole number) in 2014 was:
A के वेतन में वर्ष 2014 के मुकाबले वर्ष 2015 में 8% की वृद्धि हुई और 2015 के मुकाबले वर्ष 2016 में 6% की कमी हुई। यदि वर्ष 2016 में उसका वेतन 2,34,778 रूपये था, तो 2014 में उसका वेतन (निकटतम पूर्णांक संख्या में पूर्णांकित) था:
(a) Rs 2,38,347 (b) Rs 2,31,263 (c) Rs 2,36,402 (d) Rs 2,34,987

19. The price of sugar is increased by 18%. A person wants to increase the expenditure by 12%. By what percent (correct to one decimal place), should he decrease his consumption?
यदि चीनी के मूल्य में 18% की वृद्धि हो जाती है और एक व्यक्ति अपने खर्च में केवल 12% की ही वृद्धि करना चाहता है, तो उसे खपत में कितने प्रतिशत की कमी करनी होगी? (एक दशमलव स्थान तक)
(a) 5.1% (b) 5.6% (c) 5.3% (d) 6%

20. If the price of petrol increases by 19% and Sunita intends to spend only an additional 12% on petrol, by what percent should she reduced the quantity of petrol purchased (nearest to an integer)?
यदि पेट्रोल की कीमत 19% बढ़ जाती है, और सुनीता पेट्रोल पर अतिरिक्त रूप से केवल 12% खर्च करना चाहती है, तो वह खरीदे जाने वाले पेट्रोल की मात्रा में कितने प्रतिशत की कमी करेगी? (सबसे निकटतम पूर्णांक में)
(a) 7 (b) 6 (c) 5 (d) 8

21. A sum of Rs 18,000 is invested for 16 months at 8% per annum compounded half-yearly. What is the percentage gain at the end of 16 months, to the nearest whole number?
18,000 रुपए की एक राशि अर्ध वार्षिक रूप से संयोजित होने वाली 8% वार्षिक ब्याज की दर पर 16 महीनों के लिए निवेश की जाती है। तो निकटतम पूर्णांक के लिए 16 महीनों के अंत पर लाभ प्रतिशत क्या है?
(a) 9% (b) 11% (c) 10% (d) 12%

22. A sum of Rs 7,500 amounts to Rs 8,748 after 2 years at a certain compound interest rate per annum. What will be the simple interest on the same sum for 5 years at double the earlier interest rate?

प्रति वर्ष एक निश्चित चक्रवृद्धि ब्याज दर पर 7,500 रुपये की राशि 2 वर्ष के बाद 8,748 रुपये हो जाती है। उसी राशि पर पहले की तुलना में दोगुने ब्याज दर पर 5 साल के लिए साधारण ब्याज क्या होगा?

(a) 6,000 (b) 2,700 (c) 8,000 (d) 4,000

23. What will be the compound interest (in Rs) on a sum of Rs 7,200 for 18 months at a rate of 20% per annum, if the interest is compounded half-yearly (nearest to an integer)?

यदि ब्याज अर्धवार्षिक रूप से संयोजित किया जाता है, तो 20% प्रति वर्ष की दर से 18 महीने के लिए 7,200 रुपये की राशि पर चक्रवृद्धि ब्याज (रुपये में) क्या होगा (निकटतम पूर्णांक में)?

(a) 2,833 (b) 2,383 (c) 3,238 (d) 2,338

24. The simple interest on a certain sum for 3 years at 12% p.a. is Rs 6,750. What is the compound interest (in Rs) on the same sum for 2 years at 20% p.a., if interest is compounded half-yearly? (rounded off to the nearest Rs)

एक निश्चित राशि पर 3 वर्षों के लिए 12% प्रति वर्ष की दर से साधारण ब्याज 6,750 रुपये है। यदि ब्याज अर्धवार्षिक रूप से संयोजित किया जाता है, तो उसी राशि पर 20% प्रति वर्ष की दर से 2 वर्षों के लिए चक्रवृद्धि ब्याज (रुपये में) क्या है? (निकटतम रुपये तक पूर्णांकित कीजिए)

(a) 8,000 (b) 8,702 (c) 6,750 (d) 7,729

25. What is the compound interest (in Rs) on a sum of Rs 46,000 for $2\frac{2}{5}$ years at 15% per annum, interest being compounded annually (nearest to a Rs)?

46,000 रुपये की राशि पर $2\frac{2}{5}$ वर्षों के लिए 15% प्रतिवर्ष की वार्षिक ब्याज दर पर चक्रवृद्धि ब्याज (रुपये में) क्या है (रुपये के निकटतम)?

(a) 18,458 (b) 19,458 (c) 19,485 (d) 18,485

26. Rs 2,64,000 is invested for 3 years at 8.25% simple interest. The interest is:

2,64,000 रुपये को 3 वर्ष के लिए 8.25% के साधारण ब्याज पर निवेश किया जाता है। ब्याज है:

(a) Rs 43,560 (b) Rs 87,120 (c) Rs 65,340 (d) Rs 21,780

27. Find the compound interest at the rate of 7% p.a. compounded annually for two years on the principal that yields a simple interest of Rs 9,450 for 3 years at 7% p.a.?

यदि किसी राशि पर 7% वार्षिक दर से 3 वर्ष के लिए साधारण ब्याज 9,450 रुपये है तो 7% वार्षिक दर से दो वर्ष के लिए उस राशि का वार्षिक संयोजित चक्रवृद्धि ब्याज कितना होगा?

(a) Rs 12,345.20 (b) Rs 12,678.40 (c) Rs 10,127 (d) Rs 6,520.50

28. An amount invested at simple interest gives Rs 800 interest at 16% in 2 years. What is the principal (in Rs)?

एक राशि को 16% की दर से 2 वर्ष के लिए साधारण ब्याज पर निवेश करने से 800 रु ब्याज प्राप्त होता है। मूलधन (रुपये में) क्या है?

(a) 4,000 (b) 3,500 (c) 5,000 (d) 2,500

29. The simple interest on a certain sum for two years at the rate of 20% per annum is Rs 250. What is the compound interest (compounded annually) on the same sum for the same period at the same rate of interest?

किसी निश्चित राशि पर 20% प्रतिवर्ष की ब्याज दर से दो वर्षों का साधारण ब्याज 250 रूपये है। समान ब्याज दर पर समान अवधि के लिए समान राशि पर चक्रवृद्धि ब्याज (वार्षिक रूप से संयोजित) कितना है?

(a) Rs 275 (b) Rs 900 (c) Rs 550 (d) Rs 750

30. For an amount, simple interest at the rate of interest of 12% per annum for 6 years is Rs 25,920. What will be the compound interest (in Rs) on same amount at the rate of interest of 8% per annum compounding annually for 2 years?

एक राशि पर 12% की वार्षिक दर से 6 वर्षों का साधारण ब्याज 25,920 रु. है। उसी राशि पर 8% की वार्षिक दर से वार्षिक संयोजन पर 2 वर्षों का चक्रवृद्धि ब्याज (रुपये में) क्या होगा?

(a) 4,326.3 (b) 5,563.4 (c) 5,888.6 (d) 5,990.4

31. If a certain sum of money doubles itself in 7 years 8 months at simple interest, then what will be the yearly rate of interest (in %)?

यदि 7 वर्ष 8 महीनों में साधारण ब्याज की दर से एक निश्चित राशि स्वयं की दुगुनी हो जाएगी, तो वार्षिक ब्याज दर (% में) क्या होगी?

(a) $18\frac{3}{4}$ (b) $13\frac{1}{23}$ (c) $26\frac{2}{3}$ (d) 30

32. If a certain sum of money become thrice of itself in 5 years 4 months at simple interest, then what will be the yearly rate of interest (in %)?

यदि 5 वर्ष 4 महीनों में साधारण ब्याज की दर से एक निश्चित राशि स्वंय की तिगुनी हो जाती है, तो वार्षिक ब्याज दर (% में) क्या होगी?

(a) 18.75 (b) 27.5 (c) 37.5 (d) 42.25

33. If in 2 years at simple interest the principal increases by 18%, what will be the compound interest (in Rs) earned on Rs 7,000 in 3 years at the same rate?

अगर 2 वर्षों में साधारण ब्याज की दर से मूलधन 18% से बढ़ता है, तो 7,000 रु पर 3 वर्षों में उसी दर पर अर्जित चक्रवृद्धि ब्याज (रुपये में) क्या होगा?

(a) 1,865.2 (b) 2,065.2 (c) 1,965.2 (d) 1,765.2

Approximation Method

34. The compound interest earned in two years at 15% per annum is Rs 20,640. What is the sum invested (in Rs)?

दो वर्षों में 15% प्रतिवर्ष की दर से अर्जित चक्रवृद्धि ब्याज 20,640 रुपये है। निवेश की गई राशि (रुपये में) कितनी है?

(a) 64,000 (b) 60,000 (c) 56,000 (d) 52,000

35. If in 3 years at simple interest the principal increases by 15%. What will be the approximate compound interest earned (in Rs lakhs) on Rs 15 lakhs in 3 years at the same rate?

साधारण ब्याज पर 3 वर्ष में मूलधन 15% बढ़ जाता है। उसी दर पर 15 लाख रुपयों पर 3 वर्ष बाद लगभग कितना चक्रवृद्धि ब्याज (लाख रुपये में) मिलेगा?

(a) 7.81 (b) 2.87 (c) 2.36 (d) 3.38

36. What is the compound interest on a sum of Rs 10,000 at 14% p.a. for $2\frac{5}{7}$ years, where the interest is compounded yearly? (nearest to Rs)

10,000 रूपये की राशि पर 14% प्रति वर्ष की दर से $2\frac{5}{7}$ वर्षों में चक्रवृद्धि ब्याज कितना होगा, जबकि ब्याज वार्षिक रूप से संयोजित होता है? (रुपये के निकटतम)

(a) Rs 4,439 (b) Rs 4,394 (c) Rs 4,259 (d) Rs 4,296

Approximation : Answer Key

1. (a)	7. (b)	13. (a)	19. (a)	25. (d)	31. (b)
2. (a)	8. (c)	14. (a)	20. (b)	26. (c)	32. (c)
3. (a)	9. (d)	15. (a)	21. (b)	27. (d)	33. (b)
4. (d)	10. (a)	16. (b)	22. (a)	28. (d)	34. (a)
5. (c)	11. (b)	17. (d)	23. (b)	29. (a)	35. (c)
6. (b)	12. (c)	18. (b)	24. (b)	30. (d)	36. (d)

SHORT SOLUTIONS

1. (a) $9 \longrightarrow 984321$

$4 \longrightarrow \frac{4}{9}$

☞ Last Digit देखना है Answer का LD 6 आएगा। दो option मिल गए अब 98, 9 का 11 गुना नजर आ रहा है तो 4 का 11 गुना लगभग 43 हो सकता है इसलिए option (a) 437476 हम Answer mark कर देंगे।

2. (a) $11 \xrightarrow{\times 5.5} \underbrace{63}404$

$6 \xrightarrow{\times 5.5} 34$

☞ Last Digit में 4 आने वाला है जो 11 का लगभग 5.5 गुना नजर आ रहा है, तो 63 के आस पास पहुँच जाएगा। इसी प्रकार 6 का लगभग 5.5 गुणा करे तो 34 के आसपास पहुंच जाएगा। इस तरह options को eliminate करके option (a) 34584 Answer mark कर देंगे।

3. (a)

×4 ⟶ लगभग 4 गुना

$5 \longrightarrow \underbrace{19}2380$

$6 \longrightarrow \underbrace{23}0856$

लगभग 4 गुना

☞ 192380 में 19, 5 का लगभग 4 गुना है। इसलिए सिर्फ option (a) 230856 में भी 6 का लगभग 4 गुना है इसलिए option (a) Answer mark करेंगे।

4. (d) यहाँ पर हमनें पहले क्षमता समान बनाई है।

$$\left.\begin{matrix}(5+7)=12\\(7+9)=16\\(2+1)=3\end{matrix}\right\}$$ इन तीनों का LCM ⇒ $\boxed{48}$

5 : 7 = 12 → 48, ×4   7 : 9 = 16 → 48, ×3   2 : 1 = 3 → 48, ×16

$$\frac{20+21+32}{144}$$

$$\frac{73}{144}$$

☞ अगर 72/144 होता तो 50% होता। बचा एक, यदि हम 144 का 1% निकाले तो 1.44 आता है अर्थात 1, 1% से भी कम है। इसलिए 50 से ज्यादा लेकिन 51 से कम option (d) 50.7 Answer हो जाएगा।

5. (c)

	Rural	Urban
(Male) →	80%	75%

$\boxed{75 < \square < 80}$

3   2

☞ Answer 75 से बड़ा और 80 से छोटा आएगा। केवल Option (c) 78% Answer हो जाएगा।

6. (b) 30% tax दिया। इसलिए 100% – 30% = 70% जो तीनों में बंटेगा।

15%   20%   35%

110166 × 20%

(22)

☞ Option दूर–दूर है इसलिए options के आगे की संख्या देखकर Answer तक पहुँच सकते 11 × 20 = 22 जो option (b) 22033.20 Answer हो जाएगा।

7. (b)

$$\begin{bmatrix} E\% & & S\% \\ & I\% & \\ E & & S \end{bmatrix}$$

(30 + 21) 51 लगभग

20 ↗ ?? → (53.33)   (decrease)

30

7   3 → (10)

↓   की value (9) ले लिया

(21) लगभग

8. (c) 200000 × 16.64
↓
17% → मान लिया

☞ 2 लाख जुड़ रहा है Options के आगे का (2) भूलकर 17 × 2 = लगभग 34 के आसपास Answer होगा। Option (c) 233280 Answer हो जाएगा।

9. (d) $\frac{150}{1300}$

☞ 13 को लगभग किससे गुणा करें जो 150 के बराबर हो जाए। जो option (d) 11.54 Answer हो जाएगा।

10. (a) 20 30 40
20% 30% 40%
20 < □ < 40

☞ Answer 20 से बड़ा होगा 40 से छोटा होगा। इसलिए option (a) 32 Answer हो जाएगा।

11. (b) 100 118
18 का अंतर है

$\frac{18}{118}$ $\frac{9}{59}$ $\frac{1}{6.5}$ → लगभग

☞ 6.5 को 15.25 से multiply करने पर 100 आएगा option (b) 15.25 Answer हो जाएगा।

12. (c) 115 100
15 $\left[\because \frac{15}{120}=\frac{1}{8}=12.5\%\right]$, $\frac{15}{115}$ नीचे 115, 120 से थोड़ा छोटा है तो Answer 12.5 से थोड़ा सा बड़ा आएगा जो option (c) 13.04% Answer हो जाएगा।

13. (a) RA Rk D
60 100 108

×3 से ज्यादा
108 → 34560
100 → 32000
×3 से ज्यादा

☞ केवल option (a) 32000 ही ऐसा है जो 3 गुना से ज्यादा है इसलिए वह Answer हो जाएगा।

14. (a) $\begin{bmatrix} E\% & & S\% \\ & I\% & \\ E & & S \end{bmatrix}$

25 30

☐

9 1

☞ Answer 25 से ज्यादा 30 से कम आएगा। जो Option (a) 25.5% Answer हो जाएगा।

15. (a) Area × Cost = Exp

$18.8\% + 15\% + \frac{18.8 \times 15}{100}$

33.8 + 2.7 = 36 (लगभग)

☞ Answer लगभग (33 + 2 = 35) से ऊपर आएगा इसलिए Option (a) 36.62 Answer हो जाएगा।

16. (b) $\frac{\text{बड़ी (G)}}{\text{छोटी (S)}} = \frac{\cancel{12.4}}{\cancel{7.6}} = \frac{31}{19}\Big) 12$

$4 \times \begin{pmatrix} 12 \longrightarrow 1020 \\ 50 \longrightarrow \end{pmatrix} \times 4$ लगभग (4080 से थोड़ा ज्यादा)

∴ (b) 4250 Ans

17. (d) 2.4 m ________ 240 cm

☞ 2.4 cm होता तो 1% होता इसलिए Option (d) $1\frac{1}{3}$% Answer हो जाएगा। जो कि 1% के निकटतम है।

18. (b)

2014	2015	2016
100%	108%	101.5%
+8% →	−6% →	

101.5% ⟶ 234778

100% ⟶ ↓

इससे कम Answer होगा जो Option (b) 231263 है।

19. (a) 100 → 118, 100 → 112 $\Big) \frac{\cancel{6}}{\cancel{118}} \; \frac{3}{59}$

☞ 3/60 मान ले तो 5% होता 59 और 60 में ज्यादा अंतर नहीं इसलिए Answer 5 के आसपास ही होगा। Option (a) 5.1 Answer हो जाएगा।

20. (b) $100 \begin{cases} 119 \\ 112 \end{cases} \quad \frac{7}{119} = \frac{1}{17}$

☞ $\frac{1}{17}$ किससे गुणा करें जिसका Answer 100 के आसपास आए। जो कि केवल option (b) 6 है जो Answer हो जाएगा।

21. (b) $\left[4+4+\frac{4\times4}{100}=8.16\right]$

$$\begin{bmatrix} 6\,\text{m} \to 4\% \\ 4\,\text{m} \to \frac{16}{6} = 2.6\% \end{bmatrix}$$

$\underbrace{8.16 \qquad 2.6}_{10.7}$

☞ 10.7 के पास हमारा Answer आएगा जो option (b) 11 Answer हो जाएगा।

22. (a)

~~7500~~		~~8748~~
2500	:	2916
$(50)^2$	:	$(54)^2$

$7 \times 8 = 56$

$$\frac{7500 \times 80}{100}$$

$r \to 8\%$

दोगुना दर पर 5 साल का 80 हो जाएगा।

☞ 56 के आसपास option (a) 6000 रुपये Answer होगा।

23. (b) $7200 \times 33.1\%$

|

$7200 \times (33.33\% - 0.2\%)$

$$\begin{array}{r} 2400 \\ -14.4 \\ \hline 2385 \\ \hline \end{array}$$ के आसपास option (b) 2383.

24. (b) $\overset{1}{\cancel{36\%}} \longrightarrow \overset{19}{\cancel{6750}}$ (लगभग)

$46.41 \xrightarrow{\times 19}$

☞ 46.41 को 4.5 देखा, 4.5×19 लगभग 76 + 9.5 = Ans 85.5 से थोड़ा ज्यादा होगा। जो option (b) 8702 Answer हो जाएगा। (Answer के लिए हम इस तरह की value मान लेते है calculation easy करने के लिए)

25. (d) 32.25 + 6 + 1.9 = 40.185%

46000 × 40.185%

☞ 46000 × 40% = 18400 option (a) और (d) में से Answer है। .185% की जगह .2% लिया तो 46000 का 0.2%, 92 आएगा तो Answer 92 से थोड़ा सा कम जो option (d) 18,485 Answer हो जाएगा।

26. (c) 264000 × 24.75%

☞ 24.75% को 25% मान लिया और 264 को 4 से Divide करेंगे जो 66 से थोड़ा कम होगा। इसलिए option (c) 65,340 Answer हो जाएगा।

27. (d) × 4 से ज्यादा

21 ⟶ 940

× 4 से ज्यादा

14.49 ⟶ 60 के करीब

केवल Option (d) 6520.50 Answer हो जाएगा।

28. (d) ×3 (32 ⟶ 800, 100 ⟶ 2400) ×3, ×3 तीन गुने से थोड़ा ज्यादा

2400 के आसपास option (d) 2500 Answer हो जाएगा।

29. (a) 40 ⟶ 250

44 ⟶

Answer 250 के आसपास ही आएगा option (a) 275 Answer हो जाएगा।

30. (d) ×360

72% ⟶ 25920

16.64% × 360

$16.66\% \times 360 \Rightarrow \frac{1}{6} \times 360 \Rightarrow 60$ (लगभग)

∴ Option (d) 5990.40 Answer होगा।

31. (b) $\frac{100}{8} = 12.5$

$\frac{100}{7.5} = 13.33$

$\therefore\ 12.5 < x < 13.33$

12.5 से थोड़ा बड़ा और 13.33 से थोड़ा छोटा $13\frac{1}{23}$ Answer हो जाएगा।

32. (c) 40%

5 × ( ) 200% (राशि तीन गुना मतलब ब्याज 200% होगा)

6 × ( ) 200%

33 के करीब

☞ Answer 33 से 40 के बीच होगा। इसलिए option (c) 37.5 Answer हो जाएगा।

33. (b) 2 साल का 18% तो 1 साल का 9% [∵ 9% तीन बार = 29.5029%]

7000 × 29.5% → अगर यह 30 होता तो

☞ 70 × 3 = 210 से थोड़ा सा कम option (b) 2065.2 Answer हो जाएगा।

6 . कुछ में divide होगा

34. (a)

32.25% → 20640

100% →

6 . (कुछ)

Option (a) 64000 Answer हो जाएगा।

35. (c) 15 × 15.7625%

16% → अगर 16% मान ले तो

☞ 16 का 1.5 गुना 24 के आसपास option (c) 2.36 Answer हो जाएगा।

36. (d) r = 14%

for $2\frac{5}{7}$ yr

CI = 42.956%

≅ 43%

☞ 10000 × 43% लगभग 4300 option (d) 4296 Answer हो जाएगा।

28 L2D METHOD
(अंतिम दो अंक विधि) 1 2 3 4 (5) (6)

किसी संख्या (Number) को 100 से भाग देने पर प्राप्त शेषफल Last Two Digit (L2D) कहलाता है।

[I] Rules of Finding Last Two Digit (अंतिम दो अंक ज्ञात करने के नियम):-

(1) Ending in 1 (जो 1 से समाप्त हो रहा है)

$(----a_1)^{(----b)}$ = [last digit of a × b] [1]

Power ↑ (b)

last two digit

(2) Even Number (सम संख्या):-

$(24^{Odd}) = 24$

$(24^{even}) = 76$

$2^{20} = 1048576$

$(76)^N = 76$ last two digit

76×2^n = last two digit of 2^n

(3) Ending in 5:-

☞ यदि अंतिम से पहला अंक (second last) विषम (Odd) है, तो यह 75 में end होगा और घात (Power) सम (Even) है, तो 25 पर end होगा।

$76^{65} \longrightarrow 75$

$65^{75} \longrightarrow 25$

$35^{73} \longrightarrow 75$

$1995^{2014} \longrightarrow 25$

$1995^{2015} \longrightarrow 75$

(4) Odd Number (विषम संख्या) 3, 7, 9:-

Last Digit 1 बनाने में convert करें।

(5) $x^2, (50 - x)^2, (50 + x)^2, (100 - x)^2, (100 + x)^2$

सभी के last two digit समान होते हैं:-

Ex: $x = 26$

$x^2 = 26^2 = 676$

$(100 - x)^2 = (74)^2 = 5476$

$(100 + x)^2 = (126)^2 = 15876$

$(50 - x)^2 = (24)^2 = 476$

$(50 + x)^2 = 76^2 = 5776$

Ex.1: $(491)^{83}$ last two digit = ?

Soln: हमें last two digit निकालने हैं

Step (1) सबसे पहले Unit Digit निकाल कर लिख लेंगे।

1 की Power का Unit Digit = 1 है

Step (2) अब Number का दहाई अंक (Tens Place) को Power के इकाई अंक (Unit Digit) के साथ multiply करेंगे।

8(3)

4(9)1 → $9 \times 3 = 27$

Step (3) Step 2 में multiplication के बाद जो last two digits आए हैं उसका आखिरी अंक (Last Digit) Step 1 में प्राप्त हुए अंक के आगे लिख देंगे और Number के last two digit निकल जाएंगे।

⇒ 2 (7) (1) → Step 1

Step 2

(71) Ans

Ex.2: $(86789)^{41}$, Last two digit = ?

Soln: Last two digit = $(89)^{41} = 89 \times (89)^{40}$

$= 89 \times (89^2)^{20}$

$89 \times (21)^{20}$ | $(--1)^{20}$

$= 89 \times 01$ | $= 89 \times 01$

(89) Ans | (89) Ans

$21 = (100 - x)^2 = (100 - 89)^2 = 1(21) = 21$ Ans

Ex.3: $51^{456} \times 61^{657}$, Last two digit = ?

Soln: $51^{456} \times 61^{657}$

↓

(30)(1) × (42)(1)

$30 = 5 \times 6$ $\quad 1 = 1^6 = 1$ $\quad 42 = 6 \times 7,\ 1 = 1^7$

Now 01×21 ⇒ (21) Ans

Ex.4: 2^{105}, Last two digits = ?

Soln: $(2^{20})^5 \times 2^5$

$(....76)^5 \times 2^5$

$\Rightarrow 76 \times 2^5 =$ (32) Ans

Ex.5: 499 × 695 × 705 , Last two digits = ?

Soln: $\dfrac{\overset{\boxed{-1}}{499} \times \overset{\boxed{-5}}{695} \times \overset{\boxed{+5}}{705}}{100}$ [∵ 100 से भाग देने पर –1, –5, +5 शेषफल आयेगा]

$-1 \times -5 \times 5 = 25$ R or

Last two digit = (25) Ans

Ex.6: 653 × 227 × 96 × 973 × 98, Last two digits = ?

Soln: $\dfrac{653 \times 227 \times 96 \times 973 \times 98}{100}$

⟶ ÷4 ⟵ [यहाँ 4 से ÷ इसलिए किया because 25 सभी को आसानी से ÷ कर देगी]

$\dfrac{653 \times 227 \times 24 \times 973 \times 98}{25}$

$\Rightarrow 3 \times 2 \times -1 \times -2 \times -2$

$\Rightarrow -24 \Rightarrow -24 + 25 = \boxed{01}$

$01 \times 4^* = \boxed{04}$ Ans [4* = क्योंकि 4 से ÷ किया था इसलिए 4 से गुणा करना होगा]

[II] L2D Method से Exam Calculation पर प्रहार:-

1. जब हासिल (Carry) न हो:-

Ex.: 77985136171 × 343732913, Last two digits = ?

Soln: Step 1: Last two digits निकालने के लिए हमें Number के सिर्फ last two digit लेने हैं।

Step 2: Unit Digit तो आखिरी अंकों की गुणा करके सभी निकाल लेते है लेकिन Last two digits निकालने में परेशानी आती है।

Step 3: सबसे पहले Last Digit की आपस में गुणा करेंगे और अंतिम अंक लिखेंगे।

1 × 3 = 3

Step 4: Unit Digit निकालने के बाद निम्नलिखित Steps follow करेंगे।

.... 71 × 13

Step 5: पास–पास वाले No की और दूर–दूर वाले Number की आपस में multiply करते है।

Step 6: **पास–पास वालों की गुणा करके जो Number आए उसे लिख लो फिर दूर–दूर वालों की गुणा करके जो Number आए उसे पहली में जोड़ दो, यदि कोई हासिल (Carry) आए तो हमें उससे कोई मतलब नहीं सिर्फ पिछला Number लेना है।**

☞ इस प्रकार, last two digits निकाल पाएंगे।

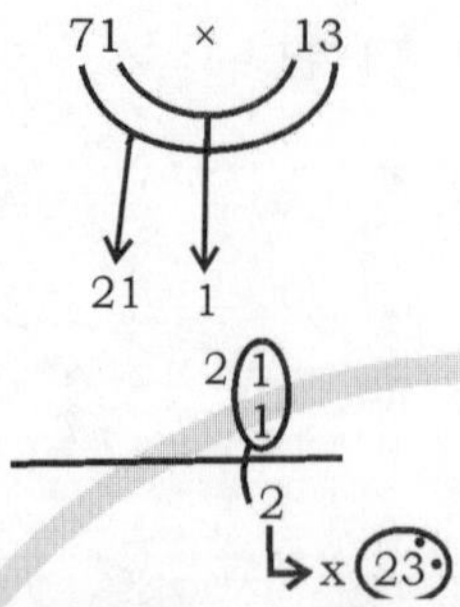

2. जब हासिल (Carry) हो:-

Ex.1: 292383473438 × 613694252383, Last two digit = ?

Soln: चूँकि हमें last two digits निकालने हैं इसलिए सिर्फ last two digits (अंतिम दो अंक) लेंगे और multiply करेंगे।

------------- 38 × ------------- 83

☞ सबसे पहले last digits की आपस में गुणा (multiply) करेंगे अंतिम अंक (last digit) लिख लेंगे। यदि multiply करके Number दो अंकों का आए तो last digit लिख लेंगे और second last digit को हासिल (carry) में ले लेंगे।

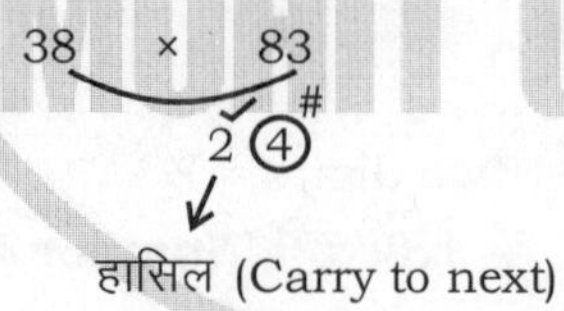

☞ अब last two digit के लिए पास–पास और दूर–दूर वाले Number की आपस में गुणा करेंगे और हासिल (carry) को Add कर देंगे।

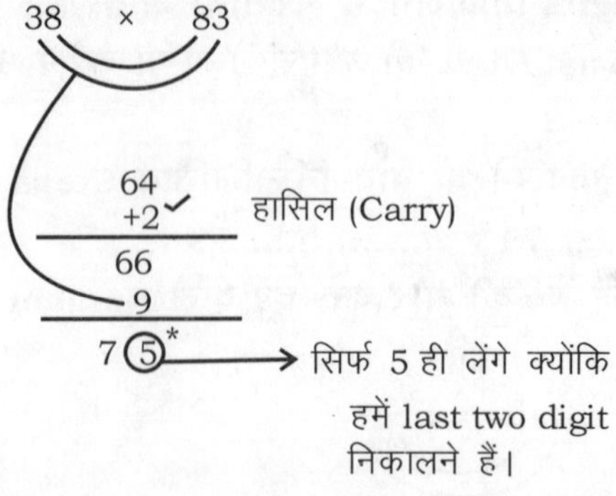

Last two digits = 5* 4# = (54) Ans

5* → Ten's Digit

4# → Unit digit

(54) Ans

Ex.2: 9257642775 × 6795347192, Last two digit = ?

Soln: ------------ 75 × ----------- 92

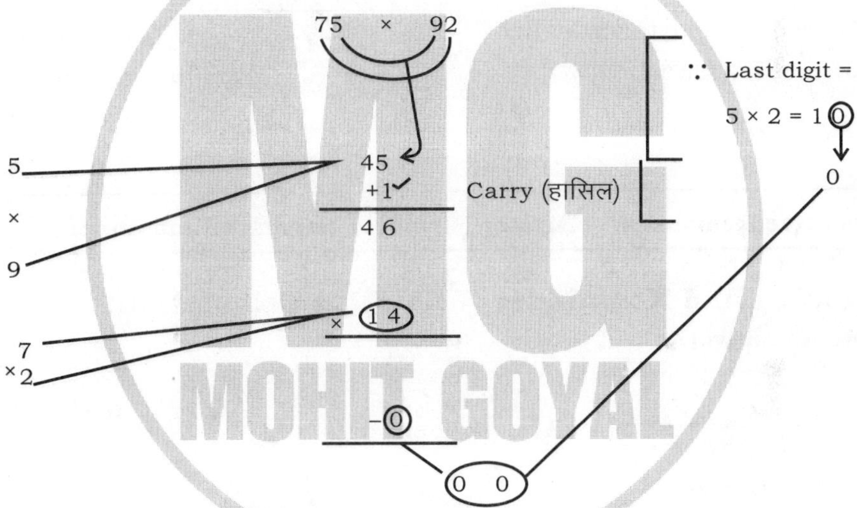

Last two digit = (0 0) Ans

Note: MCQs में कई जगह जहाँ Calculation बड़ी होती है हम L2D से Option eliminate करते है।

29 REMAINDER THEOREM से CALCULATION पर ATTACK

> यहाँ हमारा मकसद **Remainder Theorem** पढ़ाना नहीं है बल्कि इसके **Application** को बताना है, जिसे लगाकर बहुत सारे **Question** में हम **Calculation** कम समय में कर सकते हैं।

[I] Positive और Negative Remainder:-

$$8\overline{)\,26\,}(3$$
$$\underline{24}$$
$$+2 \rightarrow \text{Positive Remainder}$$
(धनात्मक शेषफल)

$$8\overline{)\,43\,}(6$$
$$\underline{48}$$
$$-5 \rightarrow \text{Negative Remainder}$$
(ऋणात्मक शेषफल)

$$3\frac{2}{8} \rightarrow \text{Remainder}$$

Positive Remainder = Divisor (भाजक) + Negative Remainder

[II] How to find Remainder (शेषफल) in Calculation:-

☞ **(Both Positive)**

$$\overset{+3}{\cancel{43}} \times \overset{+1}{\cancel{57}} \Big/ 8 = \frac{3 \times 1}{8} \rightarrow 3 \text{ Remainder}$$

☞ **(Both Negative)**

$$\frac{\overset{-5}{\cancel{43}} \times \overset{-7}{\cancel{57}}}{8} = \frac{35}{8} = 3 \rightarrow \text{Remainder}$$

☞ **(One Positive & other Negative)**

$$\frac{\overset{+3}{\cancel{43}} \times \overset{-7}{\cancel{57}}}{8} = \frac{-21}{8} = -5 + 8 = \mathbf{3}$$

$$\frac{\overset{-5}{\cancel{43}} \times \overset{1}{\cancel{57}}}{8} = \frac{-5}{8} \Rightarrow \mathbf{3}$$

Note: चाहे **Positive** से निकालों या **Negative** से **Final remainder same** रहेगा।

1. $\frac{78 \times 24 \times 38}{5} = \frac{(+3) \times (4) \times (3)}{5} = \frac{36}{5}$ = 1 Remainder

2. $\frac{1759 \times 1753 \times 94 \times 67}{17}$

$$\Rightarrow \frac{\underset{+8}{1759} \times \underset{+2}{1753} \times \underset{+9}{94} \times \underset{-1}{67}}{17} = \frac{-144}{17} = \frac{-8}{17} = -8 + 17 \Rightarrow 9 \text{ Remainder}$$

3. $\frac{73 \times 75 \times 78 \times 57 \times 197}{34}$

$$= \frac{\underset{+5}{73} \times \underset{+7}{75} \times \underset{+10}{78} \times \underset{-11}{57} \times \underset{-7}{197}}{34}$$

$= \frac{1 \times 10 \times 9}{34} = \frac{90}{34} = 22$ Remainder

☞ यहाँ Number पास–पास है, तो हम यहाँ एक Number का Remainder निकालेंगे और बाकी का Remainder निकालने के लिए Number यदि बड़ा है तो पहले Remainder से उतना ही बड़ा और Number छोटा है तो पहले Remainder से उतना ही छोटा नया Remainder होगा।

4. $\frac{1989 \times 1990 \times 1992}{7}$

$$= \frac{\underset{+1}{1989} \times \underset{+2}{1990} \times \underset{+4}{1992}}{7} = \frac{8}{7} = 1 \text{ Remainder}$$

5. $\frac{83 \times 87}{16}$

☞ 87, 83 से 4 बड़ा है, तो $R_2 = R_1 + 4$ होगा

$R_1 = 3, R_2 = 3 + 4 = 7$ Remainder

Note:प्रत्येक दशा में समान शेषफल बचेगा चाहे हम Positive (धनात्मक) का या Negative (ऋणात्मक) शेषफल का प्रयोग करें।

[III] Exam में Remainder Theorem का Application:-

$$\frac{N}{2^P \times 5^P} \xrightarrow{=} \text{Exact value}$$

Ex.1: $\frac{378}{5} = ?$

(a) 74. 2 (b) 75.4 (c) 75.6 (d) 75.8

Soln: $\frac{378}{5}$ = ______ .6 $\left[\because \frac{3}{5} = 0.6\right]$

☞ $\frac{8}{5}$ करने पर Remainder $\frac{3}{5}$ आएगा जिसका मलतब 60% यानि .6 तो वह Option Answer होगा जिसके last में .6 आएगा। $\therefore$ (c) Ans

Ex.2: $\frac{373}{4}$ = ?

(a) 91. 50 (b) 92.75 (c) 93.25 (d) 93

Soln:

$\frac{373}{4}$ = ______ .25 $\left(\frac{73}{4} = .25\right)$ → Remainder 1 $\therefore \frac{1}{4}$

Last में 0.25 option में check करें। $\therefore$ (c) Ans

Ex.3: $\frac{19206}{4}$ = ?

(a) 4801.25 (b) 4801.50 (c) 4800.75 (d) 4801

Soln: $\frac{19206}{4}$ = ______ .50 $\left(\frac{6}{4} \rightarrow \text{Remainder } 2 \therefore \frac{2}{4} = 0.5\right)$

Last में 0.50 option में check करें। $\therefore$ (b) Ans

Ex.4: $\frac{143827}{5}$ = ?

(a) 28765.4 (b) 27685.2 (c) 28765.5 (d) 28760.25

Soln: $\frac{143827}{5}$ = ______ .4 $\left(\frac{7}{5} \rightarrow \text{Remainder } 2 \therefore \frac{2}{5} = 0.4\right)$

Last में 0.4 option में check करें। $\therefore$ (a) Ans

Ex.5: $\frac{286431}{4}$ = ?

(a) 71608.20 (b) 71603.25 (c) 71605.50 (d) 71607.75

Soln:

$\frac{286431}{4}$ = ______ .75 $\left(\frac{31}{4} = .75\right)$ → Remainder 3 $\therefore \frac{3}{4}$

Last में 0.75 option में check करें। $\therefore$ (d) Ans

Ex 6.: $\frac{58 \times 42 \times 37}{5}$ = ?

(a) $18026\frac{2}{5}$ (b) $18017\frac{2}{5}$ (c) $18025\frac{1}{5}$ (d) $18020\frac{4}{5}$

Soln: $\frac{58\times42\times37}{5}=\frac{3\times2\times2}{5}=\frac{12}{5}=2$ Remainder

☞ यदि किसी Question की Calculation इस प्रकार हो तो हम वह Option Mark करेंगे जिसमें Remainder 2 आ रहा होगा। ∴ (a) Ans

[IV] Reverse Application of Remainder Theorem:-

1. 1.75 = $\frac{7}{4}$

☞ इसका मतलब यह है कि यदि किसी Question की Calculation में हमें ऐसा Number दिखाई दे तो हमें इस प्रकार Solve करना है:

1.75 (.75 का मतलब 75% यानि 3/4) $=1\frac{3}{4}=\frac{7}{4}$

2. 2.25 = .25 का मतलब 25% यानि 1/4 $=2\frac{1}{4}=\frac{9}{4}$

3. 9.6 = .6 का मतलब 60% यानि 3/5 $=9\frac{3}{5}=\frac{48}{5}$

4. 19.6 .6 का मतलब 60% यानि 3/5 $=19\frac{3}{5}=\frac{98}{5}$

5. 22.4 .4 का मतलब 40% यानि 2/5 = $22\frac{2}{5}=\frac{112}{5}$

6. 8.2 .2 का मतलब 20% यानि 1/5 = $8\frac{1}{5}=\frac{41}{5}$

Ex.1: यदि किसी Question में हमें $\frac{25537}{5}$ Calculate करना हो और Option इस प्रकार हों

(a) $5107\frac{2}{5}$ (b) $5107\frac{3}{5}$ (c) $5107\frac{1}{5}$ (d) $5107\frac{4}{5}$

☞ तो हम वह Option Mark करेंगे जिसमें 5 से Divide करने पर 2 Remainder आए। ∴ (a)

☞ यानि इस प्रकार के Option हों तो हम बहुत जगह Remainder देख कर Answer mark कर सकते हैं।

Ex.2: यदि किसी अन्य सवाल में Option इस प्रकार हो तो

(a) 6176.$\underline{125}$ = $\frac{1}{8}$ (b) 6176.$\underline{250}$ = $\frac{2}{8}$

(c) 6176.$\underline{625}$ = $\frac{5}{8}$ (d) 6176.$\underline{50}$ = $\frac{4}{8}$

☞ यानि Option में हम सिर्फ यह देखेंगे कि 8 से divide करने पर Remainder कितना आएगा।

☞ यदि Calculate करने पर Remainder
1 आएगा तो Option (a) Ans
2 आएगा तो Option (b) Ans
5 आएगा तो Option (c) Ans
4 आएगा तो Option (d) Ans

Ex.3: बहुत जगह Option accurate न होकर Approx में होते हैं।

(a) 5143.14728 .... = 1/7
(b) 5143.285714 .... = 2/7
(c) 5143.4285714 .... = 3/7
(d) 5143.571428571 ....= 4/7

☞ यहाँ Calculate करते समय हमें बस Remainder पर ध्यान रखना है यानि 7 से Divide करने पर Remainder कितना होगा यदि
1 तो Option (a) Ans
2 तो Option (b) Ans
3 तो Option (c) Ans
4 तो Option (d) Ans

30 PYTHAGOREAN TRIPLETS (पायथागॉरियन ट्रिपलेट्स)

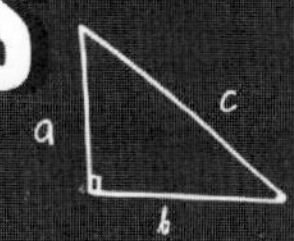

Pythagorean Triplets

- **Triplets Construction**
  - जब सबसे छोटा **Number 'odd (विषम)'** हो
  - जब सबसे छोटा **Number 'even (सम)'** हो
- **Pythagoras Solve**

[I] Triplet Construction:-

जब **Triplet** में से कोई **2** पता हो तो तीसरा **Pythagoras Theorem** से **Easily** निकाला जा सकता है। पर अगर केवल एक सबसे छोटी **Value** पता हो तो बाकि दो कैसे निकालेंगे आइए देखते हैं।

(a) जब सबसे छोटी संख्या (Number) विषम (Odd) हो:-

Step 1: सबसे पहले उस **Number** का वर्ग **(Square)** करेंगे।

Step 2: अब प्राप्त संख्या **(Number)** को **2** से भाग **(Divide)** करेंगे।

Step 3: भाग देने के बाद प्राप्त **Number** से **Just** छोटा और **Just** बड़ा **Number** लेना है। इस प्रकार, हम एक विषम संख्या **(Odd Number)** से सरलतापूर्वक **Triplet Construct** कर लेंगे।

आइए कुछ **Examples** से समझते हैं।

Ex.1: सबसे छोटी Number $\rightarrow$ 3

Soln: Step 1: $3^2 = 9$

Step 2: $9/2 = 4.5$

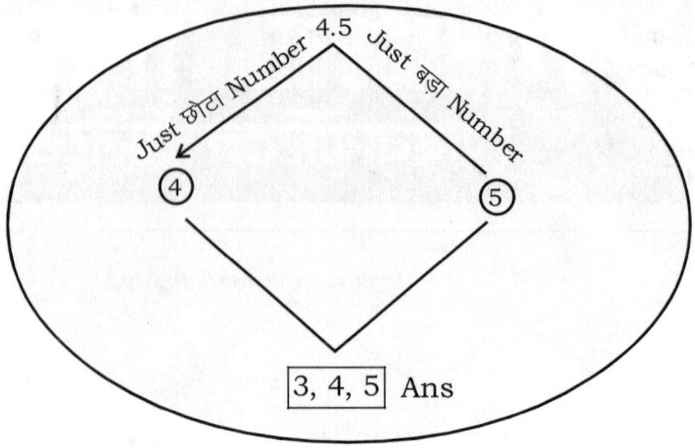

Ex.2: 11

Soln: Step 1: $11^2 = 121$

Step 2: $\frac{121}{2} = 60.5$

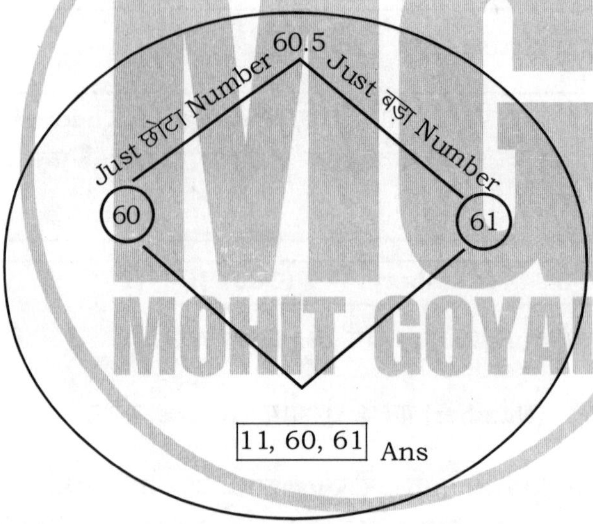

(b) जब छोटी संख्या (Number) सम (Even) हो:-

Step (1): दिए गए Number को 2 से भाग (Divide) करेंगे।

$$\left(\frac{N}{2}\right)$$

Step (2): अब प्राप्त संख्या (Number) का वर्ग (Square) करेंगे।

Step (3): जो Number प्राप्त होगा उससे एक छोटा (–1) number और एक बड़ा (+1) number लेंगे

Pythagorean Triplets

Ex. 1: 6

Soln: Step (1) $\frac{6}{2} = 3$

Step (2) $3^2 = 9$

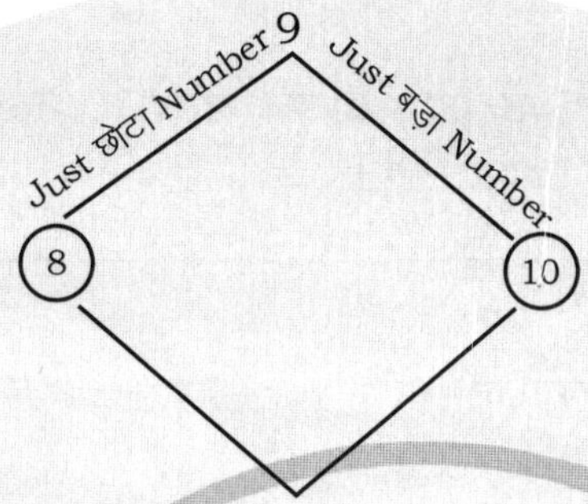

$\boxed{6, 8, 10}$ Answer

Ex.2: 12

Soln: (1) $\frac{12}{2} = 6$

(2) $6^2 = 36$

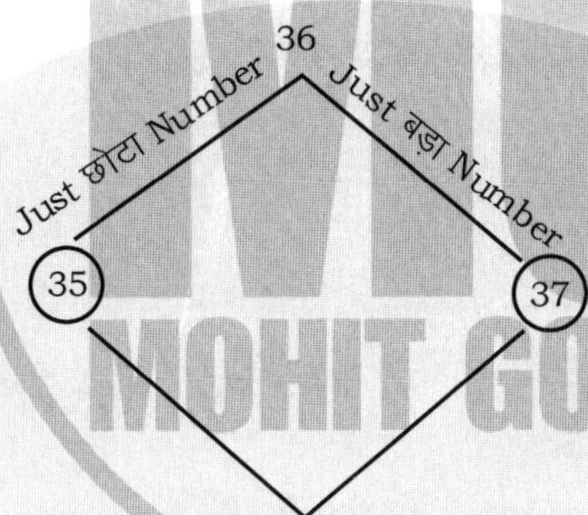

$\boxed{12, 35, 37}$ Answer

[II] Pythagoras Solve करने की Shortcut तकनीक:-

Note: H → Hypotenuse, B → Base, P → Perpendicular

(a) जब H – P या H – B की Value 1 हो:-

Step1: जो **H** दिया है, दूसरी **side (H – 1)** करेंगे। इस प्रकार **Triplets** निकल जाएंगे।

Step 2: अब **step 1** में प्राप्त **Number** और **H** को **Add** करेंगे।

[H + (H – 1)]

Step 3: **Step 2 में प्राप्त Number को Check करेंगे क्या वो किसी Number का पूर्ण वर्ग (Perfect Square) है।**

- **यदि ये Perfect Square है, तो इस Number का Square Root ही तीसरी Side होगी।**
- **इस प्रकार, जब (H – P) या (H – B) का अंतर (Difference) 1 हो, तो हम सरलतापूर्वक Triplet निकाल लेंगे।**

आइए कुछ Examples से समझते हैं–

☞ **जब H Given हो और 2 side निकालनी हों**

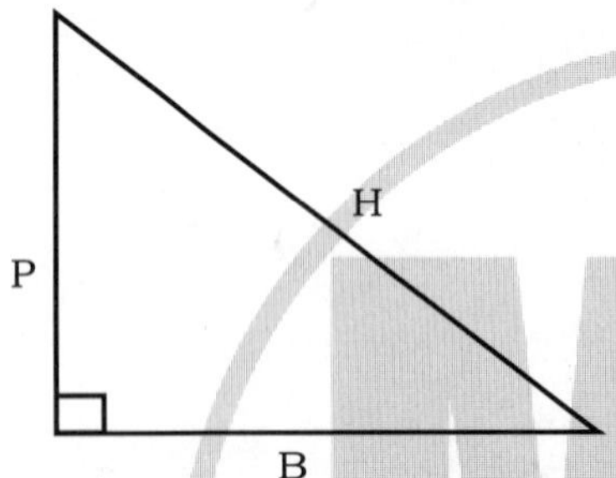

Ex. 1: P और B ज्ञात करें यदि दो sides का अंतर 1 हो।

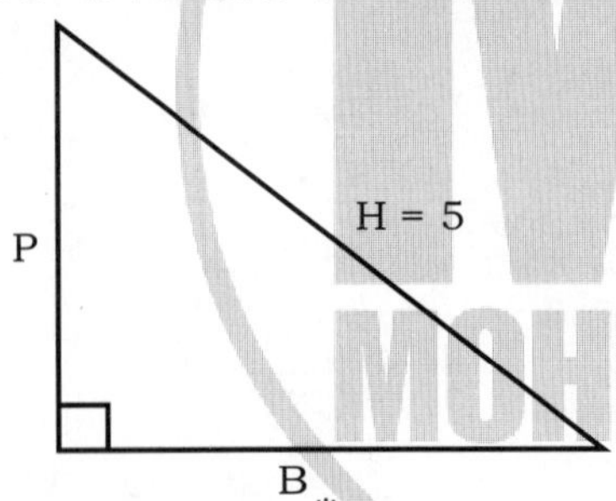

Soln: Step 1: हम यहाँ 5 – 1 = 4 रख कर देखते हैं।

Step 2: अब 5 + 4 = 9,

☞ चूँकि 9, 3 का पूर्ण वर्ग है इसलिए Triplet $\boxed{3, 4, 5}$ होगा।

Ex. 2: H = 113, P और B निकालें यदि दो sides का अंतर 1 है।

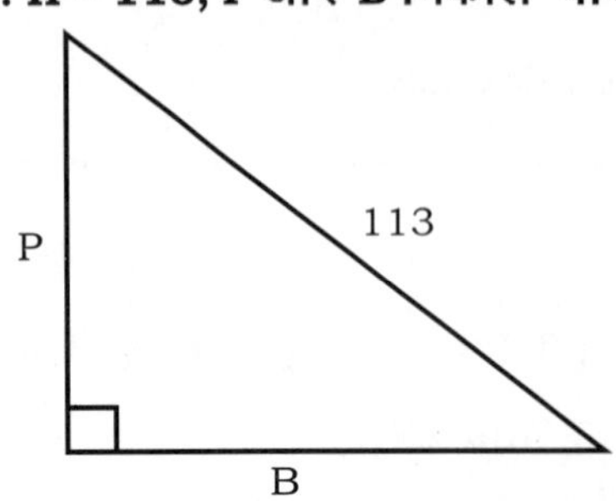

Soln: **Step (1):** 113 – 1 = 112

Step (2): 112 + 113 = 225 → $(15)^2$

इसलिए (15, 112, 113) Triplet है Answer

Ex.3: H = 181, P और B निकाले जब 2 side का अंतर 1 है।

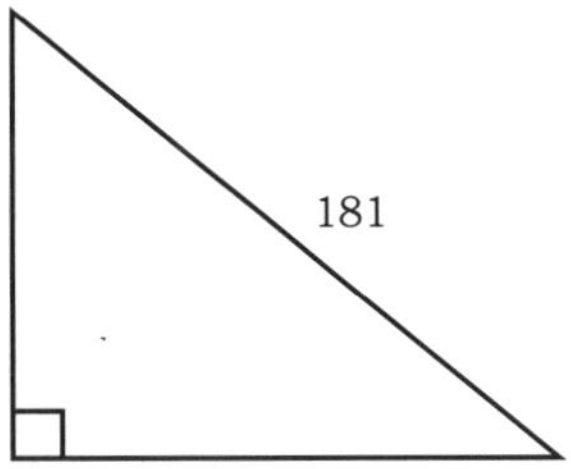

Soln: Step 1: 181 – 1 = 180

Step 2: 181 + 180 = 361 ⟶ $(19)^2$ इसलिए 19, 180, 181 Answer

(b) जब H-P या H-B की Value 2 हों

Step 1: जो H दिया है, दूसरी side (H – 2) करेंगे।

Step 2: अब प्राप्त संख्या (Number) और H को Add करके 2 से Multiply करेंगे।

Step 3: Step (2) में प्राप्त Number जिस Number का पूर्ण वर्ग (Perfect Square) है वही तीसरा Number होगा।

इस प्रकार, जब (H–P) या (H–B) का अंतर (Difference) 2 हो तो हम सरलतापूर्वक Triplet निकाल लेंगे।

आइए कुछ Examples से समझते हैं:

Ex.1: यदि H = 10 है, तो बाकी 2 sides ज्ञात कीजिए।

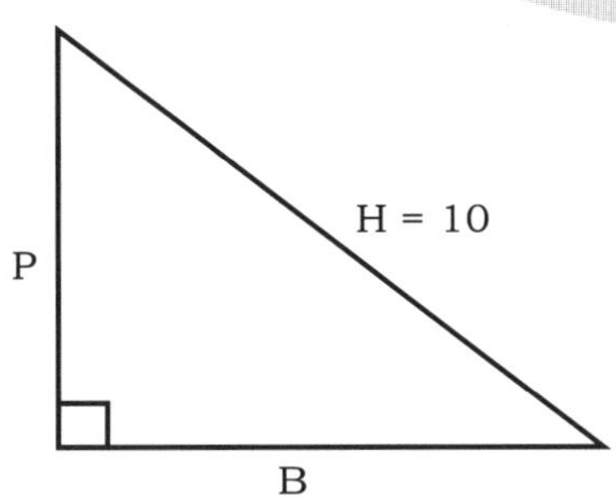

Soln: Step 1: H = 10 इसलिए H–2 = 10 – 2 = 8

Step 2: (10 + 8) × 2 = 36 ⟶ $(6)^2$ इसलिए 6, 8, 10 Answer

Ex.2: यदि **H = 17** है, तो बाकी **2 sides** ज्ञात कीजिए।

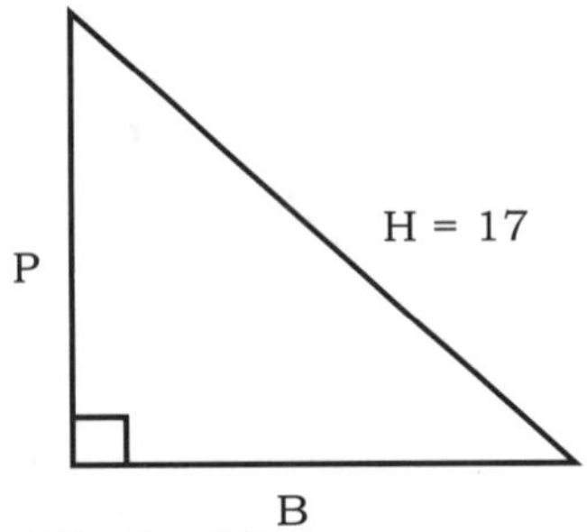

Soln: Step (1) 17 – 2 = 15

Step (2) 2(17 + 15) = 64 ⟶ 8

इसलिए 8, 15, 17 Answer

(c) Exam में Pythagoras का Shortcut:-

जब 2 Sides दी गई हों और तीसरी Side ज्ञात करनी हो।

ऐसे Case में हम $a^2 - b^2 = (a + b)(a - b)$ Use करते हैं जिससे Calculation Easy हो जाती है।

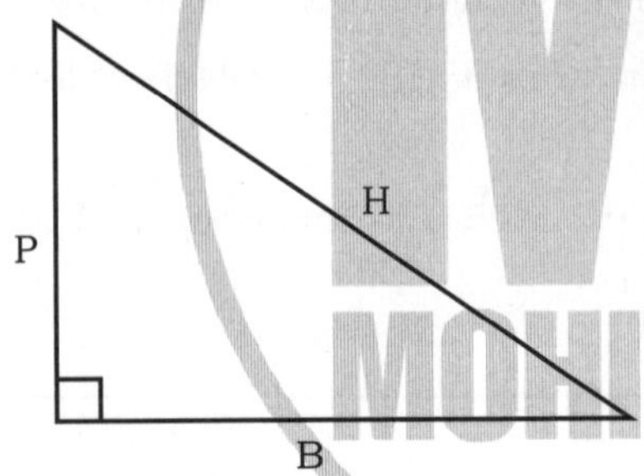

$$H^2 = P^2 + B^2$$

$$P = \sqrt{(H-B)\ (H+B)}$$

$$B = \sqrt{(H-P)\ (H+P)}$$

Ex.1:

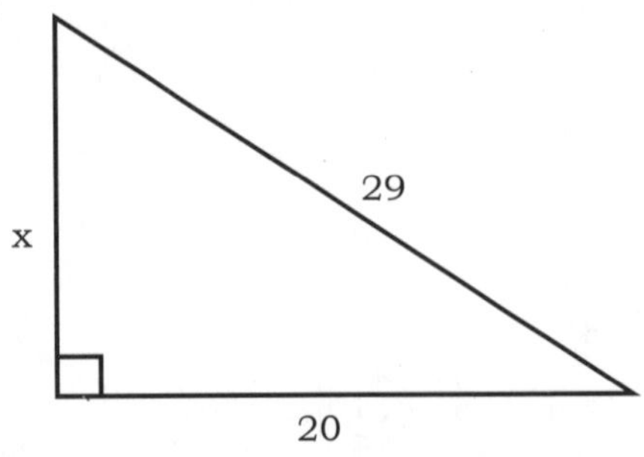

Soln: $x^2 = (29)^2 - (20)^2$

$x = \sqrt{(29-20)(29+20)}$

$x = \sqrt{9 \times 49} = 3 \times 7 = \boxed{21}$ Answer

$\boxed{20,\ 21,\ 29}$

Ex.2:

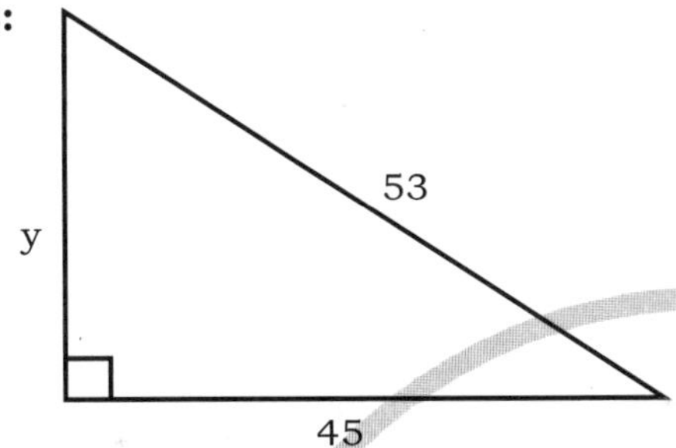

Soln: $y = \sqrt{(53+45)(53-45)}$

$y = \sqrt{98 \times 8} = \sqrt{49 \times 2 \times 8} = 7 \times 4 = \boxed{28}$ Answer

$\boxed{28,\ 45,\ 53}$

Ex.3:

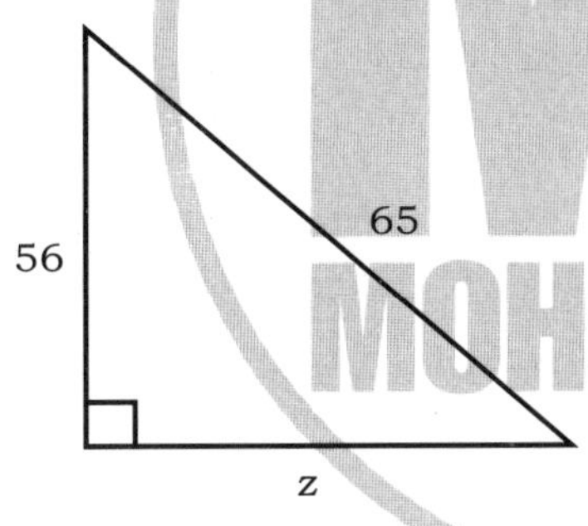

Soln: $z^2 = (65 - 56)(65 + 56)$

$z = \sqrt{9 \times 121}$

$z = 3 \times 11 = \boxed{33}$ Ans

Note: $(1023)^2 - (1021)^2$

यदि हम इन Numbers का Square करें तो Time waste होगा और इन Numbers का Square निकालना आसान भी नहीं है इसलिए हम $a^2 - b^2 = (a + b)(a - b)$ का Use करते हैं जिससे Calculation Easy हो जाती है।

$(1023 + 1021)(1023 - 1021)$

$2044 \times 2 = \boxed{4088}$ Answer

[III] Triplets की Important Table:-

Triplet	×2	×1/2	×4	×5
3, 4, 5	6, 8, 10	1.5, 2, 2.5	12, 16, 20	15, 20, 25
5, 12, 13	10, 24, 26	2.5, 6, 6.5	20, 48, 52	25, 60, 65
7, 24, 25	14, 48, 50	3.5, 12, 12.5	28, 96, 100	35, 120, 125
8, 15, 17	16, 30, 34	4, 7.5, 8.5	32, 60, 68	40, 75, 85
9, 40, 41	18, 80, 82	4.5, 20, 20.5	36, 160, 164	45, 200, 205
11, 60, 61	22, 120, 122	5.5, 30, 30.5	44, 240, 244	55, 300, 305
12, 15, 37	24, 30, 74	6, 7.5, 18.5	48, 60, 148	60, 75, 185
20, 21, 29	40, 42, 58	10, 10.5, 14.5	80, 84, 116	100, 105, 145
16, 63, 65	32, 126, 130	8, 31.5, 32.5	64, 252, 260	80, 315, 325

Note: इस तरह अनेक **Triplets** किसी भी एक **Number** से गुणा करके बनाए जा सकते हैं।

ये कुछ Important Triplets याद रखें

(3, 4, 5)	(5, 12, 13)	(7, 24, 25)
(8, 15, 17)	(9, 40, 41)	(11, 60, 61)
(12, 35, 37)	(13, 84, 85)	(16, 63, 65)
(20, 21, 29)	(28, 45, 53)	(33, 56, 65)
(36, 77, 85)	(39, 80, 89)	(48, 55, 73)
(65, 72, 97)	(20, 99, 101)	

31 DATA INTERPRETATION (आँकड़ा विश्लेषण)

[I] Percentage to Degrees Conversion & vice-versa (डिग्री से प्रतिशत और इसके विपरीत)

(Pie Chart – वृत्त चार्ट)

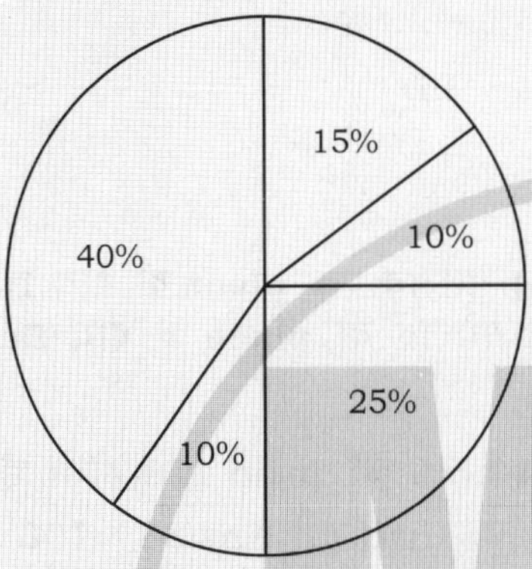

Total 100%

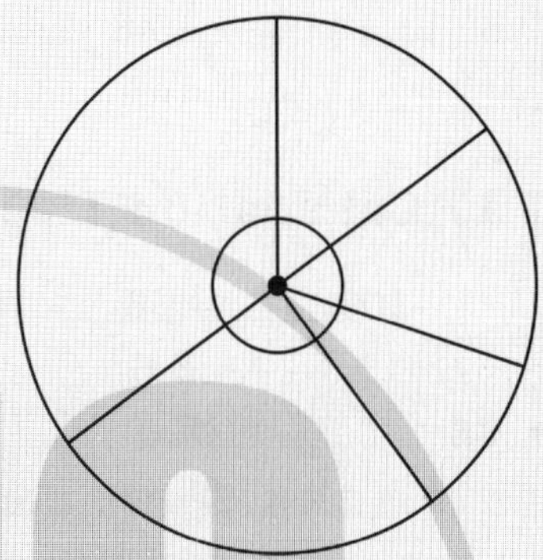

100% = 360°

% to Degree (प्रतिशत से डिग्री) Conversion:-

1. 1% ⟶ 3.6° (1% of 360°)

2. 5% ⟶ 18° (5% of 360°)

3. 10% ⟶ 36° (10% of 360°)

4. 25% ⟶ 90° (25% of 360°)

5. 20% ⟶ 72° (20% of 360°)

6. 40% ⟶ 144° (40% of 360°)

7. 22.22% ⟶ 80° (22.22% of 360°)

8. 50% ⟶ 180° (50% of 360°)

9. 55.55% ⟶ 200° (55.55% of 360°)

Ex.: 72° ⟶ ?%

Soln: $\frac{72}{360} \times 100 = 20\%$ या 3.6° ⟶ 1%

72° ⟶ 20% Ans

Degree to % (डिग्री से प्रतिशत) Conversion:-

1. 162° ⟶ 180° – 18° ⇒ 50% – 5% = 45%

2. 115.2° ⟶ 108° + 7.2° ⇒ 30% + 2% = 32%

3. 72° ⟶ 20%

4. 79.2° ⟶ 72° + 7.2° ⇒ 20% + 2% = 22%

5. 28.8° ⟶ 36° – 7.2° ⇒ 10% – 2% = 8%

6. 100.8° ⟶ 90° + 10.8° ⇒ 25% + 3% = 28%

7. 126° ⟶ 108° + 18° ⇒ 30% + 5% = 35%

[II] DI की 17 Calculation Tips:-

(1) $\frac{1}{550}$ ⟶ 10% ⟶ 55 (10% का मतलब एक place के बाद Decimal)
1% ⟶ 5.5 (1% का मतलब दो place के बाद Decimal)

(2) 125 × 88 ⟶ 11000

☞ यहाँ 125 को 12.5% की तरह देखा और 12.5% का ratio 1/8 होता है तो 11 होगा but 125 × 88 से करने पर 11 तो नहीं आ सकता तो Ans 88 × 100 = 8800 से थोड़ा बड़ा होगा यानि 11000 होगा।

(3) 65 × 80 ⟶ 5200

☞ यहाँ 65 को 6.5 देखें, 6.5 × 8 करने पर 52 आएगा यानि 5200, 52000 कुछ भी हो सकता है 60 × 80 = 4800 से थोड़ा बड़ा 52000 तो नहीं आ सकता तो 5200 होगा।

(4) Point Zero Percent को ignore करें

☞ जब 4 Options के digit अलग–अलग हो तो हम ., 0, % Ignore कर देंगे। जैसे Point Zero Method में पढ़ाया गया है।

(a) 1200 (b) 2400 (c) 3600 (d) 4800

(5) 44 × 81 ⟶ ?

44.44% × 81

$\frac{4 \times 81}{9}$ ⟶ < 3600

☞ यहाँ 44 को 44.44% ले लिया और उसके Fraction Value में Multiply किया तो Answer 3600 आया पर Actual Value (44), 44.44% से कम है इसलिए Answer 3600 से कम होगा।

(6) 67 × 36 = ?

↓

66.66% × 36

$\frac{2}{3} \times 36 = 24$

☞ लेकिन 67 × 36 करने पर Answer 100 में आएगा इसलिए 2400 होगा। Also (67) ≅ (66.66)% से Greater Value है इसलिए Answer 2400 से Greater ही होगा।

(7) 225% × 80 = ?

↓

2.25 × 8 = 180

☞ 225% का मतलब 2.25 और 2.25 को 8 से multiply करने पर 18 आएगा but 18 तो नहीं हो सकता 80 के दोगुने से बड़ा होगा। इसलिए 180 होगा।

(8) किसी Question में यदि Difference, Sum या Average पूछा जाए तो हम बहुत जगह Option में Last Digit देखकर Answer mark कर सकते है। यदि Last Digit Same हो तो हम काफी जगह DS Concept का Use करके Answer निकाल सकते हैं।

(9) Options यदि ऐसे हो जिनका DS अलग–अलग हो वहाँ हम DS लगा सकते हैं। जैसे–

(a) 340 (b) 316 (c) 330 (d) 306

(10) जहाँ भी हमें Comparative Value पूछी हो वहाँ हमें Actual Value निकालने की जरूरत नहीं है। Comparative Value means Percentage, Ratio, Fraction etc.

ज्यादा से ज्यादा काटने पर ध्यान दें।

Ex.: CP 576, SP = 648, P% = ?

$$\overset{8}{\cancel{576}} : \overset{9}{\cancel{648}} \rightarrow \frac{1}{8} = 12.5\%$$

(11) हम बहुत सारे Questions में Unique number (2, 3, 5, 7, 11, 13) यानि Prime number के multiple और 9 के multiple को देखकर Answer mark कर सकते हैं।

Ex.: (a) 49 : 51 (b) 46 : 49 (c) 49 : 46 (d) 51 : 49

Calculate करने पर यदि 1150 : 1225 आए तो हम पहले में 23 देख सकते हैं दूसरी Value में देखने की जरूरत नहीं है। हम देख सकते हैं सिर्फ Option (b) में पहली Value 23 का Multiple है।

Ex.: $\frac{165}{\cancel{3}} : \frac{45}{\cancel{3}}$ Calculate करने पर आए और Option इस प्रकार हो

(a) 26 : 15 (b) 15 : 26 (c) 11 : 3 (d) 3 : 11

165 ÷ 11 है तो पहली Value 11 का multiple जिस Option में होगा वही Answer होगा।

Ex.: Calculate करने पर 60% × 7500 : 66% × 4000 और Option ऐसे हों तो

(a) 15 : 71 (b) 71 : 15 (c) 44 : 75 (d) 75 : 44

☞ 66% × 4000 में 11 का multiple दिख रहा है। Answer वह option होगा जिसमें दूसरी Value 11 का Multiple होगा।

(12) $\frac{385}{700} = ?$

(a) 62% (b) 55% (c) 53% (d) 58%

☞ 700 का 50%, 350 है बचा 35 जो कि 700 का 5% है, तो Answer 55 होगा।

$\left(\frac{350+35}{700} = 55\%\right)$

(13) $\frac{825}{1250} = ?$

(a) 49% (b) 66% (c) 57% (d) 55%

☞ 825 ⟶ 11 का Multiple है तो Answer भी 11 का Multiple होगा। लेकिन 11 का Multiple दो Option में हैं Option (b) और (d) फिर हम यह देखेंगे की 1250 का 50% तो 600 – 650 के बीच होगा तो Answer 55% से बड़ा होगा। Option में 66%, 55% से बडा है तथा 11 का Multiple है इसलिए 66% Answer हो जाएगा।

☞ दूसरा तरीका यह है कि 1250 को 12.5% की तरह देखें और 825 को 8.25 ले लिया तो Answer 66 आ जाएगा।

8.25 × ⑧ = 66

(14) (A) $\frac{3}{53} = ?$

(a) 3.87% (b) 6.98% (c) 5.66% (d) 4.66%

☞ 53 का 10%, 5.3 होगा और इसका 5%, 3 से थोड़ा छोटा होगा यानि Answer 5% से थोड़ा बड़ा होगा जो Option (c) में है।

(B) $\frac{85}{325} = ?$

(a) 22.46% (b) 29.17% (c) 26.15% (d) 32.75%

☞ 325 का 25% लगभग 81 होगा, But Ans 25% से थोड़ा बड़ा होगा लगभग 1% ज्यादा। 1% ज्यादा इसलिए क्योंकि 85 – 81 = 4 और 325 का 1% 3.25 है लगभग 4 के बराबर इसलिए Answer 26.15% हो जाएगा।

(C) $\frac{290}{650} = ?$

(a) 44.6 (b) 42.8 (c) 43.8 (d) 443.2

☞ 650 का 40%, 260 है और बचा 30 जो 650 का लगभग 4% है यानि Answer (40 + 4) = 44% के लगभग होगा। Answer (a) 44.6 हो जाएगा।

(15) $\frac{550}{1550} = ?$

(a) 39.18% **(b)** 45.48% **(c)** 34.25% **(d)** 35.48%

☞ यहाँ **Decimal** के पहले अलग–अलग **Number** है इसलिए हमें पूरा **Calculate** करने की जरूरत नहीं है।

$$\frac{\cancel{550}^{\,11}}{\cancel{1550}_{\,31}} \qquad \frac{\cancel{1100}^{\,35}}{\cancel{31}}$$ **Option (d) Answer**

Calculate करते वक्त हमें इन बातों का भी ध्यान रखना है। **Calculate** उतना ही करें जितनी जरूरत हो।

(16) कभी–कभी इस प्रकार की **Calculation** करनी पड़ सकती है।

जैसे– $\frac{113}{411}$ और **Option** इस प्रकार हों

(a) 22.50% **(b)** 23.50% **(c)** 27.50% **(d)** 22.50%

☞ **411 का 25%, 102.5 के लगभग होगा but 113, 102 से लगभग 11 बड़ा है तो Answer 25% से थोड़ा बड़ा होगा तो Answer (c) होगा। लेकिन कभी–कभी Option करीब होते है Option**

(a) 25.50 **(b)** 26.50 **(c)** 27.50 **(d)** 29.50

☞ **यहाँ 113, 102 से 11 बड़ा है और 411 का 1% 4.11 है तो 11 लगभग 2.5% के equal होगा। इसलिए Answer (c) 27.50 होगा।**

102 → 25% $\qquad$ +11 → 2.5%

$\frac{113}{411}$ $\qquad$ 25% + 2.5% = 27.5%

(17) $\frac{400}{1350} \times 100$ **Calculate** करना हो और **Option** इस प्रकार हो

(a) $29\frac{17}{27}\%$ **(b)** $29\frac{27}{27}\%$ **(c)** $26\frac{17}{27}\%$ **(d)** $25\frac{17}{27}\%$

☞ $\frac{400}{\cancel{1350}_{\,27}} \times \cancel{100}^{\,2}$, यहाँ **Last Digit 0** आएगा तो **Option** में बस यह देखना है कि

कौन से **Option** में **Last Digit 0** आएगा वही **Answer** होगा।

Option (a) $29\frac{17}{27}$ = **Last Digit 0** आ रहा है

$9 \times 7 + 7 = 0$

(b) $\left(29 + \frac{\cancel{27}^{\,1}}{\cancel{27}} = 30\right)$ **30%** आ रहा है इसलिए यह **Answer** नहीं हो सकता

(c) $26\frac{17}{27} \rightarrow$ **Last Digit 9** आ रहा है

(d) $25\frac{17}{27} \rightarrow$ **Last Digit 2** आ रहा है

☞ तो **Option (a) Answer** हो जाएगा इस तरह के **Option** हो तो कई **Question** में हम **Last Digit** को देख कर **Answer Mark** कर सकते हैं।

[III] Average of Difference = Difference of Average का Concept:-

☞ किसी **Question** में यदि हमें **Average** का **Difference** निकालना हो तो हम **Difference** का **Average** निकाल सकते है।

Population of different Cities is given in thousands
(विभिन्न शहरों की जनसंख्या हजारों में दी गई है)

	2014	2015	2016	2017	2018
Delhi	5048	5553	6663	8329	7496
Mumbai	3374	3485	3595	3394	4884
Kolkata	1710	1815	1920	3026	6105
Chennai	2524	2544	2644	2234	1874
Patna	4224	4432	4232	4740	5622

Q. Average population of all the cities in 2016 is how much more than average population of all the cities in 2015?
2016 में सभी शहरों की औसत जनसंख्या 2015 में सभी शहरों की औसत जनसंख्या से कितनी अधिक है?

(a) 23500 **(b) 245000** **(c) 26400** **(d) 24560**

Soln: **Basic Method**:-

	2015		2016
	5553		6663
	3485		3595
	1815		1920
	2544		2644
	4432		4232
Total	17829	Total	19054

Average = $\frac{17829}{5} = 3565.8$ Average = $\frac{19054}{5} = 3810.8$

Difference of 2015 and 2016 = 3810.8 – 3565.8 = 245

☞ क्योंकि Population हजार में दी है। इसलिए 245000 Answer हो जाएगा।

Second Method:-

2015	2016	
5553	6663	Diff. = 1110
3485	3595	110
1815	1920	105
2544	2644	100
4432	4232	– 200
		1225

Average = $\frac{1225}{5} = 245$

☞ क्योंकि Population हजार में दी है। इसलिए 245000, Answer हो जाएगा।

[IV] DI में Ratio निकालने का जबरदस्त तरीका :-

इस बात को **example** से समझते हैं:

The given Pie Chart shows the breakup of total number of employees of a company working in different offices (A, B, C, D and E).

दिए गए पाई चार्ट एक कंपनी के विभिन्न कार्यालयों (**A, B, C, D** और **E**) में कार्यरत कर्मचारियों की कुल संख्या का ब्रेकअप दिखाता है।

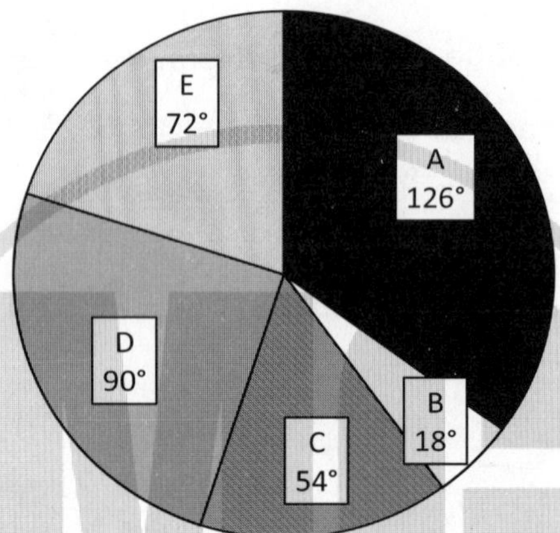

Total Number of Employees (कर्मचारियों की कुल संख्या) = 2400

Q. If the percentage of male employees in office C is 20% and that of female employees in E is 40%, then what is the ratio of the number of female employees in C to that of female employees in E?

यदि कार्यालय **C** में पुरुष कर्मचारियों का प्रतिशत **20%** है और **E** में महिला कर्मचारियों का प्रतिशत **40%** है, तो **C** में महिला कर्मचारियों की संख्या का **E** में महिला कर्मचारियों की संख्या से अनुपात कितना है?

(a) 5 : 4 **(b) 3 : 2** **(c) 2 : 3** **(d) 3 : 8**

Soln: Basic Method:

C : E

$360° \longrightarrow 2400$

$54 \times \frac{20}{3} : 72 \times \frac{20}{3}$

$1° \longrightarrow \frac{20}{3}$

360 : 480

×80% ×40%

288 : 192

☞ पर यह method time taking है इसलिए हम दूसरे Method का Use करेंगे।

2nd Method:

C E

$\cancel{54} \times \cancel{80\%} : \cancel{72} \times \cancel{40\%}$

$3 \quad \cancel{2} : \cancel{4}$
2

☞ यहाँ Constant Term (2400) को बिना Use किए Solve किया है।

[V] Reference Value से Special Calculation:-

	2017	2018	2019	2020	2021
A	4480	4980	5470	5970	6120
B	5120	6520	9870	8950	3410
C	8140	9610	5690	6550	7450
D	7460	7320	7690	7990	8380

Q. In which year company A shared highest percentage growth in the sale with respect to previous year?

किस वर्ष कंपनी A ने पिछले वर्ष की तुलना में बिक्री में उच्चतम प्रतिशत वृद्धि साझा की?

Soln: Diff. = 500 (4480 → 4980) $\frac{500}{4480}$ **[2017 – 2018]**

☞ 4480 का 10% 448 है तो इसकी Value 10% से ज्यादा होगी

☞ 10% को हमने Reference Value मान लिया यानि बाकी जगह हम 10% के Respect में देखेंगे की Value 10% से ज्यादा है या कम

490 (4980 → 5470) $\frac{490}{4980}$ **(2018 – 2019)**

☞ 4980 का 10%, 498 है जो 490 से greater है तो value 10% से कम होगी।

500 (5470 → 5970) **(2019 – 20)** $\frac{500}{5470} \approx < 10\%$

150 (5970 → 6120) **(2020 – 21)** $\frac{150}{5970} \approx < 10\%$

☞ एक ही Value है जो 10% से ज्यादा है इसलिए 2018 Answer हो जाएगा।

[VI] Weighted Average और Deviation Method का Concept :-

City	Total Population	% Male
A	2600	51%
B	7800	54%
C	6500	48%
D	3900	50%
E	1300	45%

Q. What is the overall percentage of male population in all the cities taken together?
सभी शहरों को मिलाकर पुरुष जनसंख्या का कुल कितना प्रतिशत है?
(a) 55% (b) 51% (c) 49.5% (d) None of these

Soln: Weighted Average निकालने के लिए हमें Total Population के Actual Value की जरूरत नहीं है हम यहाँ इसका ratio ले कर solve कर सकते हैं

	2600 :	7800 :	6500 :	3900 :	1300
	2 :	6 :	5 :	3 :	1
% male ⇒	51%	54%	48%	50%	45%

☞ Average हमेशा Lowest और Highest के बीच होता है। तो Average 45 मान लिया

$$45+\frac{6\times2+9\times6+3\times5+5\times3+0\times1}{17} = 45+\frac{96}{17}(=5.6) = 45+5.6$$

= 50.6 के करीब Answer

51% → 45 से 6 ज्यादा इसलिए 6 × 2 = 12
54% → 45 से 9 ज्यादा इसलिए 9 × 6 = 54
⋮

[VII] Game of Technique (तकनीक का खेल):-

☞ **Study the given table (दी गई सारणी का अध्ययन कीजिए):**

Companies	Total no. of Employees	% of Male	% of Graduate out of Male Employees
A	2200	$18\frac{2}{11}\%$	33%
B	3600	37.5%	48%
C	2450	30%	20%
D	2400	55%	20%
E	1500	56%	12.5%

Data Interpretation

Q1. What is the total number of male graduate employees in five companies put together?

पांच कंपनियों को मिलाकर पुरुष स्नातक कर्मचारियों की कुल संख्या कितनी है?

(a) 1256 **(b) 1296** **(c) 1284** **(d) 1096**

Soln: कभी कभी Exam में हमें ऐसे Data के साथ Question मिलते हैं, यहाँ हम 2200 का $18\frac{2}{11}\% = 200$ निकालते हैं और फिर उसका 33% निकालते हैं, यह method बड़ा है। यदि हम 2200 का $18\frac{2}{11}\%$ का 33% निकालते हैं तो ये आपस में cancel होने के बाद (6%) 2200 का निकाले तो हम जल्दी Calculate कर सकते है। और इसी प्रकार आगे सभी आंकड़ों के साथ करना है।

A	$18\frac{2}{11}\%$	33%	$\frac{2}{11} \times 33\% = 6\%$	132
B	$37.5\% = \frac{3}{8}$	48%	18%	648
C	30%	20%	6%	147
D	55%	$20\% = \frac{1}{5}$	11%	264
E	56%	$12.5\% = \frac{1}{8}$	7%	105
				1296

[VIII] Successive का गजब Concept:-

Year 2000

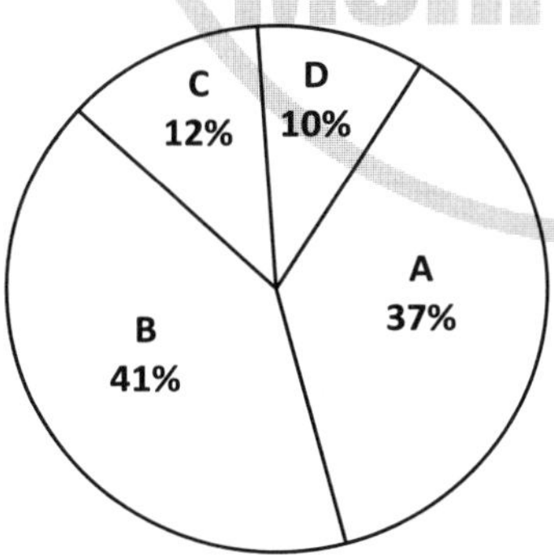

Total sales = 1540 cr

Year 2001

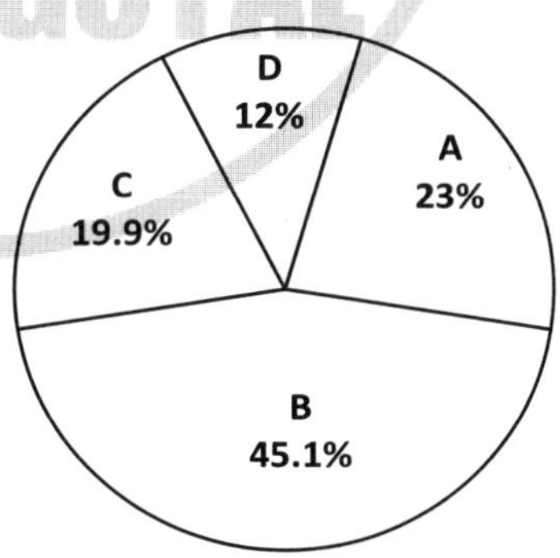

Total sales = 1694 cr

Q. What is the percentage increase in total sales of company B from year 2000 to 2001?

वर्ष 2000 से 2001 तक कंपनी B की कुल बिक्री में कितने प्रतिशत की वृद्धि हुई है?

(a) 24.2% **(b) 21%** **(c) 29%** **(d) 41.5%**

☞ इस तरह के Question को हम दो तरीके से कर सकते हैं।

Soln: 1st Method:

$$\frac{\cancel{41}}{\cancel{100}} \times \overset{10}{\cancel{\overset{140}{\cancel{1540}}}} : \frac{\overset{1.1}{\cancel{45.1}}}{\cancel{100}} \times \overset{11}{\cancel{\overset{154}{\cancel{1694}}}}$$

10 : 12.1

100 : 121

21%

2nd Method:

☞ दूसरा तरीका ज्यादा Useful है

$$41 \xrightarrow[+10\%]{4.1} 45.1$$

☞ यहाँ हम B का % Difference देखेंगे यानि 41% से 45% का Difference 4.1 है जो कि 41 के 10% के बराबर है। फिर हम दी गई Value का Diff. देखेंगे

$$1540 \xrightarrow[+10\%]{+154} 1694$$

☞ यहाँ 1540 और 1694 का अंतर 154 है जो कि 1540 का 10% है।

☞ यह Method वहाँ Apply होगा

जहाँ A × B = C

$$C = \underset{\text{Total sale}}{\underset{\downarrow}{A}} \times \underset{\%}{\underset{\downarrow}{B}}$$

यहाँ Total sale और % का Product है (इस Question में)

☞ इस तरह के Question में हम Successive Method लगा सकते हैं

$$= 10 + 10 + \frac{10 \times 10}{100} = 21\%$$

➲ **Number of different types of vehicles (in lakhs) exported by a company during 2021 and 2022.**

2021 और **2022** के दौरान एक कंपनी द्वारा निर्यात किए गए विभिन्न प्रकार के वाहनों की संख्या (लाखों में)।

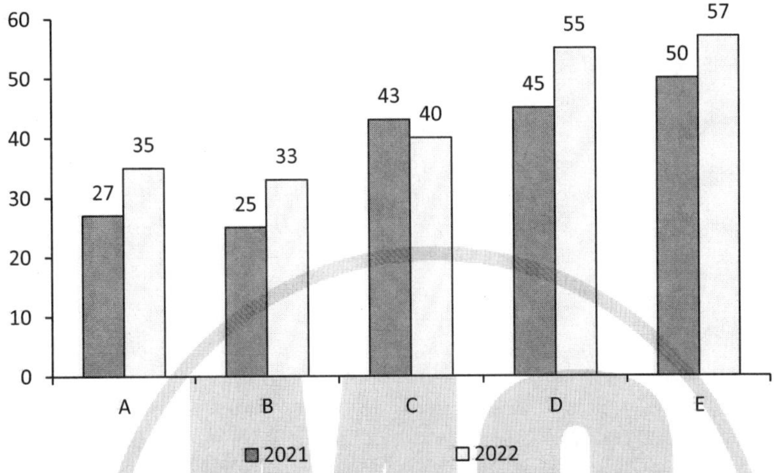

Q. Which type of vehicle showed a 7.5% decrease in export in 2022 as compared to that in the previous year?

किस प्रकार के वाहन ने पिछले वर्ष की तुलना में 2022 में निर्यात में 7.5% की कमी दिखाई?

(a) B **(b) A** **(c) E** **(d) C**

Soln: 7.5% का मतलब = 3/40

C में सिर्फ 43 से 40 यानि 3 का decrease और Base 40 देखकर Option (d) Answer mark कर सकते हैं।

Note: कभी–कभी हमें **exam** में **Income – expenditure** पर **based DI** के **Question** मिल जाते है और उसमें **Profit%** निकालना होता है। ऐसे **Question** को हम नीचे दिए **Formula** से आसानी से कर सकते हैं

$$\text{Profit \%} = \frac{\text{Income - Expenditure}}{\text{Expenditure}} \times 100$$

यहाँ हम **Expenditure** को **Cost Price** और **Income** को **Selling Price** की तरह **treat** करते हैं।

Calculation
Rough Worksheet

Calculation
Rough Worksheet